Un irlandais, St Desle, fonda Lure près de Besançon.
Seigneur de Besançon, S[illegible]
Pour les femmes, il a fonda [illegible] les
règles de St CÉSAIRE [qui [illegible]]
Celle-ci est auj. une caserne [illegible]

Le frère de St Donat ~~fonda~~ a rétabli Romain-Moutier.
[Elle est consacrée par pape Etienne II. Devint Cluny.]

Bèze.

Cusance.

St Ursanne, à Bâle.
St Germain de Grandval.

St Vandrille et reine Bathilde batissent Fontenelle.
Ses amis sont: Archevêque Ouen et Philibert de Jumièges.
St Phil. fonda encore Noirmoutier en Poitou et Montivilliers de Caux pour femmes.

Trois frères bénis par Colomban.
1° Adon — Jouarre.
2° Radon — Reuil (Radolium)
3° Dadon, c'est Ouen (Audoenus) évêque de Rouen.
Fondateur de Rebais, dont l'abbé est St Agile de Luxeuil.

Ste Fare, de Meaux, a été béni par St Col. Elle fonda Faremoutiers o/z
L'Irlandais, St Fursy : Lagny-sur-Marne
St Frobert : Moutier-la-Celle, près Troyes
Berchaire : Hautvillers et Moutier-en-Der.
Ste Salaberge à Laon.

Luxeuil maritime à Leuconais, à l'embouchure de Somme.
C'est St Valéry. Ses reliques furent translatées par Richard-Cœur-de-Lion à St Valéry-en-Caux.

(一)

“建筑是石头的史书”，“建筑是艺术的最高峰”。十九世纪，这两句话在欧洲很流行，已经很难确凿地说是哪位聪明人首先提出来的了。总之，十九世纪，欧洲人已经认识到建筑在人类文化中的地位了。

建筑在文化中的地位，决定于它的性质、作用和它达到的高度，技术的和艺术的高度。它不是[illegible]，它是Monument，这就是它的性质。

从黄土地上的窑洞，到小女孩温馨的闺房，到豪华的宫殿，金字塔、圣母教堂、万神庙、万里长城，建筑性质的多样和变化的跨度之大，包容了整个的人类文化。人类没有第二种作品，有建筑这样的气魄，丰富、豪华、精致，有性格、有感情。

建筑是人类历史的文化档案。它记录着人类为创造生活而付出的一切，也真实、生动、准确地记录着人类文明的发展和成就。

陈 志 华 文 集

【卷二】

外国古建筑二十讲

陈志华　著

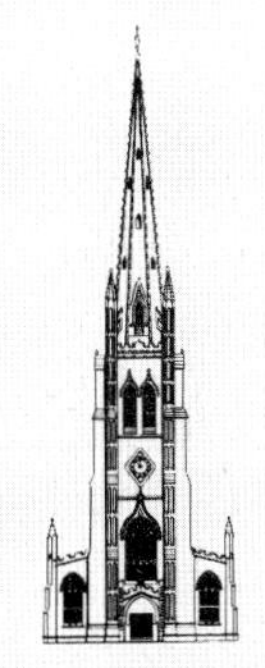

出版说明

本书2002年1月由生活·读书·新知三联书店出版。出版时由作者提供图片目录，出版社请北京航空航天大学的刘丹提供图片近三百幅。此后多次重印，广受好评。获2002年度全国优秀畅销书奖。2004年收入中国出版集团“中华文库”。累计销量十余万册。2003年，台湾联经出版事业公司出了繁体字版。作者在“后记”中写道：“虽然《外国古建筑二十讲》的写法不同于《外国建筑史》教材，但写作的基本思路还是那样。我所写的，是我几十年来的所知所思，至今仍为我所信。这是因为，过去我也并不是跟别人的指挥棒写的。我写下外国建筑的历史，用意之一就是为了向读者们交代这一点。”

受作者陈志华本人授权，本版以生活·读书·新知三联书店2002年版为底本，删除大部分图片，译名多沿用旧版用法，重新编校排版，作为第二卷，收入《陈志华文集》，由商务印书馆出版。

商务印书馆编辑部

2021年6月

目 录

下篇

前言

凡有人之处都有建筑，建筑伴随着人度过了漫长的岁月。由于物产、气候、地理、交通等等的差异，每个地方的建筑有自己的特点。由于宗教、政治、经济、社会等等的差异，每个时代的建筑有自己的特点。各地的文化有交流，各代的文化有传承，更何况人们的创造力无穷尽，世界的建筑因此千变万化。诗人说，没有两片树叶是相同的，那么，又何尝有两幢相同的建筑。介绍世界几千年的建筑，最难的是几乎没有办法可以教人领略它的丰富性于万一。

建筑是人类生活的舞台、主要的物质环境。人塑造了建筑，建筑反过来也塑造了人。建筑上凝固着人的生活，他们的需要、感情、审美和追求。建筑把这些传达给一代又一代的人，渗透到他们的性格和理想中去。建筑成了人们历史的见证，文化的标志，心灵的寄托。介绍世界的建筑，另一个困难是深刻地写出它们的历史和文化内涵。恰如其分，不是生搬硬套。

从1952年到1992年，我面对着这些困难四十年。说四十年，是因为在牛棚里的十年间其实并没有停止思考。我的老师一辈，在他们的年轻时代往往熟悉了外国的文化，甚至亲身体验过外国的生活。我的学生一辈，在20世纪最后十几年里，也都有机会熟悉外国文化，体验外国生活。而我这一辈人，恰恰在抗日战争到“文化大革命”这个动荡的时代里度过了学习和工作的一生。我们精力最饱满的青年和壮年时代，经历了滴水不漏的闭关锁国，我只能凭借几本破旧老书支撑着外国建筑史这门课程。待到刚刚有点机会去亲眼看一看那些建筑，刚刚买了几本新书，我就到了年龄，悄然下台。丢荒了十年之后，我又应邀来写这本书，就当作补行一场“告别演出”吧。对这场演出，我认真对待，希望从十年来的一批新书中得到些新知识，可惜，老实说，相当失望，建筑史的著作太干瘪，只写东一座西一座的房子，文化史的著作太空疏，忽略生活实际，我不得不扩大搜索面。所以，这本书写得很吃力，但愿读者们能得到一点好处，使我心安。

这本《外国古建筑二十讲》，大体上还是按时代编排。不过，我只写到19世纪末叶，这有两个原因：一个是20世纪的外国建筑，丰富多彩，写起来，篇幅不下于这以前的几千年。两者相加，一本书容不下；另一个原因是，从19世纪末到20世纪初，世界建筑发生了大变化，变化之大，只有“革命”两个字可以当之。20世纪的建筑和以前的建筑有许多根本性的区别。所以，把这本书在19世纪之末结束，倒是很合适。在这场革命之前，世界建筑中能称得起“革命”的变化，就只有发生在古罗马时期那一场，它的影响一直有力地保持了两千年，但20世纪初的革命，比那一场要深刻得多，全面得多了。它是发生在18世纪的工业革命的产物，它不简单地是工业革命的一部分，它是工业革命之后全部历史过程所引起的，是生产力、生产关系、文化和意识形态上层建筑全面复杂变化所引起的。所以，我把20世纪的建筑交给另一本书。

这本书分上下两篇。上篇主要写欧洲，下篇主要写亚洲，带上非洲的古代埃及。欧洲从古罗马末期起就进入了基督教世界，亚洲则是伊斯兰教和佛教、印度教世界。不同地域的文明产生了不同的宗教，而宗教的不同又强化了文明的差别。建筑的地区性、民族性之中，宗教就占着重要的地位。在许多时候，宗教建筑往往代表着一个民族的技术和艺术的最高成就。所以这上、下篇，几乎可以用不同的宗教建筑来界分。不过，我尽力突破这个界分，因此就产生了各讲的取材和写法的问题。

介绍外国建筑，可以有许多种不同的方法，各有所适，很难说哪一种一定好，哪一种一定不行。我在讲课的时候，就常常变换切入点和视角，变换兴趣中心。有时多讲演变，有时多讲艺术，有时着重建筑师，有时着重作为建筑业主的帝王将相，并不固守体例的一贯。这种变化，主要是根据对象的特点，根据对象所能提供的教益，也根据我尽量展现外国建筑史丰富的多样性的愿望。这本书，还是采用这种方法，像古埃及绘画和浮雕表现人物一样，脸是侧面的，眼睛是正面的，身体是侧面的，肩膀是正面的，每一部分的表现方法根据这部分本身的特点，这样反倒容易最充分地表现出这些部分的基本形式，并且扩大了观赏角度的多样性。“二十讲”，这个书名也给了我采取这种写法的自由。而我有限的知识，正需要这种自由。

这样写下来，各讲的标题很难确定，既不能用时代标，也不能用国别标，每一讲只是一个国家、一个时代的建筑活动或建筑成就的一两个方面。于是，只好像现在这样，标我写各讲时的主要着重点。不过，有几讲标题拟得不很贴切，因为着重点比较复杂，或者比较不容易做到很浓缩。我写这么几句，是要说明，我并不是为了赶时髦而故作姿态。

从西南方看厄瑞克忒翁神庙（杜非 摄）

厄瑞克忒翁神庙东侧（杜非 摄）

上篇

第一讲　公民的胜利

古代希腊并不是欧洲文明唯一的发源地，但是，要说说欧洲文明不得不从古希腊文明说起，因为它对欧洲文明的影响又深又远，而且至今不衰。古代希腊也不是欧洲建筑唯一的发源地，但是，要说说欧洲建筑，也不得不从古希腊建筑说起，因为它对欧洲建筑的影响又深又远，从欧洲又影响到全世界，直到中国。20世纪90年代，中国建筑中兴起不大不小的一股风，叫“欧陆风”，这欧陆风的基本语素，是两套“柱式”，就是爱奥尼亚柱式和多立克柱式。柱式，指的是石质梁柱结构各元件和他们的组合的特定做法，从细部直到整体。它们不但决定了建筑的形式和比例权衡，而且决定了它的风格。这柱式就产生于古希腊，是古希腊建筑留给全世界的最重要的遗产。

18世纪德国的艺术史家温克尔曼（Johann Joachin Winckelmann，1717—1768）在1755年发表的论文《论模仿希腊绘画和雕刻》里说，“希腊艺术杰作的普遍优点在于高贵的单纯和静穆的伟大”。这高贵的单纯和静穆的伟大就典型地体现在爱奥尼亚和多立克两种柱式的建筑里。爱奥尼亚式更多一点女性的柔和华贵，多立克式则更多一点男性的雄健庄严。这两种建筑风格最成熟、最完美的代表是雅典的卫城建筑群。

卫城在雅典的中心，它建在一座石灰岩的小山上。小山是孤立的，最高点海拔156.2米，比四周平地高出大约70—80米。它四周陡峭，顶部经过一些人工修筑，形成一个东西长280米、南北宽130米的台地，岩石裸露，草木不生。只有西端有不宽的一个斜坡可以上山。公元前1400—前1200年间，古希腊史上的迈锡尼文明时期，希腊本土上有许多聚落，据险峻的山冈而建，还造了厚厚的城墙，雅典是其中之一。防卫坚固的山冈叫卫城，上面住着氏族的首领、贵族和一部分居民。其余的居民住在山脚下，遇到战争便躲进卫城。大约在迈锡尼文明时期结束之后，雅典卫城上的首领和贵族府邸就搬走了，造起了一座祭祀保护神雅典娜的庙，雅典便是因她而得名的。庙的周围还有些敬拜其他神、半神、英雄、“城邦保卫者”等的设施。古希腊人信奉泛神论，他们有一个很庞大、很复杂的开放性的神谱。

雅典卫城后来经过几次改建。公元前6世纪，雅典的商业、手工业和航海业已经很发达，多次政治改革大大提高了商人集团和平民的地位，削弱了氏族贵族的势力。为赈济贫民而大兴土木，其中就有雅典卫城上新的雅典娜神庙，石头的，周围一圈柱廊，用了多立克柱式。公元前566年，创立了泛雅典娜节，四年举行一次，后来成了全希腊盛大的公共庆典，和奥林匹亚的宙斯、德尔斐的阿波罗等神祇圣地的节庆差不多。这个泛雅典娜节对雅典卫城逐渐建设成全希腊最辉煌的建筑群起了很关键的作用。

雅典确立了以海上贸易和手工业为基础的自由民民主制度之后，平民的积极性、创造性大大受到激发，从此雅典文化中人文主义因素逐渐增强，为以后的高度繁荣准备了条件。和雅典同时，爱琴海里的一些岛屿和小亚细亚的希腊移民城邦也都转向手工业和海上商贸，建成了自由民民主制度。他们的经济和文化也欣欣向荣。米利都、萨摩斯和以弗所的神祇圣地建筑群汲取了埃及和两河流域的经验，在规模、艺术和设施等方面都领先于整个希腊。

雅典和小亚细亚各城邦民主制度的建立和保卫，对全欧洲的历史都是一件大事。公元前546年，波斯占领并毁灭了小亚细亚许多城邦，然后渡海西征。希腊各城邦团结起来抵抗波斯的侵略。对雅典人来说，要

卫城的复原图（左为厄瑞克忒翁神庙，右为帕特农神庙）

保卫的不仅仅是自由和海上贸易的利益，而且是保卫自己的民主制度。因此他们在战争中比伯罗奔尼撒那些贵族寡头统治下的城邦更加坚决，承受了最壮烈的牺牲，当然成了希腊城邦的盟主。公元前479年，希腊人最后战胜波斯。

波希战争的胜利解放了小亚细亚和爱琴海诸岛的希腊城邦，它们的经济和文化迅速恢复，更加繁荣。此后，希腊各城邦之间的交往比过去密切多了，文化趋向融合，逐渐产生了统一的希腊国家的意识。雅典利用战争中赢得的领袖地位，在伯里克利（Pericles，公元前443—前429在位）领导下实行上邦政策，在公元前5世纪下半叶的前半成为希腊世界政治、经济和文化中心。以平民为骨干的海军在战争中立了大功，战后又成了控制海上贸易的主力，因此平民的政治权力进一步扩大，雅典的自由民民主制度越发完善，文化中人文主义、爱国主义和英雄主义因素高昂发展。以雅典为主要代表，希腊迎来了它的黄金时期，也便是所谓的“古典时期”。

雅典卫城建筑群就是雅典这个黄金般的古典时期的纪念碑，它的全面繁荣昌盛的见证。

卫城建筑群是城邦的象征，公元前480年，波斯大军一度攻占雅典城，彻底摧毁了卫城上的全部建筑。驱逐了侵略者之后，雅典人立即着手把它恢复，在胜利的豪气与欢乐鼓励之下，他们当然要把卫城建筑群造得比原来的更宏伟壮丽。公元前447年着手恢复雅典娜神庙。后来，主要的工程在伯里克利当政时期完成。伯里克利任命大雕刻家菲狄亚斯（Phidias）主持卫城的建设，建筑师是伊克提诺（Iktinos）和卡里克拉特（Callicrat）。他们的任务是重新建设卫城，而不是恢复。

除了称为帕特农（Parthenon）的雅典娜神庙之外，卫城上的大型建筑物还有山门、胜利神庙和叫作厄瑞克忒翁（Erechtheion）的供奉几位神祇的庙。起意最早的是建造胜利神庙，公元前449年就由卡里克拉特做了一个模型，不过正式动工比较晚。庆祝胜利，庆祝关系到整个希腊国家生死存亡的反侵略战争的胜利，这是雅典卫城建筑群的第一个主题。伯里克利给予卫城建筑群的第二个主题是歌颂和装饰雅典，以加强雅典的上邦地位。他有意把雅典建设得与它作为全希腊政治、经济、文化中心的地位相配称，要压过爱琴海诸岛和小亚细亚各城邦曾经有过的辉煌。他力争把雅典保护神雅典娜奉为全希腊的大神，所以不但要强化泛雅典娜节，更要使雅典娜圣地的壮丽胜过其他有全希腊意义的神祇圣地，如奥林匹亚、德尔斐、萨摩斯、埃庇道鲁斯（Epidaurus）等。伯里克利建设雅典卫城的第三个目的是繁荣经济。雅典欣欣向荣的建设能吸引全希腊的人来朝圣和参加狂欢节，雅典的店主、作坊主和工匠因此可以大大提高收入。土木工程也能给各行各业的工匠以充分的就业机会。古罗马传记作家普鲁塔克（Plutarch，约46—约120）在伯里克利的传记里写道：进行浩大的卫城工程，“他的愿望和想法是自由民劳动者……应该分享一点公款，然而又不能让他们不劳而获，因此他才大兴土木”。在工程中，他规定使用奴隶的总数不得超过40%。

大规模的建设也把全希腊的才俊之士吸引到了雅典。早在公元前6

从西北看厄瑞克忒翁

世纪下半叶波斯人入侵小亚细亚的时候，那里富庶发达的城邦里的哲学家、戏剧家、艺术家、诗人纷纷逃来雅典。后来伯里克利当政时更有意网罗他们。他们带来了水平很高的文化成就，雅典方得以突破城邦政体的地域局限，把全希腊的文化荟萃于一堂，相互激发，达到光辉灿烂的新高度，而先进的人文主义文化因素占了主导地位。雅典卫城就是小亚细亚的爱奥尼亚文化和伯罗奔尼撒与意大利、西西里的多立克文化交融的杰作。

繁荣的前提是伯里克利的政治改革建立了古代世界最彻底的自由民民主制度。当时的历史学家希罗多德（Herodotus，约公元前484—约前425）写道：“当雅典人在独裁者统治下的时候，他们在战争中并不比任何邻人强大，可是一旦摆脱了独裁者的桎梏，他们就远远超过了邻人。这表明，当他们受着奴役的时候，就好像为主人做工的人们那样，宁愿做一个胆小鬼，但他们被解放之后，每一个人就都尽心竭力为自己做事情了。”（见《历史》，第五卷，第78节）写到雅典卫城，普鲁塔克说：“大厦巍然耸立，宏伟卓越，轮廓秀丽，无与伦比，因为匠师各尽其技，各逞其能，彼此竞赛，不甘落后。”

雅典这个本来并不起眼的小城，被一批雄伟的建筑物装点起来。普

由胜利女神雅典娜神庙向山下俯瞰

鲁塔克说："伯里克利时代的建筑物在短短的时间建成，经过悠久的岁月仍不失其价值，因此更值得赞美。每一座建筑物都是如此地美，使人觉得它们从太古时代就屹立在这儿，但它们却充满着生命的欢欣，直至今日，仍有青春气息，像是刚刚出自斧凿。"后人有一句话说："假如你没有见过雅典，你是一个笨蛋；假如你见到雅典而不欣喜若狂，你是一头蠢驴；假如你自愿离开雅典，你就是一匹骆驼！"

伯里克利执政时期，为建设和美化雅典花了大约9600塔兰同的钱，这些钱大部来自提洛同盟的海军经费。而同盟每年的岁款只有460塔兰同。有些雅典人，特别是反对民主制度的贵族派，指责这样的挥霍浪费。将要在公民大会上投票表决之前，伯里克利说："这些建筑的费用不要列在你们的账上，归我个人支付好了，竣工之后，刻上我的名字。听他这么一说，不知是被他的伟大精神感动，还是为了在伟大的工程上分享光荣，人们都一齐高喊：让他随意花钱吧，……不必节省费用了。"（见普鲁塔克《伯里克利传》）伯里克利虽然没有在建筑物上刻下他的名字，但历史刻下了，把他的名字永远和雅典的建设、和卫城上无与伦比的壮美建筑群联结在一起。同时还有菲狄亚斯、伊克提诺和卡里克拉特。

雅典卫城建筑群的布局没有轴线，不求对称，建筑物的位置和朝向由朝圣路线上的最佳景观来设计。保护神雅典娜的庙帕特农是多立克式的，位于卫城正中偏南，离南缘不远，地基有一部分是人工填筑起来的。它的正北是爱奥尼亚式的厄瑞克忒翁庙，几乎紧靠北缘。多立克式的山门当然造在卫城西端唯一的入口处。挨着山门南翼有一个向西凸出的陡崖，爱奥尼亚式的胜利神庙就造在上面。几座主要建筑物都贴近边缘，为的是照顾在山下的观赏，因为卫城坐落在城市的中央。（有一种说法：泛雅典娜大庆时游行的队伍在上山之前先要环绕卫城走一圈，那么山下的观赏就更见重要了。）泛雅典娜节日大庆最后一天早晨，参加朝圣的人在卫城西北方向的雅典中心广场集合。队伍绕到胜利神庙的陡崖下，削壁面上挂着波希战争虏获的战利品，削壁上缘女儿墙上和庙的檐壁上浮雕着打败波斯侵略者的战争场面。那个决定雅典和整个希腊命运的胜利是绝对不能忘记的，它激发雅典人对祖国和民主制度的热爱，激发他们的英雄主义，也向所有的希腊城邦炫耀雅典的强大。

绕过削壁，登上陡坡，仰视便是朴素的山门。进了山门，迎面见一尊11米高的雅典娜像，铜铸而镀金，手执长矛。它以垂直的形体与沿边横向展开的建筑群对比，成了构图中心、视觉中心，使画面统一。再向前走，真正统率全局的是帕特农。它位置最高，体量最大，形式最简洁，风格最庄重，装饰最华丽，色彩最鲜艳，四面一圈都是雄伟的柱廊。帕特农的统率作用使建筑群主次分明，形成了整体，同时也突出了卫城的主题：颂赞雅典。帕特农以西北角斜对着朝圣队伍，这是它最美的观赏角度。继续沿帕特农的北柱廊向东走，左侧是厄瑞克忒翁。它远远小于帕特农，但它并不局促，因为它以复杂的体形、秀雅的爱奥尼亚风格、素雅的大理石本色、大面积的光墙，处处与帕特农形成鲜明的对比，从而既衬托了帕特农，又显示了自己。它以6尊2.1米高的端重典丽的少女雕像组成的柱廊迎接转过来的朝圣者。队伍走到帕特农东面，在露天祭坛点火，举行仪式，然后载歌载舞，狂欢终日。

在朝圣队伍行进途中，卫城大幅度地变化着景色：建筑物与雕刻交替；多立克式艺术与爱奥尼亚式艺术交替；雕刻有独立的铜像、有建筑物上的大理石浮雕和圆雕甚至雕像柱。浮雕有爱奥尼亚式重线条的和多立克式重体积的，有单幅也有长长的连续画面。最精美绝伦的是帕特农东西两个山花上的雕像群。建筑物也是风格、体形、色彩、大小、繁简各个大不相同。景色的大幅度变化又得力于非对称的自由布局。但每一幅画面都有强有力的中心，所以景色多变而并不散乱。卫城的丰富景色使它于严肃中有活泼，庄重中有轻快。

多立克和爱奥尼亚两种建筑与雕刻风格的并用，是古典盛期雅典作为全希腊文化中心的新现象，在过去漫长的时期里，爱奥尼亚柱式只流行于爱琴海诸岛和小亚细亚的手工业和商业发达的民主制城邦里，多立克柱式则只流行于希腊本土的伯罗奔尼撒、意大利和西西里纯农业的

阳光下的厄瑞克忒翁神庙

贵族寡头制城邦里，互相并不交流。波希战争的胜利，一方面促使希腊国家整体意识加强，一方面促使小亚细亚的人才汇聚到雅典，文化眼界扩大，加上战后雅典力求作为全希腊的政治、宗教、文化、经济中心，于是破格创新，这两种文化的藩篱被突破，雅典卫城建筑群成了爱奥尼亚文化和多立克文化交融的象征。两种文化的交融不仅表现在爱奥尼亚式建筑和多立克式建筑的并存上，而且渗透到了各座建筑物之中。卫城的山门，东西两个立面都用多立克柱式，但门屋里的6棵柱子却是爱奥尼亚式的。帕特农的周围柱廊是多立克式的，装饰着体积感很强的单幅的高浮雕，但西端一间财库里却用了4棵爱奥尼亚式柱子，而且它的柱廊内神堂墙壁外侧的檐壁是爱奥尼亚式的，不分格，刻着线条韵律感很强的薄浮雕，画面连续。两种柱式的交融更进一步深入到了柱式本身，例如：帕特农的多立克式柱子比它以前同类柱子修长，这是向爱奥尼亚式的比例靠拢，而胜利神庙的爱奥尼亚式柱子比它以前同类柱子粗壮，是靠拢多立克柱式。总的看来，爱奥尼亚式对多立克式的渗透强过于多立克式对爱奥尼亚式的渗透。当时先进的爱奥尼亚文化在与多立克文化交融中处于强势。爱奥尼亚柱式比较柔和而早先的多立克柱式太过于粗犷。由于两种柱式的构成规则是相同的，因而这双方的渗透和靠拢更使它们能和谐地相处在同一座建筑物和同一个建筑群中。

卫城非对称的自由布局主要来自于民间的自然神圣地建筑群传统。马克思说："希腊是泛神论的国土。它所有的风景都嵌入……和谐的画框里。……每个地方都要求在它的环境里有自己的神，每条河流都有它的水泽女神，每个小树林也有它的森林女神，希腊人的宗教就是这样形成的。"（《马克思恩格斯全集》，1931年，俄文版，卷二，55页）希腊的自然神是很人性化的，这些民间自然神圣地不要求威严，不死拘一格，建筑的布局追求天然得体，与风景一起"嵌入和谐的画框里"。这样的圣地起初主要分布在爱琴海诸岛和小亚细亚的民主城邦里。相反，意大利和西西里的希腊城邦里，神祇圣地脱胎于贵族寡头的城堡宫殿，并且一直没有完全分离开来，以致建筑群的布局死守教条，一座座庙宇朝着同一个方向，互相平行排列，不适应地形，也分不清主次。在希腊本土上爱奥尼亚人居住区里，德尔斐的阿波罗神和奥林匹亚的宙斯神两个圣地建筑群，布局也都是随宜活泼的。离雅典很近的德尔斐，那建筑群与自然的交融，与朝圣者行进过程的契合，已到了极为完美的程度。雅典卫城建筑群，继承的便是爱奥尼亚传统。波希战争后，领导雅典人取得胜利的政治家塞密斯托克利斯（Themistocles，约公元前528—约前462）重建卫城，在被毁的古雅典娜神庙之南填平地基动手建造神庙。泥古不化的贵族寡头派强烈反对，他们要求新庙必须造在寡头专政时代的古庙旧址上，认为任何改变都会招致神谴的灾难。但是伯里克利不信邪，坚持创新，在刚建起来的新庙基础上建造了帕特农，终于使卫城建筑群成为人类最完美的创造物之一。

新的雅典娜庙帕特农始建于公元前447年，于公元前438年竣工，公元前431年完成雕刻。它的建筑设计人是伊克提诺和卡里克拉特，雕刻由菲狄亚斯和他的门人制作。它是卫城上的主题建筑，是城邦保护神的庙宇，是战胜波斯入侵者的纪念碑，是雅典作为全希腊政治、经济、文化中心的标志。同时，它又是提洛同盟的财库，城邦的档案馆。

帕特农是一个长方形的庙宇，形体单纯。中央由墙垣围成的核心分隔成东西两部分，东部比较深，是圣堂，西部比较浅，近乎正方，是财库和档案馆。在这个核心的四周有一圈柱子形成围廊。围廊式是希腊本土庙宇最高贵的形制。台基、墙垣、柱子、檐部、山花、屋瓦，全都是用质地最好的纯白大理石做的。山花和檐部安装着大量的雕刻，并且着十分浓艳的红、蓝、金三种色彩。山花顶上有青铜镀金做的装饰。

它是希腊本土上最大的庙宇，极其恢宏壮伟。基座上沿长69.54米，宽30.89米。正面有8棵柱子，侧面有17棵。柱子高10.48米。而一般的大型庙宇包括奥林匹亚的宙斯庙，正面只用6棵柱子，侧面13棵，柱高不过8米。

圣堂内部左右两侧和正面立着联排的柱子，它们分成上下两层，尺度

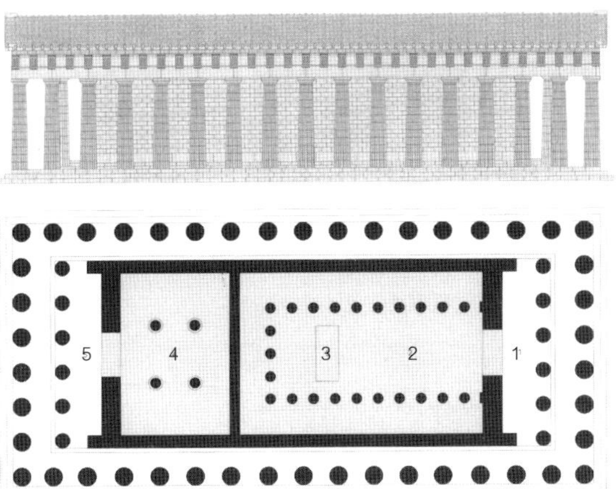

帕特农神庙平面和立面

帕特农神庙多立克柱近景

帕特农柱间壁多立克式浮雕

帕特农神殿莨菪造型的顶端饰
（杜非 摄）

由此大大缩小，把正中的雅典娜像衬托得格外高大。这神像据传是菲狄亚斯本人的作品，用象牙和黄金制作，在雅典与斯巴达之间发生了长期的伯罗奔尼撒战争（公元前431—前404）之后，被拆掉填补枯竭的国家财政了。

根据希腊本土的传统，帕特农采用多立克柱式。多立克柱式刚健雄壮而高贵，非常适合于帕特农的主题要求。它的多立克式柱廊是这种柱式的代表作品，比例和各部分的处理最成熟完美。

古典时代希腊艺术家审美力的精致敏锐和工匠技术的高超娴熟都在帕特农柱式的比例和处理上充分表现了出来。每棵柱子的外廓都不是直的，下粗上细而且微微呈弧形。台基面也微微凸起，长边的中点比两端高出11厘米，短边的中点比两端高7厘米。柱身和台基的这种处理使它们避免了僵硬而像富有生命力的活的肌体。所有的柱子都略略向中央倾斜，估计它们的中线延长可在高空3.2千米处交会于一点，帕特农因此看上去更显得稳定、坚实、向心力和整体感更强。由于位置不同，每棵柱子的斜率都不同，制作非常复杂困难，但完成得极其精确。普鲁塔克在《伯里克利传》里说，当时的工匠“力图以精湛之技艺征服顽石，而最惊人的是完成得奇快无比”。真像希罗多德所说：雅典人建立了彻底的自由民民主制度之后，“每一个人都尽心竭力地为自己做事情了”。

在帕特农之前，伊克提诺曾经尝试过把爱奥尼亚柱式融入多立克柱式，但那座建筑早已毁了，帕特农则是他融合两种柱式的最成功的作品。它正面用8棵柱子，在多立克式庙宇里没有先例，而小亚细亚的爱奥尼亚式庙宇中则有过。它在财库里立了4棵标准的爱奥尼亚式柱子，细了一些，减轻了室内的拥挤。帕特农的柱子比过去的都修长一点，开间都宽一点，这就向爱奥尼亚式的靠近了一点，因此在多立克的雄伟刚毅之中又透出了爱奥尼亚式的优雅柔和。多立克式的柱廊里，内核围墙的外侧一圈檐壁却用了爱奥尼亚式的，以符合雕刻题材的需要。

帕特农的雕刻也是最辉煌的杰作。一圈柱廊，按多立克柱式规范，檐壁划分为92块方板，都有重视体积感的高浮雕。东面的雕着神与巨人之战，西面是雅典人与亚马逊之战，南面是与羊身人头怪之战，北面则是希腊人远征特洛伊的战争。它们都炫耀着雅典人战无不胜的自豪。柱廊内侧的那一圈爱奥尼亚式的檐壁，足有160米长而不分割，要作一幅完整的浮雕，题材是泛雅典娜节朝圣的场面，长长的队伍，各种人物携带着祭品，鱼贯走向雅典娜，节奏富有变化。到了东面，雅典娜当然只能在正中，队伍分别从南北两端走来，于是就有了队伍以何处为起点的问题。雕刻家选在帕特农的西南角，一路沿南墙向东，一路先沿西墙向北，然后在西北角折向东。真正的朝圣队伍进了卫城山门后是先穿过帕特农西北角再向东去的，恰好和雕刻上的队伍汇合后并肩同行，却看不到另一路与他们背道而驰。这一长幅浮雕很薄，最大厚度只有7厘米左右，但多层次，重视线条的表现。帕特农最震撼人心的雕刻在东西两个三角形山花上，西面是雅典娜和海神波塞冬争夺对雅典的保护权的故事，东面是雅典娜突破宙斯的头颅而诞生的故事，都是圆雕的组合。在帕特农之前，在三角形的边框里安排情节性的雕像群曾是一个大难题，因为中央很高而两角很局促。虽然不断有新创造，有新前进，但并没有圆满的解决。帕特农的这两组山花雕刻却把形象和故事非常巧妙地安排在了三角形构图之内。雕像庄严沉稳，富有神性，而又洋溢着健壮的人间生命力。18世纪意大利古典主义雕刻家卡诺瓦（Antonio Canova，1757—1822）说："所有其他的雕像都是石头做的，只有这些是有血有肉的。"

厄瑞克忒翁在帕特农北面，相距大约40米。它造得比较晚，从公元前421年到前406年，这时候伯里克利已经去世，雅典正与斯巴达进行长期艰苦的战争，最终导致衰落。但是它仍然是一个很有创造性的建筑物，是成熟了的爱奥尼亚柱式最卓越的代表。

厄瑞克忒翁的形体很复杂，因为它建在一块神迹地上，地形有几道断坎，都不允许变动。它的圣堂不大，长23.50米，宽11.63米。这圣堂分两部分，东部朝东，也祀奉雅典娜，正面有个6棵柱子的前廊，柱子高6.5米。西部分左右两间，一间祀奉海神波塞冬，一间祀奉厄瑞克忒翁。两间之前共有一个前室，里面有传说中的雅典城邦始建祖的墓。西部比东部低3.21米，只能由前室向北开门，门前有面阔三间的柱廊。柱廊进深两间，大于寻常，一来为掩蔽波塞冬与雅典娜争夺对雅典的保护权时用三叉戟顿地而成的井和一座很古老的宙斯祭坛，二来为山下的观赏。圣堂的西墙外是传说的雅典娜手植的橄榄林。厄瑞克忒翁的南墙紧贴一道3米高的断坎，而西立面在断坎之下。建筑师十分巧妙地在西南角造了一个柱廊，跨在断坎之上，把南墙和西立面联系起来，也把庙宇和断坎结合成一体。这柱廊有6棵高2.10米的柱子，正面4棵，左右各2棵。这6棵柱子竟是6尊少女雕像，个个娴雅端庄，秀美健康。圣堂南墙是一大片雪白的大理石实墙，把女郎柱廊衬托得格外夺目。

厄瑞克忒翁的各个立面变化很大，体形复杂，但构图都完整均衡，互相呼应，交接妥切，统一圆融。在整个古典时代，它都是最独特的，前无古人，后无来者。

它的装饰细部雕刻得很华丽、很精致，但不着色彩，全是石头本色，又显得朴素，衬托出帕特农的华丽。

它的建筑师叫皮泰欧（Pytheos）。

帕特农三角山花雕刻

山门造于公元前437至前432年之间，建筑师叫穆乃西克拉（Mnesicles）。它也是一座很有创造性的建筑，位于卫城尽西端。它东半在山上，西半在登山的陡坡上，比东半低1.43米。东西两半之间砌了一道隔墙，开五个门洞，中央大门洞不设台阶而铺坡道，供马匹和车辆出入。其余四个门洞前设三步高阶座，加上些踏步。建筑师把这段高差放在山门内部，但山门正反两个立面都要保持柱式的规范比例，使山上山下两个立面看起来都很完美，因此把屋顶也分成东西两半，东高西低。由于在山门北翼造了个绘画陈列馆，南翼造了个敞廊，把屋顶的错落遮住了，在外面看不到。

山门是多立克式的，东西两面都是6棵柱子的柱廊，西面柱子高度大约是8.81米，东面的略低一些。作为卫城大门，它们的中央开间净空宽达3.85米，而且整个建筑没有雕饰，符合山门的身份。但是，在山门内部，中央通路的两侧，有三对爱奥尼亚式柱子。这三对柱子采用爱奥尼亚式，既是两种文化交融的表现，也是为了按规范可以比多立克式的细一点，以免内部显得拥挤。这个构思和帕特农的财库里采用爱奥尼亚式柱子相仿。

在古典时期，有些人认为山门是卫城建筑群里最优美的。政治家忒拜（Theban）和将军伊巴密农达（Epaminondas，约公元前420—前362）

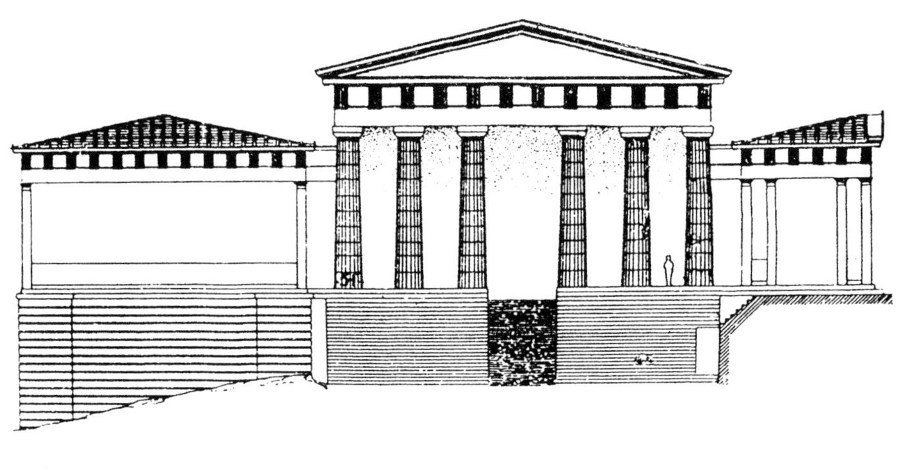

西立面

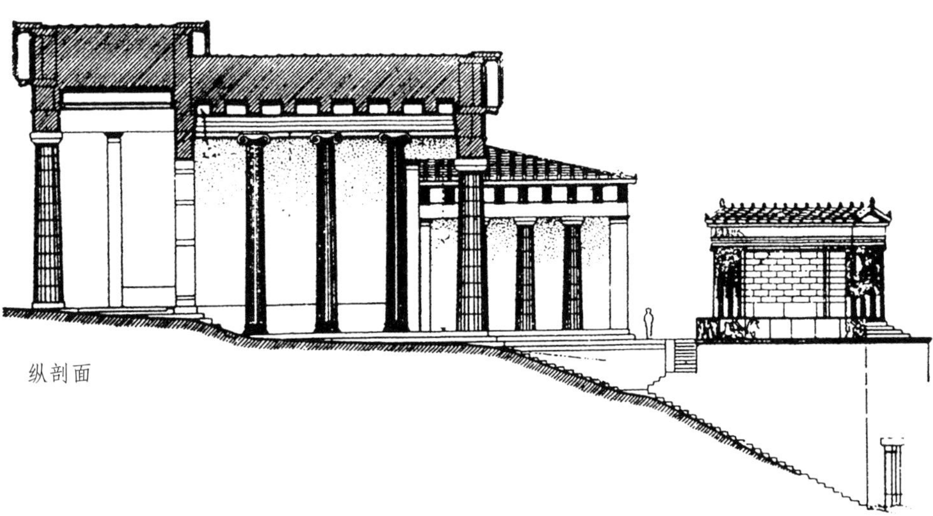

纵剖面

卫城山门

说，使雅典人变得谦虚的最有效的办法是“把他们的山门搬走，搬到你自己家里去”。

胜利神庙靠近山门，在山门南侧向西凸出的悬崖上。气势很盛，有利于表现主题，并且增加了卫城西端的层次，丰富了山门建筑群的构图。它很小，长方形，长8.14米，宽5.40米，是爱奥尼亚式的，东西两面各有4棵柱子。柱子比较粗壮，向多立克式靠拢。略略粗壮一些，也很适合于它的主题和它所在的位置。

在它的檐壁上，西、南、北三面的浮雕是希腊人与波斯人战斗的场景，东面则是观战的诸神。悬崖上沿的女儿墙也刻着类似的题材。

雅典人打败波斯海军后，公元前449年，就由卡里克拉特做了胜利神庙的模型，但一直搁置下来，直到公元前421年才完成。这时候对斯巴达的伯罗奔尼撒战争已经打了十年了，雅典人不是用它来欢庆胜利，而是用它来鼓舞斗志、祈求胜利了。

恩格斯说：“希腊建筑表现了明朗和愉快的情绪……希腊的建筑如灿烂的、阳光照耀着的白昼。”（《马克思恩格斯全集》，1931年，俄文版，卷二，63页）雅典卫城建筑群最集中、最鲜明地表现这种情绪和性格，这种情绪和性格正是大难之后欣欣向荣的民主制度下人民的欢乐和信心。雅典人以卫城自豪，公元前4世纪中叶，当马其顿威胁着雅典的独立自由的时候，政治家德摩斯梯尼（Demosthenes，公元前384—前322）为唤起雅典人的爱国热情，说：“雅典仍然有永恒的财富，一方面是对开拓伟业的纪念，另一方面是往日那些美丽的建筑物，山门、帕特农、柱廊和船坞。”

但是，卫城在希腊衰败之后终于渐渐地遭到严重的破坏。中世纪早期，庙宇被改成了天主教堂，信徒们为排斥古代的“异教”信仰而砸毁雕像。后来拜占庭人又把卫城当城堡，空地上造了许多住房。12世纪，回教徒给了它又一次破坏之后，它被荒弃了。然后是十字军远征，雅典轮番被各路人马占领，庙宇便轮番地被当作东正教堂或天主教堂。1456

年土耳其人占领雅典后，帕特农成了一座清真寺，当时它的情况还好，只在一侧造了个授时用的邦克楼。1687年，威尼斯人围攻困守在卫城上的土耳其军队，土耳其人把帕特农当作军火库，帕特农的大部分毁于爆炸，可能是中了炮弹。攻陷了卫城之后，威尼斯人想搬走帕特农山花上的雕刻，不慎摔碎了几座后便停止了。1800年，英国驻土耳其大使艾尔琴伯爵第七买走了12座雕像，15块多立克柱廊上的方块雕刻板和56块从爱奥尼亚式檐壁撬下来的雕刻。当时这些雕刻已经被当作烧石灰的原料，堆在窑边。这个艾尔琴就是后来纵兵焚烧劫掠圆明园的艾尔琴伯爵第八的父亲。1821—1830年的希腊独立战争期间，卫城曾不断遭到炮轰，1827年土耳其军队把它夷为平地。为希腊的独立解放献出了生命的英国诗人拜伦，在他的名作《恰尔德·哈罗德》第二章里写道："美丽的希腊，一度灿烂之凄凉遗迹！你消失了，然而不朽；倾圮了，然而伟大。"

雅典卫城伟大、不朽，然而消失了、倾圮了。人类文明最灿烂的花朵，毁灭于人类自己的野蛮、贪婪和愚蠢。

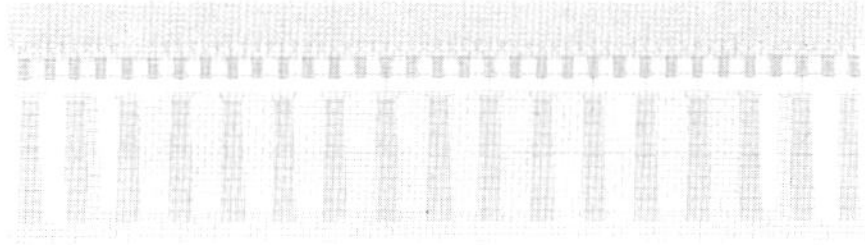

第二讲　把人体美赋予建筑

古希腊留给世界的最具体而直接的建筑遗产是柱式。柱式，就是石质梁柱结构体系各部件的样式和它们之间组合搭接方式的完整规范。柱式是除中世纪之外，欧洲主流建筑艺术造型的基本元素，它控制着大小建筑的形式和风格。世上还没有另外一种如此简单而又完整的元素，能以如此直截了当的方式几乎无所不包地决定着建筑的面貌。以致在一个很长时期里，欧洲的建筑艺术教育，就以研究柱式为主要内容。柱式流行到全世界，而且历经两千多年一直延续到现在，这恐怕是建筑艺术史上独一无二的现象。

柱式的强大生命力，首先由于它原本是一种结构方式，后来又演化出一种艺术形式，一种依附于结构方式的艺术形式。作为结构方式，梁柱

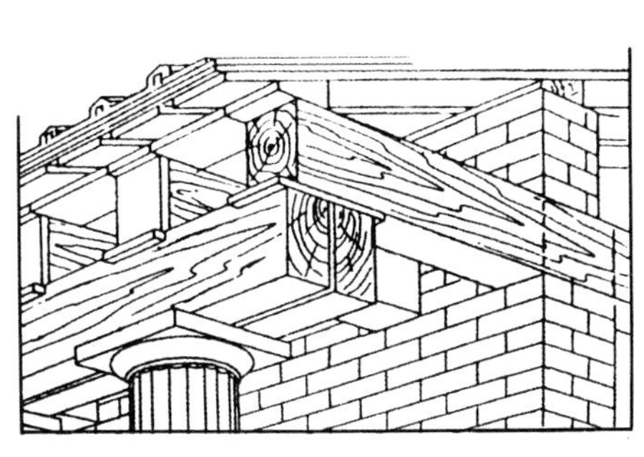

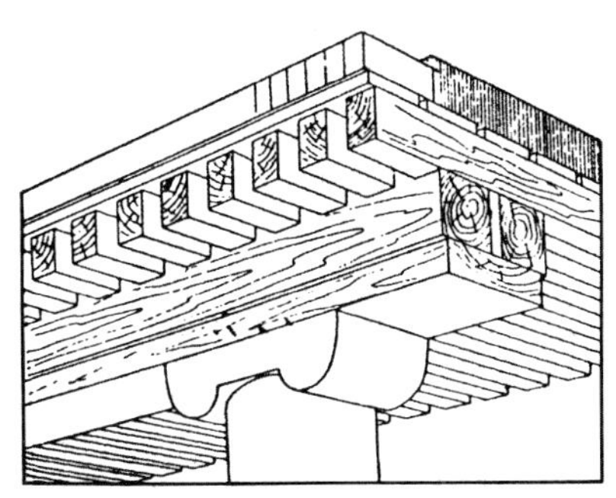

希腊柱式起源于木结构构想图

体系一直沿用到19世纪，至今还在广泛应用，因为它技术比较简单，所形成的空间最适合于人类日常活动的需要。虽然自古罗马帝国以后，欧洲的大型建筑一般都采用拱券结构，但它始终没有完全淘汰梁柱结构。第二，柱式规范非常严谨、非常精致，艺术上非常成熟。古希腊的建筑，尤其是公共纪念性建筑，都是单层的，而且体形简洁，都是长方形。重要的像帕特农，是一周圈柱廊，次要一点的，像卫城山门和胜利神庙，是前后柱廊，厄瑞克忒翁则在四面都有柱廊。所以，柱子、基座和檐部的艺术水平就是整个建筑的艺术水平，它们的风格就是整个建筑的风格。希腊人因此刻意精心推敲它们的形式和权衡比例，终于形成了柱式，用它们浓缩了建筑艺术。经过长期的冶铸，它们已经到了丝丝入扣，几乎容不得一点增减更改的地步。艺术形式的完美和规范化，有它的消极面，那便是对后人的束缚，创作实践中很难突破。思想上也不敢或懒于突破，没有重大的历史机遇便不能破格创新。但它也有积极的一面，便是即使平庸的建筑师也能依样画葫芦，设计出很不错的房子来，保持建筑环境高水平的统一，不致丑怪杂陈。同时，有了高标准的流行规范，也有效地阻住了不入流的尝试。第三是柱式的适应性很强，特别是经过希腊晚期和古罗马时期，它产生了多层组合和与拱券结构结合的方式之后。

希腊柱式起源于木结构，经过长期演变完成了向石结构的过渡。石结构更坚固耐久，意大利有些公元前6世纪的古希腊庙宇还基本完整地保存到现在。如果不是人为的野蛮破坏，还能有更古老的建筑保存下来。它也能做得很高大，古希腊时代就有10米以上的甚至达到12米的柱子，古罗马帝国时代，有的柱子高度竟将近20米。梁的跨度也相应增大不少。这些都是木结构达不到的，因此，柱式的适应性便大大强过于木结构体系，并且有了更丰富多样的表现力。古罗马之后，拱券结构的造型能力非常强，又吸纳了柱式作为它的造型元素，从而加强了柱式的生命力。第四，古希腊有多立克和爱奥尼亚两种柱式，到古罗马发展成五种，各有鲜明的风格和个性，从粗犷雄健到盛装的华丽，适用于不同性

赫菲斯托斯神庙（杜非 摄）

质的建筑或同一建筑上不同的位置。这样，柱式的艺术表现力又大大增强了，而且系列化了。作为“凝固的音乐”，在一个建筑群里，不但可以有一个乐器的独奏，还可以有多种乐器的交响。第五，古希腊柱式蕴含着饱满的人文精神，这是它长传不衰的重要原因。欧洲中世纪，神权统治之下，古典文化湮灭了一千年之久，真正意义上的柱式几乎不见踪迹。到了文艺复兴时期，人文主义重新萌发，人们从废墟中认识了古典柱式，把它当作弘扬人文精神的武器之一，柱式再度成了规范建筑艺术的基本手段，又使用了五百来年。到20世纪初，建筑发生了一场大革命，柱式才退出了统治地位，但远远没有消失，甚至有时候还要“回潮”。

柱式的基本单元是一棵柱子以及它下面的基座与上面的檐部。在古希腊，柱式的量化规定还没有十分严格，不过公元前6世纪已经渐渐地缩小了变化的范围。到公元前5世纪趋近于定型。两百年后的希腊伟大学者亚里士多德说，一种艺术的成熟，总是或多或少需要程式化。他

多立克、爱奥尼亚、科林斯柱式

说，一件艺术品，必须统一而完整，“以致改易或删掉其中任何一部分就必定会毁坏或变更全体。说完整，我是说具有开头、中间和结尾”。柱式就是这些原则的体现者，它是高度程式化了的，不论局部或整体，都是有头有尾非常完整的，它的互相矛盾着的构件和谐地组织在一起，既不宜再增加什么，也不能再减少什么。正当柱式发展到需要寻找它的量化规定体系的时候，哲学家毕达哥拉斯说：“数为万物的本质，一般说来，宇宙的组织在其规定中是数及其关系的和谐体系。”这就是说，和谐是一种数量的关系。后来，亚里士多德又说：“任何美的东西，无论是动物或任何其他的由许多不同的部分所组成的东西，都不只是需要那些部分有一定方式的安排，同时还必须有一定的度量，因为美是由度量和秩序所组成的。”（均见《诗学》）正是这种美学观引导着柱式经过数的规定达到它的和谐。

希腊多立克柱式的柱子没有柱础，早期的柱头像一只浅浅的碗，侧面轮廓弯曲而柔软。到了古典盛期，帕特农的柱头就是一个倒置的圆锥台，轮廓两边都是直线了，刚劲挺拔。柱身是圆的，很粗壮，早期有点沉重，到帕特农，包括柱头在内的高度为底面直径的5.47倍，很匀称而仍然不失雄健的气质。柱身上有二十来个凹槽直通上下，槽与槽之间相交成很锋利的线，它们造成的光影变化使柱子更显得峻峭有力。柱身上细下粗，外廓呈很精致的弧形，连接上径和下径的直线与弧形外廓相差最大之点大约在柱高的三分之一处。这种轻微地外张，使柱子像有弹性的饱满的肢体。柱子没有柱础，它的基座是三层阶座，每层高度随柱式整体的高度变化，不同于踏步。檐部分上中下三层，直接搁在柱头上的叫额枋，顶上向前挑出的叫檐口，二者之间的叫檐壁。多立克式檐壁的明显特点是被一种竖长方形板块分隔成段落，板块上有两条凹槽，因此叫三垄板。它们的间隔大致呈正方形，经常在间隔里做雕刻，是近于圆雕的高浮雕，体积感很强，和多立克柱式风格一致。檐口挑出部分的底面有一种叫钉板的装饰构件，在长形的石板上雕出几排圆疙瘩来。每块三垄板上方有一块，它们的间隔上也有一块。就间隔来说，柱开间从下向上形成了1：2：4的节奏。构件和他们的间距越往上越小，就像树木由根到梢的变化一样，有了生长的活气。多立克柱式简朴单纯，线脚少而方棱方角，没有曲面线脚，没有经过雕饰的线脚，保持着它风格的纯粹。

爱奥尼亚柱式也是风格纯粹，而且处处与多立克式对比。它形成很早，但定型比多立克式晚，在古希腊时代有些做法还有明显的变化。它的柱子有柱础，是两或三层的凸圆盘和凹圆槽组成的，像压缩的弹簧，很有弹性。柱身比多立克式的纤细多了，厄瑞克忒翁东面柱廊的柱子，连柱头在内，高度为底面直径的9.5倍。柱身也有凹槽，比多立克式的多几个，通常是24个左右。槽与槽之间不相交，保留着一小段圆形柱身外廓的弧面，所以，柱身上垂直线条密而且柔和，显得轻灵。对比最突出的是柱头，爱奥尼亚柱式的典型特征是柱头左右各有一个秀逸纤巧的涡卷。涡卷下的颈部箍一道雕饰精致的线脚，典型的雕饰题材是盾和剑或者草叶。爱奥尼亚柱式的檐部也分三层，下层额枋被两道串珠线脚划分为三条，上面还有一组复合的弧形线脚。向前挑出的檐口上缘也是复合的曲面线脚，底部有一排小小的齿形装饰。它的檐壁不分隔，完整的一长条，通常做内容连续的大场面故事性雕刻。雕刻也是爱奥尼亚式的，比较薄，重视线条的韵律构图。雕刻的风格和柱式的风格完全统一。爱奥尼亚柱式线脚比较多，而且是复合的曲面线脚，有华丽的雕饰。这些线脚加强了它和多立克柱式的风格对比。

柱式在从木结构向石结构演变的过程中，曾经有一个阶段，在木构件外面罩一层陶贴面，这是为了防火。这些贴面，因为要和木构件契合，不得不将就木构件的形式，因而把木构件的一些特点带到陶贴面上来了，同时，又把制作陶器的一些工艺特点也带到陶贴面上。前者如多立克柱式的三垄板和钉板之类，本来都是木结构的要素，后者如爱奥尼亚柱式的曲面线脚和它上面的雕饰，它们是很容易在泥坯上模制的。后来，有了一定程度的定型之后，再改用石结构，便把这些痕迹带到石质构件上来了。所以，多立克柱式更清晰地表现出木结构的逻辑性，而爱奥尼亚柱式则多一点装饰和变化。

两种柱式的组合也各不相同。多立克式的开间比较小，大约是1.2—1.5个柱底径，爱奥尼亚式的开间大一些，总在两个柱径上下。因此多立克式建筑更加凝重庄严，而爱奥尼亚式的便开朗轻松一点。

凡一种艺术风格的成熟，一般总要具备三点：第一，独特性，就是它有易于辨识的形式特征和与众不同的性格，反映着它独有的理念；第二，一贯性，就是它的特色贯穿它的整体和局部，直到细枝末节，很少芜杂的、格格不入的异质；第三，稳定性，就是它的特色不只是偶然表现在几个作品上，而是表现在一个时期内的一批作品上，尽管它们的类型和形制不同。多立克柱式和爱奥尼亚柱式具备了这三点。

就在两种柱式的性格刻画里，显示出古希腊文化中人文主义的光辉。至少在自由人中间，希腊主流文化的精神是以人为本，尊重人，赞美人，

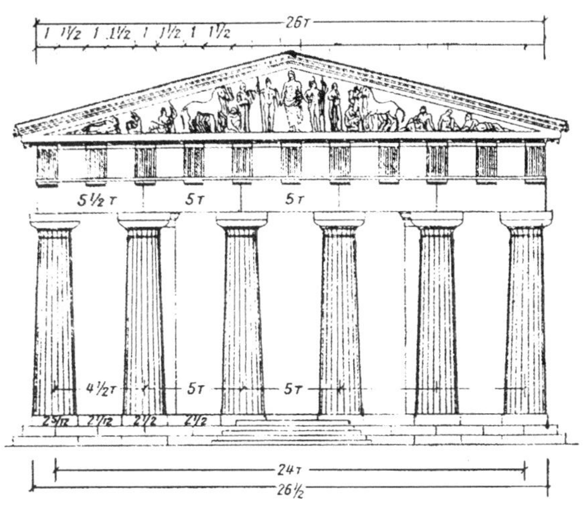

多立克柱式组合（奥林匹亚的宙斯庙立面）

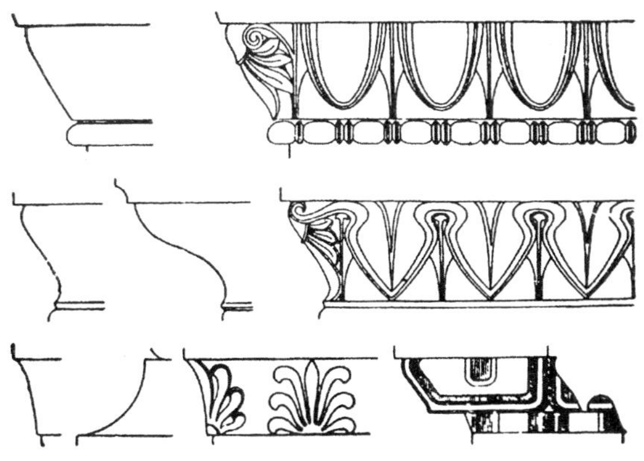

厄瑞克忒翁的爱奥尼柱线脚

发挥人的体能和智能。古典时期的悲剧诗人索福克勒斯（Sophocles，公元前496—前406）的作品《安提峨》中，合唱队有两句著名的唱词：“世界上有许多力量，但是自然中没有什么比人类更为有力。”这两句唱词被引入雅典的国歌里。同时期的雅典历史学家修昔底德（Thucydides，公元前460—约前400）在《伯罗奔尼撒战争史》里记载伯里克利在一次鼓动演说里说道：“人是第一重要的，其他一切都是人的劳动果实。”

人本主义思想和自由民主制度，都从小亚细亚和爱琴海诸岛首先萌生，在那个地区的希腊城邦，自由民主要从事手工业、商业和航海业。他们的文化，比起大希腊（意大利、西西里、伯罗奔尼撒）纯农业城邦的文化来，是强势文化，因此在希腊文化的融合中，它占据着主流的位置。柱式在人文主义文化影响下发展和定型，它渗透了尊重人、赞美人的古典精神。主持雅典卫城建设的大雕刻家菲狄亚斯说过："再没有比人体更完美的东西了，因此我们把人的形体赋予我们的神灵。"（转引自苏联雕刻家米尔库洛夫的自传）希腊人同时也把柱式的柱子赋予了人的形体。正是这样的人形赋予，柱式才具有了永恒的魅力。

古罗马建筑师维特鲁威（Vitruvius Pollio，约公元前84—前14）在他的著作《建筑十书》里传达了古希腊人的一些观念。在第三书第一节里，他写道："神庙的设计由均衡来决定。……它是由比例——希腊人称为类比——得来的。比例是在一切建筑中取得均衡的方法，这方法是：从细部到整体都服从于一定的基本度量单元，即与身材漂亮的人体相似的正确的肢体配称比例。……既然大自然按照比例使肢体与整个外形配称来构成人体，那么，古人们似乎就有根据来规定建筑的各个局部对于整体外貌应当保持的正确的以数量规定的关系。"在第四书第一节里，维特鲁威讲了一则有趣的故事，虽然未必可靠，却把柱式的人文性写得很传神。他说，雅典人到小亚细亚移民后打算造一座阿波罗庙，像他们在多立克人的城邦里见到过的那样。"当他们想要在这座神庙里设置柱子的时候，因为不知道它的均衡原则，便探索既能把它做成适于承受荷载又保持公认的美观形象的方法，于是人们试着测量男子的脚长，把它和身高比较，因为男子的脚长是身高的六分之一，所以就把这比率搬用到柱子上来，以柱子底部直径的六倍作为包括柱头在内的柱子的高度。于是，多立克式柱子就在建筑物上显出男子身材比例的刚劲和优美。后来又试用新的形象建造狄安娜神庙，以表现女子的苗条修长。为了显得更高一些，首先把柱子的直径做成高度的八分之一。在下部安置形似靴子的凸圆线脚，在柱头左右则做了下垂的涡卷，好像头发。在前

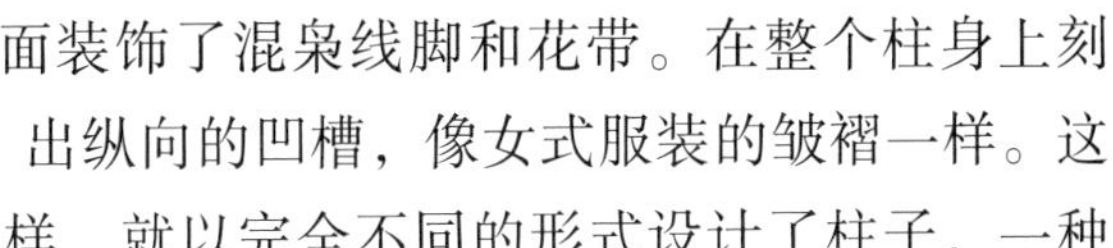

面装饰了混枭线脚和花带。在整个柱身上刻出纵向的凹槽，像女式服装的皱褶一样。这样，就以完全不同的形式设计了柱子，一种是没有装饰的赤裸裸的男性身体，一种是窈窕而富有装饰的匀称的女性身体。后代人们对美的欣赏倾向优雅、细致，更喜好纤巧，便确定多立克式柱子的高度为7个直径，爱奥尼亚式柱子高度为9个直径。这个爱奥尼亚人最初创造的式样就命名为爱奥尼亚式了。”

维特鲁威的记述大约不是杜撰，因为他在写作《建筑十书》的时候见到过一些古希腊的建筑著作，而且有一些古希腊的建筑遗迹可以作为佐证。公元前6世纪，有一些爱奥尼亚式的建筑用秀雅的女像当柱子，又有一些多立克式庙宇用肌肉怒张的裸体男像作承重构件，也可能是柱子。而且，到希腊晚期，女神庙用爱奥尼亚式，男神庙用多立克式，分得很清楚，对这一点维特鲁威也有所论述，并非偶然。

模仿人体和量化各部分的比例关系，在古希腊人看来是不矛盾的。因

德尔斐圣地的驭手铜像，造型类多立克柱式

古罗马科林斯柱式柱头

为他们认为人体的美，照亚里士多德的说法，同样也是由度量和秩序决定的。大约在公元前420年左右，希腊雕刻家波利克列塔斯（Polycletus）提出人头与全身的比应为1∶7，到公元前344年左右，雕刻家立西泼斯（Lysippos）改订为1∶8，以后广泛采用。意大利文艺复兴时期的人文主义建筑师对柱式形象来自人体深信不疑，他们中有几位甚至把柱式檐部的侧影直接和人脸的侧影比照。

大约在公元前430年左右，帕特农庙的建筑师伊克提诺在伯罗奔尼撒的巴赛（Bassae）造了个多立克式的阿波罗庙，在这个庙的内部立了一棵全新的柱子，柱头用一棵完整的、茁壮的忍冬草的形象。这种柱子后来叫作科林斯式。维特鲁威在《建筑十书》第四书第一节里说：“第三种柱式称作科林斯式，模仿少女的纤柔身态。因为少女的年龄幼弱，肢体更加苗条。”接着他叙述了一个很美丽的故事：“一位科林斯公民少女已经临近婚期却患病去世了。埋葬之后，乳母把少女生前最喜爱的东西收集起来，装进篮子里放在墓碑上。为了使它在露天里尽可能地耐久，便在篮子上盖了一块瓦片。篮子偶然压在一棵忍冬草根上，到了春天，忍冬草茎叶发了芽，在篮子的周边生长起来，因为被瓦压着，叶端被迫长成了涡卷。”一位杰出的雕刻家“偶然路过这座墓碑，发现了这只篮子和它边上茂密的叶子，对这新鲜的样式十分喜爱，就以它为原型在科林斯造了一些柱子，规定了它们的比例。从此开始，建筑中就多了一种科林斯式”。接下去他详细介绍了科林斯柱式各部分的量化规定。不过，古希腊时代的科林斯柱式远远没有定型，檐部和基座都袭用爱奥尼亚式的。

古希腊遗留下来的最完整的科林斯式建筑是位于雅典卫城东麓小小的列雪克拉德（Lysicrates）纪念亭，造于公元前335—前334年。这时候伯罗奔尼撒战争早已由雅典的失败而告终，希腊的城邦制瓦解。马其顿的腓力于纪念亭始建的三年前统一全希腊，亚历山大于一年前登上王位。纪念亭落成的那年，亚历山大挥师东进。

古典盛期，社会的经济基础是小自耕农的农业和自由民的手工业。公元前4世纪头几十年里，频繁的战争使小农和小手工业者破产，奴隶劳动大量增加，连立了法不许沦自由民为奴隶的雅典，这时候也有把自由民在市场上卖为奴隶的事了，甚至其中还有建筑师。城邦中贫富分化尖锐，穷人们降为半自由民。过去，在瓶画中可以见到雅典娜女神亲自给手工艺师傅戴花环的场面，这时候就不可能再绘这样的画了。当时的大学者亚里士多德在《雅典政体论》中说：“理想国家不给手艺者以公民权利；但是假如手艺者也算是公民的话，那么，就必须承认，上述的公民美德就不能适用于每人，甚至不适用于所有自由民，而只能适用于不须为生计而劳动的人们而已。”（卷三，3—4节）富人们骄奢狂傲，米南德（Menandros，约前342—前291）在一出喜剧里写道：“对我们唯一有用的神乃是黄金与白银。只要你把这两位神引到你家里，你便可以想要你认为好的东西，而这一切马上就会是你的了：譬如庄园、房舍、银器、朋友、阿谀逢迎的仆人、见证人和告密者。你只要多给一点儿钱，就连神自己也会做你的仆役。”

那些激励过希腊自由劳动者的爱国主义和英雄主义一去不复返了，他们的创造精神逐渐衰退。凝聚着全体公民的欢乐和理想的城邦的国家性、纪念性建筑没有了，财主们的豪华府邸和僭主们威风凛凛的陵墓成了重要的作品。列雪克拉德纪念亭便是这位富翁为放置由他雇用的歌队在酒神节赛会上赢得来的奖杯的，是炫耀他个人的纪念物。

复合柱式（古罗马塞维鲁凯旋门）

不过，希腊工匠几百年培养出来的手艺和审美能力并没有立即消失。这座亭子的艺术水平很高，科林斯式柱头雕饰典雅，繁简得体。它全高11.2米，下层一个高高的方形基座，上面立一个圆形的亭子，戴一个斗笠式的屋顶，顶端立一个华丽的架子，架子上放奖杯。亭子一圈6棵科林斯式柱子，柱子间砌实墙成圆筒。整座建筑，下面的基座最平实简洁，向上逐渐增加装饰、增多分划，逐渐玲珑轻巧，有一种向上的生态。檐部的雕刻诙谐

希腊、罗马柱式比较

活泼，成功地表现了得胜的喜悦情绪。最富丽精美的是放置奖杯的架子。

古罗马人是伟大的建设者。他们汲取了古希腊人的建筑经验，又大大加以发展。他们继承了希腊柱式作为最重要的建筑艺术手段，也同样加以创造性的发展。

第一个发展是，柱式更华丽、更细密、更复杂了。因为罗马帝国的公共建筑物规模大了，作为它的重要构图手段的柱式却不能简单地等比例放大，否则会失去建筑物真实的尺度，会使柱式显得空疏、粗糙。所以必须把它的各个组成部分划分得更细一些，用一组线脚代替一个线脚，用复合线脚代替简单线脚，用精致的雕饰来丰富它们，等等。这样的柱式也更适合罗马人奢侈豪华的风气和审美习惯，直到堆砌过分。

因此，朴素而偏于沉重的希腊多立克柱式被淘汰，另外设计了一种不那么粗壮而且多一些线脚和有圆盘形柱础的多立克柱式。虽然它比较容易和其余几种柱式协调，却也失去了鲜明的性格。同时，最富有装饰性的科林斯柱式受到特别的钟爱，被大量采用，另外又设计了一种更华丽的柱式，即把爱奥尼亚式柱头上的涡卷叠加到科林斯式柱头的忍冬草叶上去，叫作复合柱式。还有一种最简单的接近多立克式但柱身没有凹槽的塔斯干柱式，用于小型建筑或在做叠层柱式时立在底层。于是，古罗马一共有了五种柱式，并且为它们制定了远比希腊柱式详尽得多的定型规定和相应的量化规定。它们一直沿用到19世纪，并没有重要的改动和增加，尽管文艺复兴时期之后有些国家的有些建筑师做过一些变形，但都意义不大。

第二个发展是，作为梁柱结构的艺术表现的柱式，和拱券结构相结合。拱券结构体系的完善是古罗马人对世界建筑的伟大贡献。但拱券结构的外观因为有厚实的砖石或混凝土墙体而很笨重沉闷。这在建筑艺术上是个大问题，尤其为爱好浮华的罗马人所不能容忍。于是，就发明了用柱式来装饰墙体的办法，在门洞或窗洞两侧，各立上一棵柱子，上面架上檐部，下面立在基座上。券洞口用额枋的线脚要素镶边，与柱式呼应。一个券洞和套在它外面的一对柱子、檐部、基座等所形成的构图单元，叫作券柱式。这是直线和曲线、方形和圆形、实体和虚空的绝妙的组合，形体变化和光影变化很丰富。最简单的实例是罗马的凯旋门，小型的只有一间，即只有一个券洞，最复杂的例子是罗马的大斗兽场，一圈有80个券洞，上下三层，一共有240个券洞，都用柱式装饰。

在拱券结构流行的时候，罗马仍然有大量梁柱结构的建筑物，即使拱券结构建筑物，也常有梁柱结构的门廊，这些梁柱结构建筑物或门廊都采用柱式，所以，券柱式很成功地解决了两种结构在艺术风格上的统一问题。

第三个发展是，为柱式的叠层使用制定了规范。早在希腊普化时期，已经有些两层的公共建筑把柱式上下重叠起来使用，但没有一定的规范。罗马人在发明了拱券结构之后，大型公共建筑楼层有三层甚至四层的，叠层使用券柱式的情况很普遍。于是像一切艺术手段走向成熟一样，精心推敲，积累经验，终于产生了规范。规范的要点是，把比较粗壮、比较简洁的柱式放在底层，越往上越轻快华丽，符合力学的原理。通常是底层为塔斯干，二层为爱奥尼亚，顶层为科林斯。罗马城里的大斗兽场还有第四层，用的是更没有重量感的科林斯式方壁柱。建筑的构图手法多了，大型建筑的尺度准确了，但一座建筑合用多种作为风格标志的柱式，建筑的风格就不很纯净了。

叠柱式大多用于使用券柱式的场合，即上下几层券柱式相叠时所用的柱式规则。因为古罗马的多层公共建筑如剧场、角斗场都用拱券结构。

也有少数庙宇和公共建筑，内部很高，有上下两层壁龛，却采用一柱到顶的做法。这种高大的柱子常被称为巨柱式，后来到文艺复兴时期才比较流行，甚至用在建筑外部。

不过，罗马人的做法也导致一些柱式建筑降低了艺术水平。例如，券柱式的组合中柱式从有特定艺术形式的结构要素转变成了单纯的装饰要素。这个转变，一方面解除了它的结构负担而自由了，从而使它易于忽略自己原有的结构逻辑，失去严谨的理性。另一方面，既然是装饰品，就易于片面地追求装饰性。于是有些柱式便堆满了浮雕，连本来作为承重构件的额枋也深雕浅刻，过于繁缛了。从柱式本身看，艺术品位下降了。17世纪的英国建筑师渥顿爵士（Sir Henry Wotton，1568—1639）痛斥罗马的科林斯柱式是“充满了肉欲的”，“装饰得像一个淫荡的婊子”，不道德。说得不免过激，但也并非毫无道理。

总体上说，罗马人对柱式的发展有很大的积极贡献，尤其是创造了叠层柱式和券柱式并且初步制定了它们的规范。柱式的适用性更灵活扩大了，造型能力更丰富多样了，因此，柱式的生命力也就更强了。这时候，柱式已经遍布西欧、北非和西亚。

从罗马帝国晚期起，基督教会和它的意识形态统治欧洲达一千年之久。希腊罗马的人文主义古典文化被看作有罪的异端，遭到排斥甚至残酷的摧残，古典柱式也几乎完全湮没了。到了文艺复兴时期，资本主义萌芽，新兴的资产阶级为了发展科学、认识世界、开发人的能力和个性、享受现实生活，需要打破基督教的牢笼。而基督教对人的统治非常强固，没有强大的力量是难以对抗的。于是，人们便向人文主义的古典文化去寻求这种力量，掀起了崇尚古代希腊罗马文物制度的热潮。在建筑中，柱式被重新认识，人们传抄古罗马建筑师维特鲁威著作的《建筑十书》，到古代的废墟里去细细测绘。重新在建筑上严谨地、合乎规范地使用柱式，成了文艺复兴建筑的标志。意大利在15世纪和16世纪的两百年里产生了几位学者型的建筑师，他们一方面从事创作，一方面潜心研究柱式和建筑理论，是他们给五种柱式制定了最详尽的规范和量化规定。其中最重要的是阿尔伯蒂（L. B. Alberti，1404—1472）、赛里奥（S. Serlio，1475—1554）、维尼奥拉（G. Vignola，1507—1573）、帕拉第奥（A. Palladio，1518—1580）和斯卡莫齐（V. Scamozzi，1552—1616）。阿尔伯蒂正式把混合柱式定型。赛里奥第一个真正系统化地制定了五种柱式的规范，他出版了一系列大开本的、全部精确图解的建筑著作，成了建筑语法的经典。赛里奥赋予古希腊柱式的拟人化以天主教的内容。

他说，多立克柱式应该用于教堂，献给杰出的男使徒，圣彼得、圣保罗或圣乔治，以及一般擅长军事战略的圣徒。爱奥尼亚柱式献给品格高尚的女圣徒，不过分凶悍，但也不纤弱，同时，也可以是一个学童。科林斯柱式是献给圣处女即圣母玛利亚的。至于塔斯干柱式，则适合于堡垒和监狱。他以后的维尼奥拉和帕拉第奥继踵了他的方法。大体说来，赛里奥对法国的影响比较大，帕拉第奥对英国的影响比较大，而维尼奥拉则是意大利的正统。不过，他们所绘的图式其实相差无几。

在他们同时或以后，各国都有一些建筑师从事柱式研究。例如法国的劳尔姆（Ph. de L'Orme，1515—1570）根据法国石材比较软的特点，在柱身上做些装饰的环，叫作法国柱式。16世纪晚期和17世纪，意大利的手法主义（mannerism）建筑和巴洛克（Baroque）建筑，求异求变，做了些绞绳式的柱身，并且经常违反结构逻辑，把两个甚至三个柱子密集成组，山花也有两个甚至三个套叠在一起的。

在创作中，影响最大的是阿尔伯蒂、伯拉孟特（D. Bramante，1444—1514）和帕拉第奥。阿尔伯蒂含蓄地把罗马斗兽场的层叠券柱式用到住宅立面上，后来有人不再含蓄而把它更直接地用到住宅的外面和院子的立面上。阿尔伯蒂并且把罗马凯旋门作为教堂正面和内部的构图题材，产生了全新的形象。伯拉孟特创造了集中式圆形建筑的新形象，这种形象广泛流传。后来应用到伦敦的圣保罗大教堂和华盛顿的美国国会大厦上。伯拉孟特也创造了多层居住大厦的新形象，底层用大块粗面毛石砌筑，上层用柱式。后来有人在上层用巨柱式，一棵柱子通高两层，造成很雄伟的风格。帕拉第奥创造了一些新的柱式组合，最著名的是一种构图更加复杂丰富的券柱式，后来就叫帕拉第奥母题。古罗马晚期已经出现的把券脚直接落到柱头上的做法，经文艺复兴初期的大师伯鲁乃列斯基（F. Brunelleschi，1377—1446）的提炼，轻快明朗，柱式和拱券结构的结合有了新的途径。

其他还有不少杰出的建筑师也有所创造，有所前进。文艺复兴时期是一个生气勃勃的、充满了创造进取精神的时期，是一个在各个领域都产生

俄罗斯圣彼得堡高利津医院

了伟大天才的时期，柱式的组合在这时期也是新意迭出，异彩纷呈。

柱式在它长达两千多年的发展过程中，确实在追求建立量化了的规范。不过，在古希腊和古罗马的实例中，柱式的规范还有不小的变通余地。维特鲁威在《建筑十书》中明白地告诫，柱式的做法应该根据地形、环境和建筑的主题而有所不同，不能死守教条。但是，到了文艺复兴时期，一方面天才大师们并没有停止创造，一方面，柱式却规定得越来越琐细、越死板、越繁复，尤其是维尼奥拉等人所做的规范。本来，规范化有助于提高或保证大量性建筑的艺术质量，但发展到后来，规范化的消极作用渐渐严重，束缚了一些人的艺术思维。它成了可以现成搬用的熟套。

可是，这个熟套，毕竟是两千多年建筑精英们的创造性的凝结，包含着极高的智慧。就规范来说，它确实已经精致得几乎不能有所改动。曾经把中国传统的建筑和造园艺术介绍到欧洲去的英国王家建筑师钱伯斯（W. Chambers，1723—1796）写道："正确地认识和运用柱式是建筑艺术的基础。"要超越它、绕开它都是很不容易的。到了19世纪，一些建筑师曾经企图越过文艺复兴以来的柱式规范，直接向古希腊和古罗马具体的建筑学习，掀起过希腊复兴和罗马复兴建筑潮流。这部分地是为

文艺复兴晚期的巴西利卡（意大利维晋寨），使用帕拉第奥母题

突破文艺复兴以后抽象的柱式规范的教条性而做的努力。但用复古方法去对抗教条，是不会有什么重要结果的，而且渐渐在创作中又回到柱式规范中去了。然而，这种力求突破的意识的萌生毕竟是重要的历史现象。到了20世纪，社会的、文化的、技术的条件全面变化了之后，现代主义建筑才得以彻底摆脱柱式。但即使到了20世纪末，柱式建筑仍然时时会在世界各地再现，甚至在中国再现。它太精美了，人们难以永远忘记它。

第三讲　面包和马戏

古罗马建筑是世界建筑史最光辉的一章，说它是奇迹也不会过分。

罗马人是伟大的建设者，他们不但在本土大兴土木，建造了大量雄伟壮丽的各种类型的居住和公共建筑物，而且在帝国的整个领土里普遍建设。甚至在西亚和北非驻军卫戍的小城，也照样建设得富丽堂皇。

公元前30年，第一个正式的最高统治者奥古斯都即位，到公元14年去世，44年里，他在罗马一城就兴建了广场、巴拉丁山上的阿波罗庙、屋大维柱廊，恺撒纪念堂、玛尔且勒剧场、玛斯战神庙这些大型宗教和公共建筑，还修复了庞贝剧场、卡庇托乌姆神庙和其他82座神庙，改善了城市的供水，修复了对外省的大道等。奥古斯都的副手阿格里巴（M. V. Agrippa，公元前63—前12）不但是个热心的建设者，而且能亲自做建筑设计，当权之后，他用私人的财产建设海港和造船厂，拦蓄人工湖，修桥补路，造维纳斯和玛斯庙，兴建了罗马第一所豪华的皇家公共浴场，为罗马修复了一条输水道，又新建了一条，凿水井700口，开水源500处，建蓄水池130座。这些工程，不但装点了罗马城，改善了罗马人的生活，也给许许多多罗马人提供了就业的机会。公元1世纪的罗马历史学家苏多尼乌斯（Gaius Suetonius Tranquillus，公元100在世）写道：奥古斯都“得到的是一座砖头的罗马城，留下的却是一座大理石的罗马城”。但是，44年的时间还不足以把一座上百万人的罗马城建设得足够完美。公元64年7月18日，罗马发生大火，燃烧了整整九天，烧毁了三分之二的城市。传说皇帝尼禄（Nero，54—68在位）在七弦琴的伴奏下，一面唱歌，一面欣赏大火的光辉。传说并不可靠，不过，火灾之后，尼禄确实得到了一个重建罗马城的机会。他把新街道造得又宽又直，两旁房屋都以正面临街，为了防火，房屋的底层都要用砖头砌筑，房屋之间要留出间隙；从城外引水存入蓄水池，以备消防之用；在大街道上建造柱廊，为几千住宅建造前廊。过了不久，人们一致认为，一座更卫生，更安全，更美丽的新罗马城从废墟上重新矗立起来了。罗马人把这种建设热情一直维持到帝国的灭亡，前后五百年之久。

罗马帝国疆域包括大半个欧洲、北非和西亚。在这个范围里有经济和文化十分发达的希腊和埃及、叙利亚、小亚细亚等地中海东部的前希腊化地区。帝国统一之后，突破了地区的局限，广阔天地里的交流互补更促进了普遍的经济、文化高涨。帝国活跃的社会、政治、经济生活向建筑提出了许多前所未有的需要，这帝国又经历了长期的和平，拥有充沛的财力，而且发明了强有力的结构方法、建筑材料和施工技术，所以能够使这些需要成为现实。罗马人是希腊普化时期文明的全面继承者，他们也继承了希腊普化时期的建筑经验。起初，有一些建筑是由希腊人设计的，在奴隶市场上甚至可以买到希腊建筑师，也有一些是由叙利亚人设计的。不过，罗马人以无比的胆略和求真务实的作风，适应新的需求、条件和手段，后来居上，终于在公元1世纪到公元4世纪初的极盛时期达到了古代世界建筑的最高峰。

古罗马人在建筑上的贡献，主要有：第一，适应生活领域的扩展，扩展了建筑创作领域，设计了许多新的建筑类型，每种类型都有相当成熟的功能形制和艺术样式；第二，空前地开拓了建筑内部空间，发展了复杂的内部空间组合，创造了相应的室内空间艺术和装饰艺术；第三，丰富了建筑艺术手法，增强了建筑的艺术表现力。这包括改造了古希腊的柱式，提高了柱式的适应能力。增加了许多构图形式和艺术母题。这三大贡献，都以另外第四个贡献为基础，那就是创造了很完善的拱券结

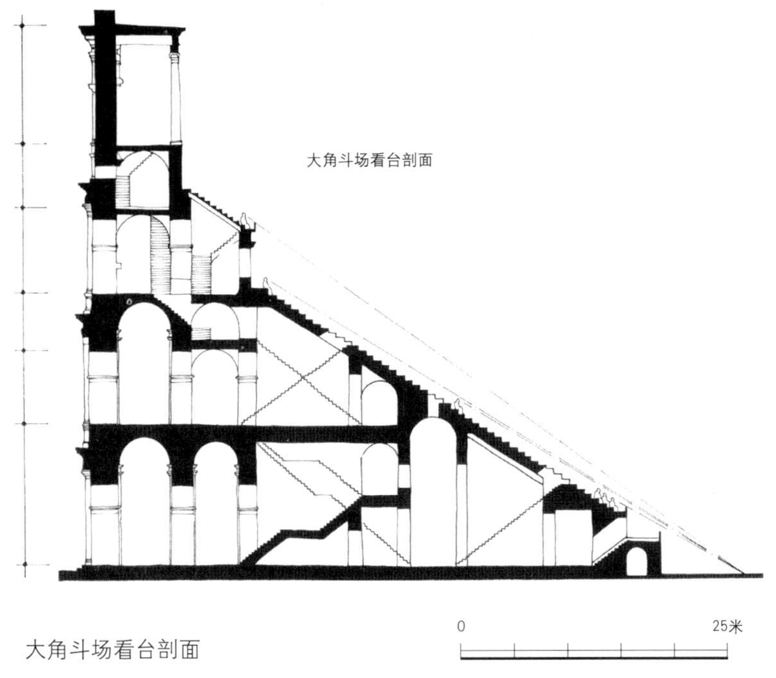

大角斗场看台剖面

构体系，发明了以火山灰为活性材料的天然混凝土。混凝土和拱券结构相结合，使罗马人掌握了强有力的技术力量，在建设上大展宏图。

古罗马的建筑成就主要集中在“永恒之都”罗马城，它最盛期有150万人口。简单地说，古罗马的建筑成就可以用罗马城里的大角斗场（Colossum，82落成）、万神庙（Pantheon，128落成）和大型公共浴场（Thermae，主要建于3世纪和4世纪初）来代表。

大角斗场是罗马帝国强大的标志，又叫圆剧场（amphitheatre），是两个半圆剧场面对面拼接起来的意思。它位于罗马城中心，基址原来是尼禄皇帝“金殿”的大花园里的湖泊，排干了之后造了这座建筑物。

角斗场的形制脱胎于剧场。在古希腊时候，剧场是半圆形的，依山而建，层层升起的观众席，布在山坡上，视线和音质效果都很好。埃庇道鲁斯圣地里的剧场，后面第55排的观众都能听清表现区里一枚硬币落在地上的声响。罗马剧场的最大变化是依靠新技术的力量，把剧场的观众席用拱券结构架起来，因此可以随地建造，不再依傍山坡。角斗场也始建于希腊。在希腊普化的意大利，开始有椭圆形的角斗场，好像用两个剧场对接而成。公元前1世纪，罗马城里至少有了三个椭圆形角斗场。大角斗场是古罗马最大的椭圆形角斗场。

大角斗场的长轴188米，短轴156米，周围527米。它中央是“表演”区，外围排列着层层看台。“表演”区也是椭圆形的，长轴86米，短轴54米，地面铺着木板，板底下的地下室用厚厚的混凝土墙隔成小间，有些用来关猛兽，有些用来关角斗士，他们大多是奴隶。看台约有60排座位，逐排升起，由低到高分为五区，前面一区是荣誉席，给长官、元老、外国使节、祭司、修女之类的“贵宾”坐。第二区坐的是骑士和其他贵人们，第三区坐的是富人，第四区是普通公民坐的，最后一区在柱廊里，可能给妇女们坐。柱廊顶上站着些水手，他们像操纵风帆一样管理着张在悬索上的天篷，给“观众”们遮阴。

大角斗场的看台架在三层放射状排列的混凝土筒形拱上，每层80个喇叭形拱。它们在外侧被两圈环形的拱廊收齐，加上最上一层实墙，形成50米高的立面。喇叭形拱在立面上开口，每层有80个开口，底层为敞廊入口，上两层为窗洞。看台逐层后退，形成阶梯式坡度。喇叭形拱里安排楼梯，分别通向看台的各区。“观众”们根据入场券的号码，找到自己的入口，再找到自己的楼梯，登上去就能很方便地达到自己的座位。整个大角斗场可以容纳5万人左右，出入都井井有序，十分顺畅，不至混乱。它的设计原则被后来历代沿用，直到现代的体育场，还完全一样。

大角斗场是用来“表演”人与人斗或人与兽斗的，除了少数几个皇帝有禁令外，每次都一定要斗到一方被杀死或者咬死。这是一种极其野蛮残酷的“表演”。每逢“表演”开始，先用机械把人、兽和布景从表现区底下的小间里吊上来。把生死置于一搏的角斗士，向皇帝高呼：“恭祝圣上万寿无疆，行将赴死的角斗士向陛下效忠。”“表演”区地板上撒一层砂土，一来防角斗士脚下打滑，使角斗失去“精彩”，二来可以吸血。当一名角斗士受到重创倒下之后，有专门的奴隶用烙铁烧他，以防装死寻机逃走。角斗士要想造反也不可能，表演区四周有5米高的墙，“荣誉席”是从墙头以上展开的。公元82年，大角斗场竣工，庆祝大会举行了整整100天的角斗“表演”，死了许多角斗士，猛兽被杀了5000头之多。得胜的角斗士可以得到一笔丰厚的奖赏，有的奴隶因此被释放为自由民。有些自由民，甚至也有落魄贵胄，为奖赏自愿去搏杀。全场“表演”结束后，向观众群里抛撒有号码的铅牌，可凭牌领奖，奖品有贵重的项圈、牛、鸵鸟或者小小意思的母鸡、葱头。一直到公元407年，才禁止角斗士与角斗士的厮杀，523年，禁止角斗士与猛兽搏斗。

大角斗场也可以从输水道引水，积水成湖，表演海战场面。公元248年，在大角斗场举行过罗马建成一千年的庆典，这大约是它最体面的一次实用了。

狂热地把血淋淋的杀戮当作最有刺激性的娱乐，这是奴隶制的罗马最野蛮的“文化现象”之一。帝国时期，奴隶制度的发达和自由小农的大量破产，造成了一批寄生的流氓无产阶级，这些人最无聊、最粗暴，但他们是公民或老兵，对皇帝的废立有举足轻重的影响，所以历任皇帝都对他们实行收买政策，一方面补贴他们的生活，一方面给他们以各种休闲娱乐。这也有利于缓和公民内部分化造成的社会矛盾，皇帝相信坐在大角斗场里看杀戮的时候，穷人和富人之间是没有敌意的。就在大角斗场落成的那个年代，讽刺诗人尤维纳利斯（Juvenalis，约60—约140）指责当时人追求的是罪恶的感受和快活，指责自由民很容易被“面包和马戏”收买。他把这归罪于皇帝的专制政体，他们为了巩固自己的统治地位，去养活无所事事的闲人，他们的假日和工作日一样多。“面包”就是向穷人提供津贴、周济，而且“以工代赈”，借兴造大型公共工程向人们提供就业机会；“马戏”则是以娱乐吸引穷人教他们忘记政治。穷人们最欢迎的“娱乐”就是看角斗，所以各城市纷纷竞争着兴造角斗场，既满足对“面包”的需求，又满足对“马戏”的需求。

大角斗场的外面用灰白色的凝灰岩砌筑，非常雄伟。下面三层都用券柱式装饰，顶上一层实墙用壁柱分划，每个开间中央开一个小窗，挂一面青铜盾牌，有牛腿挑出，托住顶上的桅杆。桅杆是用来拉悬索以张开篷布遮阳的。一圈80个开间，只有长短轴两端四个大门稍有难以引人注意的不同，但是它的椭圆形形体和券柱式却造成了丰富的光影变化和对比。而它的单纯简练则使它更显得宏大庄重。第二、第三两层每个窗洞口都立一尊雕像，在背后黑影的衬托下十分生动，把大角斗场点缀得高贵而蓬勃。大角斗场的券柱式被认为是券柱式的典范，在文艺复兴时期屡屡被模仿。

大角斗场壮丽的形象给每个人以强烈的印象，在一本中世纪基督教的《颂书》（*Venerable Bede*，大约673—735之间）里记载了一位朝圣者的话："只要大角斗场屹立着，罗马就屹立着；大角斗场颓圮了，罗马就颓圮了；一旦罗马颓圮了，世界就会颓圮。"但是，大角斗场却不断遭到地震破坏，屡圮屡修，屡修又屡圮。到15世纪，它不幸竟成了"石矿"，教皇和教廷贵族为修建府邸、枢密院和教堂，到大角斗场来拆石料。1749年，教廷才宣布保护大角斗场，理由是曾有早期基督徒在这里殉难，它是个圣地。虽然这说法缺乏根据，毕竟阻止了进一步被劫掠。不过，它一直荒废着，"表演"区和看台上长满了野草杂树，竟有植物学家因此写出了两本植物学专著。这种颓圮荒废状态引起了19世纪浪漫主义者吊古伤今的情绪，拜伦即景写过诗。连小说家狄更斯也在1846年写道："这是人们可以想象的最具震撼力的、最庄严的、最隆重的、最恢宏的、最崇高的形象，又是最令人悲痛的形象。在它血腥的年代，这个大角斗场巨大的、充满了强劲生命力的形象没有感动过任何人，现在成了废墟，它却能感动每一个看到它的人。感谢上帝，它成了废墟。"

万神庙既是一座庙宇，又是一座皇家纪念物，始建于公元118年，落成于公元128年左右，它能够大体不变地保存下来，是因为于公元609年被改为基督教堂，奉献给圣母玛利亚和所有一切的殉道者。大角斗场

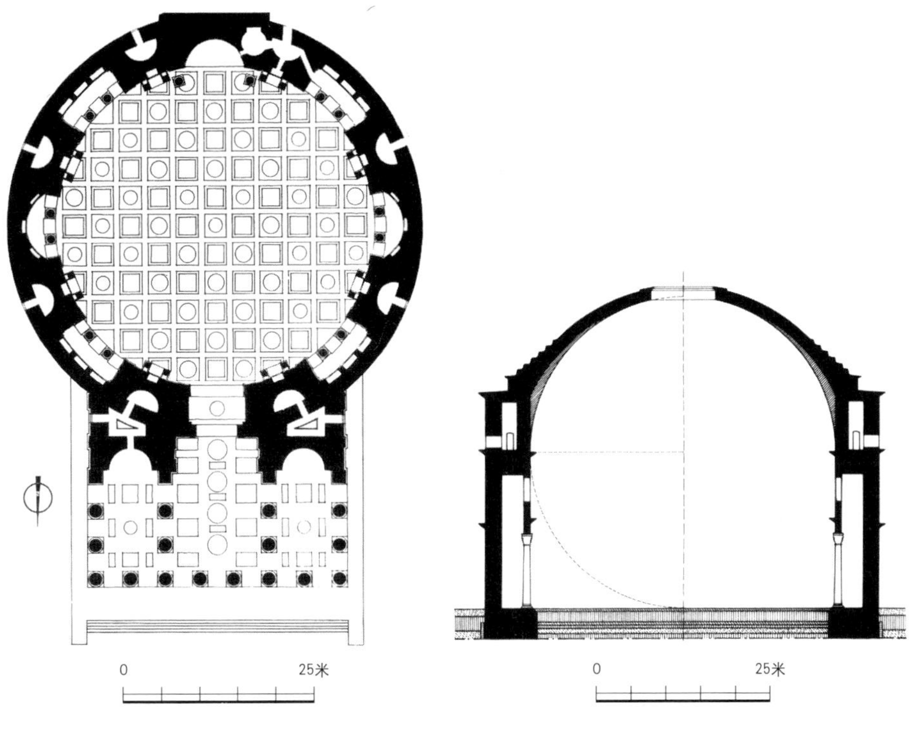

万神庙平面和剖面

和公共浴场都是被教皇和教廷贵族拆毁的，在中世纪，他们是全权的统治者，对“异教”的文明毫不留情，甚至有意破坏。万神庙作为教堂才有幸逃过了这一劫。

万神庙的结构简洁，形体单纯，是古罗马建筑最辉煌的成就之一。它的主体是圆形的，顶上覆盖一个直径43.3米的大穹顶。这个穹顶，历经两千年一直是全世界最大的。穹顶的最高点也是43.3米，因此支承穹顶的一圈墙垣的高度便大体等于半径。这样非常简单明确的几何关系，使万神庙单一的空间显得更加完整统一。单纯而又宏大，便庄严崇高。穹顶正中有一个圆形大洞，直径8.9米，这是庙内唯一的采光口，光线从上面泻下，如同上天无所不见的眼光，氤氲出一种天人相通的神圣气氛。过去，古希腊和罗马早期的庙宇，艺术表现力都在外部，而万神庙却以内部空间的艺术表现力为主了。

万神庙内景

单一的空间，它的体量不容易被人确认，万神庙在内部表面采用了细致的小尺度分划，把它的恢宏阔大准确地显示了出来。它的穹顶内表面做了五层凹格，每层数量相同，因此凹格从下往上逐渐缩小，呈现出穹顶向上升起的球面。每个凹格中央安着一朵镀金的青铜花。墙面则分上下两层，都用大理石饰面，下层的赭红色大理石柱子只有10米来高，上层的小壁柱更加纤小。小尺度的分划衬托出了空间的宏大。地面像古希腊帕特农庙的台基面一样，中央微微凸起，不但显得柔和饱满有生气，而且站在中央向四周看去，渐远渐低，地面上的格子图案被微微变形，好像伸展得更远。

在外部，圆形的主体前面有一个34米宽、15.5米深的矩形大柱廊。16棵柱子，正面8棵，后面两排各4棵，都是整块灰色花岗石的，高达12.5米，底径1.43米。柱廊深处是巨大的铜门，门左右各有一个龛，分别立着奥古斯都和他的副手阿格里巴的雕像。早在公元前27年，阿格里巴主持建造过一座万神庙，献给所有的神，以纪念屋大维也就是后来的奥古斯都打败安东尼和克娄帕特拉。那座庙是传统的长方形的，公元80年被焚。后来，罗马帝国最喜欢建筑并且亲自设计建筑的哈德良皇帝（Hadrian，76—138，117—138在位）才把它重建为这座圆形的。但他在前面加了个矩形的柱廊，并在柱廊的山花上刻着“吕奇乌斯的儿子、三度执政官玛尔库斯·阿格里巴建造此庙”，因此长期以来，人们以为这柱廊是阿格里巴旧万神庙的遗物。后来，1892年，发现从基础起，所有砖头上的年代印记都在120—125年之间，所以判断，这柱廊其实也是哈德良在位时候造的。

进了大铜门，正前方，直径的另一端，是一个最高大的神橱，它上面的四分之一圆穹顶展开在墙垣的上层。铜门和这个神橱之间，左右沿墙各有三个小神橱，高度限制在墙垣的下层。大小神橱一共7个。神橱之间以及神橱与大门之间，又有8个小壁龛。在古罗马时期，神橱里安置着7位大神，壁龛里则是次要的小神。罗马人承袭了希腊人世俗化的宗教，神也都是古希腊神，只不过有几位改了名字而已。据古罗马学者兼作家老普林尼（Plinius the elder，23—79）记载，万神庙里另外还有恺撒家族的保护神战神玛斯和爱神维纳斯（希腊人叫她阿佛洛狄忒），两尊雕像放在最重要的位置上，维纳斯像上戴着的一对耳环，是克娄帕特拉的一颗大珠子剖开制作的。这珠子原来有一对，克娄帕特拉一次和安东尼打赌，把另一颗溶化在醋里喝掉了。在中世纪万神庙被当作基督教堂的时期，这些“异教”神的雕像都被毁掉了，中央最大的神橱里供上了圣母子的雕像，还运来了从地下墓室里挖出来的整整28车殉道者的骸骨。神橱和壁龛里画了些基督教题材的壁画，如“圣母受胎告知”，“圣母加冕”等等。文艺复兴时期，万神庙几乎又成了艺术家和建筑师的公墓，拉斐尔的墓就在一个壁龛里，墓上有著名的铭文：“他活着的时候，万物之母（按：指大自然）怕他赛过她的作品；他死了，她怕自己也要死去。”19世纪晚期，意大利独立后的第一任和第二任国王的墓也放进了万神庙里。

万神庙前面的广场，本来是长方形的，地面比现在低2—3米，从广场正面进来，走向万神庙，庙前台阶很高，人们既看不见庙的穹顶，也看不见它的侧面，庙宇只向人展现大柱廊的正面。所以，设计者并没有刻意推敲穹顶和庙宇侧面的艺术形象。早在希腊就已经有圆形庙宇，因为没有拱券结构技术，所以体量都不大，屋顶是伞形的。罗马也有希腊式圆形庙宇，不过罗马人的重大创造是用穹顶覆盖的圆形庙。公元前1世纪末，那不勒斯（Napoli）附近海滨休养地巴亚（Baiae）的圆庙，穹顶直径已经达到21.55米。但当时这种建筑毕竟数量很少，罗马建筑师还没有能充分认识到穹顶的造型潜力，给它们设计出富有表现力的形象，所以万神庙的外部艺术还是按照传统以前面方形柱廊为主，甚至为了改善外形的比例，圆筒形墙垣的顶端向上延伸，挡住了穹顶下部三分之一左右。一种崭新的造型可能性，被传统的审美习惯埋没，这是建筑史上常见的事。穹顶所蕴含的巨大的造型可能性，一直要到意大利文艺复兴时期才被认识，并且创造出了极富艺术表现力的形象，那以后流行全欧洲，尤其到19世纪，高举的穹顶几乎在欧美所有的大城市里占据了艺术中心的位置，改变了城市的轮廓线。

万神庙从基础到穹顶都是用混凝土浇筑而成的。墙厚5.9米，从穹顶根部起，逐渐减薄，到穹顶上端只有1.5米厚。混凝土以那不勒斯附近出产的天然火山灰为活性材料，以凝灰岩、多孔火山岩、碎砖浮石等等作骨料。这些骨料选用得很巧妙，比较重的凝灰岩用在下部、多孔火山岩和碎砖用在中部，越往上所用的骨料越轻，到穹顶上部就使用浮石，混杂一些多孔火山岩。这些做法，显示出罗马工程师丰富的经验和求实精神。用天然火山灰搅拌混凝土，强度很高，拱券结构因此不但节约材料和人工，而且可以大大增加跨度。这对古罗马建筑的成就起着决定的作用。可是，奥古斯都时代的建筑师维特鲁威在他写的《建筑十书》里却责备罗马人没有像希腊人那样用整齐的大理石造庙宇，而偷工减料，用些破破烂烂的废物填筑成墙。在他的书里，也没有一句话提到拱券技术，虽然那时候拱券技术已经发展了起来。奥古斯都提倡文化复古，这或许是维特鲁威采取这种态度的原因之一。但是，一种新兴事物会遭到冷遇甚至迎头痛击，大约是文化进步过程中的必然现象。

万神庙刚一落成，便因内部无比的恢宏壮阔，无比的庄严崇高而引起人们的赞叹。有一句古谚说，如果一个人到了罗马而不去看看万神庙，那么，“他来的时候是头蠢驴，去的时候还是一头蠢驴”。

赞美也好，改为基督教堂也好，都没有使万神庙完全逃脱中世纪野蛮的破坏。公元667年，拜占庭皇帝到罗马来了一趟，被罗马古建筑的辉煌震动，剥走了万神庙穹顶上全部的镀金青铜板。735年，才由一位教皇用铅皮盖上。在教皇滞留于法国亚威农时期（1309—1378），罗马城发生内战，万神庙被当作堡垒。到文艺复兴时期，人们重新认识了它的价值，当时的意大利建筑师，都把它当作重要的学习对象。1435年，罗马元老院正式决议要保护万神庙和其他一些建筑物。16世纪中叶还重铸了它的铜门扇。但是，教皇乌尔班八世（Urban VIII，1623—1644在位）却把它门廊里大梁和天花上的镀金铜板全都拆了下来，铸成了圣彼得大教堂里圣彼得墓上30多米高的罩亭和圣安琪儿堡垒的80门（或说

110门）大炮。罗马人咒骂道：“巴波里没有做的事，巴波里尼做了。”巴波里是拉丁语的“野蛮人”，巴波里尼是乌尔班八世的姓氏。后来给意大利独立的第一任国王维克多·埃马努埃莱二世（V. Emanuele II，1820—1878）在万神庙里造墓的时候，特地熔化了圣安琪儿堡垒的一尊大炮做装饰，以象征从教廷手里夺回了原属万神庙的青铜。这位乌尔班八世还委任最杰出的巴洛克建筑师和雕刻家贝尔尼尼（G. L. Bernini，1598—1680）在万神庙门廊上两侧造一对钟塔，模仿中世纪的教堂，人们嘲笑它们是“贝尔尼尼的驴子耳朵”，1883年把它们拆掉了。

万神庙前的广场，从中世纪直到1847年，曾是一个喧嚣的鱼市场，庙的前柱廊里卖过鞋帽。16和17世纪，每年3月16日的圣约瑟夫节在这里举办画展，据说卖画倒是恢复了古意，因为阿格里巴在他的旧万神庙前廊也举办过画展。长年累月下来，广场边上的柱廊没有了，房屋零乱，不成格局，广场地面填高了2—3米，万神庙的前廊只剩下几步台阶，正面失去了气势。即使如此，万神庙依旧是保存得最完整的古罗马大型建筑。

“面包和马戏”就是吃饱了饭玩乐。古罗马腐朽的寄生阶层玩乐的最重要场所是公共浴场。公共浴场兴起于希腊化时期，但大发展是在罗马帝国时期，因为有了拱券技术，而且游手好闲的人大大增加。公元2—3世纪，几乎每个皇帝都在各地建造公共浴场，以笼络公民们。仅在罗马城里就有11座大型浴场，小的竟有八百多个。

公共浴场是一种多功能综合性的建筑。在希腊化时期，主要包含浴场和体育锻炼场所。罗马帝国时期皇帝们建造的大型国家浴场，里面增加了演讲厅、音乐堂、图书馆、交谊厅、棋牌室、画廊、商店、小吃铺、健身房等等。门票十分低廉。一个市民可以从早到晚在浴场里生活，也有人在那里谈生意、搞政治阴谋。起初，妇女和男子同时入浴，后来改变为妇女在上午入浴，下午和晚上才许男子入浴，但健身和体育活动可以同场进行。古罗马历史学家塔西佗（P. C. Tacitus，约55—约120）描述一个罗马人的享乐生活道："白天睡觉，夜晚以办事、寻欢作乐消磨。怠惰是他的爱好，他借此成名。别人要以勤奋劳作才能达到的一切，他却以骄奢淫逸的欢乐来完成。"公共浴场就是过这种日子的场所。

哈德良离宫的浴场穹顶

希腊化时期和罗马共和时期的浴场，规模比较小，据说那时居民们并不天天沐浴。到罗马帝国时期，富人和流氓无产者则有天天沐浴的习惯，所以公共浴场的规模就扩大了。由于功能复杂而技术能力不足，主要是锅炉房、库房等附属设施不容易安排和室内采光困难，所以希腊化时期的浴场不求对称，空间组合比较随机。罗马帝国时期，拱券技术发达，而拱券是不燃的，因此锅炉房之类都可以放到用拱券覆盖的地下室里，地上只剩下堂皇的大厅，而采光问题也可以借助十字拱以及拱券和穹顶的平衡系统用高光、侧光等多种方式解决，所以公共浴场有可能追求内部空间组合的艺术性。由于帝国的意识形态要求，浴室像其他公共建筑一样，趋向轴线对称，造成一种庄严雄伟的性格。拱券技术也改进了供暖的方法，浴场的各个大厅都不妨做得又高又大，它们的艺术表现力进一步加强了。终于，大型公共浴场中产生了足以代表古罗马建筑最高成就的作品。

罗马城里最重要的大型公共浴场有卡拉卡拉浴场（Thermae di Caracalla，211—217建造）和戴克里先浴场（Thermae di Diocletium，305—306建造），都以皇帝的名字命名，现在可以看得很清楚的是卡拉卡拉浴场。戴克里先浴场一部分改成了天主教堂和修道院，一部分改成了博物馆。

卡拉卡拉浴场构造复原图

这两座浴场都是庞大的建筑群，戴克里先浴场能容3000人同时使用，卡拉卡拉浴场同时可容1600人，规模分别居第一和第二。卡拉卡拉浴场长375米，宽363米，地段的前沿和两侧的前半都是店面，娈童和妓女也在这里活动。两侧的后半向外凸出一个半圆形，里面有厅堂，大约是演讲厅，旁边有休息厅。地段的后面，正中有个贮水库，容量3300立方米，水由高架输水道送来。水库前有个竞技场，几排看台背靠着水库。看台左右各有几个厅，大约是图书馆和交谊厅。

这块地段的中央是浴场的主体建筑，很宏大，长216米、宽122米（戴克里先浴场主体长240米，宽148米）。内部完全对称布局，正中轴线上从前到后依次排列着露天游泳池式的冷水浴池、大温水浴厅（也有人称之为大厅）、小温水浴厅和圆形的热水浴厅。左右两半里都有门厅、衣帽厅、运动场、按摩厅、抹油膏厅和蒸汽浴厅等。

锅炉房、仓库、奴隶和仆役休息室都在地下，地下还有一些过道，奴隶和仆役们从过道到浴场各部分去服务，保持浴客们眼前清净。

卡拉卡拉浴场和戴克里先浴场主体建筑是古罗马拱券结构的最高成就之一。卡拉卡拉的热水浴大厅的穹顶直径35米，在整个世界建筑史中没有几个。大温水浴厅是三间十字拱，长55.8米、宽24.1米（戴克里先的长61.0米，宽24.4米，高27.5米），十字拱的重量集中在8个墩子上，墩子外侧有一道短墙抵御侧推力，短墙之间再跨上筒形拱，增强了整体刚性，又扩大了大厅。这个大温水浴厅的规模和结构平衡体系的完善，在古罗马建筑中也是非常杰出的，对后世影响很大。所有的拱券都用天然火山灰混凝土浇筑，它们形成整体，所以到了现在，拱、券和穹顶都已残破，却并不完全坍塌，高高耸立，给人极其强烈的印象。

在先进的结构技术保障之下，大浴场内部空间的阔大和它们复杂的组合也达到了很高水平，简洁而又多变，层次丰富而形成构思统一的序列。中央纵轴线上冷水浴、温水浴和热水浴三个空间串联，以集中式的热水浴大厅作结束。大空间之间以小空间过渡，开阖有致。两侧的运动场、更衣室等等形成的横轴线与纵轴线相交在最高敞宽大的大温水浴厅，使它成为最开敞的空间。两条轴线上都是大小、纵横、高矮、方圆、开阖不同的空间有序地交替着。在这些大厅之间还布置了一些院落，保证每个室内角落都有足够的光照，同时也增加了空间组合的趣味。原则上与梁柱结构根本不同的拱券结构，特别是它的复杂的平衡体系彻底改变了建筑的空间艺术，从单一空间发展到复合空间。与万神庙相比，一百多年来，内部空间的艺术手法又大大提高了，丰富了。

卡拉卡拉浴场的装饰十分华丽，墙上贴着大理石板，地上满铺镶嵌画。精致的壁龛里陈设着雕像。柱子都是大理石的，大量使用了最华丽的复合柱式。而且它是一个艺术品的宝库，有一些古罗马著名的雕刻和镶嵌画是从这个浴场的废墟里发掘出来的。

浴场有很好的采暖设施。地面架空几十厘米，墙体和拱顶内表面都砌着一层扁方的空心砖，形成管道，从锅炉房输来热烟，从空心砖里和地面下空隙里通过，地面、墙面和拱顶都散发热气，室内温度均匀而且舒适，人们在冬季也可以入浴。这种供暖的方法依附于混凝土的拱券结构，在木结构的房子里很难安全地办到，所以公共浴场是最早采用拱券结构的建筑之一，卡拉卡拉和戴克里先两座浴场把这种结构运用得最纯熟。给公共浴场送水的输水道，也是罗马建筑的杰作。罗马城造在丘陵上，台伯河河床很低，用水不方便。从奥古斯都时代起，便造了些高架在连续券上的输水道，从远处向罗马送水，大型公共浴场便从这些输水道引水。每天输水量超过100万立方米。古罗马学者兼作家老普林尼说："如果你注意那些巧妙地导入城市供公众及私人使用的丰足水源，如果你观察那些保持适当高度和梯次的架空水道，那些必须穿透的山崖、必须填平的洼地，你就会得到一个结论，大地赠与人类者，只有奇迹二字可以称之。"

公元6世纪，围攻罗马的哥特人破坏了输水道，大型公共浴场从此废弃了。后来它也沦为采石场，剥光了那些贴在混凝土墙体表面的色彩斑斓的大理石板、柱子和各种装饰。现在，保存得比较完整的卡拉卡拉浴场也已经是一座废墟，不过还能清晰地看出它当年的空间布局和伟大的结构体系。那间热水浴大厅，后面一半穹顶和墙垣都坍塌了，现在在里面搭了个大舞台，朝向后花园，观众席就在花园里，夏季经常演出。从高高耸立的许多危墙残拱上，还能体验它当年的骄傲、威风、辉煌、邪恶和腐朽。

著名的英国历史学家吉本（E. Gibbon，1737—1794）把奢华的浴场看作古罗马帝国衰亡的原因之一。但它们也使古罗马帝国的伟大创造精神不朽。

古罗马建筑师维特鲁威在《建筑十书》里说，一切建筑物都应当恰如其分地考虑到"坚固耐久、便利实用、美丽悦目"。这三点标准，经过两千多年，一直到现在仍旧有效，因为它们正确地反映了建筑的本质特性。当然可以对它们做些新的诠释，加以扩展，例如"便利实用"应当包括节约资源、保护环境，"美丽悦目"应当不仅仅指单体建筑物本身，而且应当指它与其他建筑物的协调，等等。古罗马建筑的伟大成就，正是维特鲁威总结的这三点标准的体现。大角斗场、万神

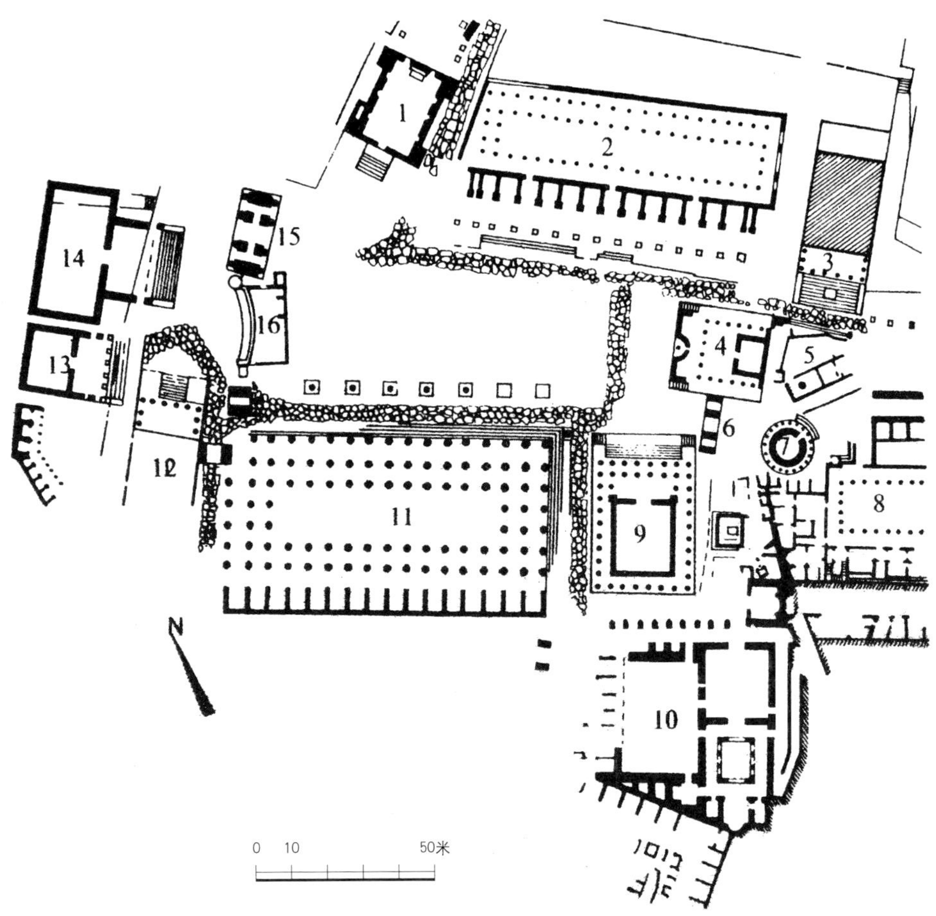

古罗马中心广场平面图。长方形的大厅里面有排柱子的，就叫“巴西利卡”，是一种多用途的公共建筑。巴西利卡形制对后世影响很大。

1. 元老院；
2. 埃米利亚巴西利卡；
3. 安东尼和福斯蒂纳庙；
4. 尤里乌斯庙；
5. 王宫；
6. 奥古斯都凯旋门；
7. 所谓的维斯太庙；
8. 维斯太处女住宅；
9. 卡斯托尔和波卢克斯庙；
10. 奥古斯塔纳宫前厅；
11. 尤里乌斯巴西利卡；
12. 萨特恩庙；
13. 韦斯巴芗庙；
14. 孔科尔德庙；
15. 塞维鲁凯旋门；
16. 演讲台。

庙和卡拉卡拉公共浴场，都造于公元1—3世纪，这正是罗马帝国最强大、最富庶、最安定、最精力充沛、文化最发达的时期，享受着国内国外的长期和平。这也是这个帝国的统治阶层最骄纵豪奢、最粗野甚至最血腥的时期。这个时期，人们以为罗马帝国是永恒的，它的首都罗马城叫作“永恒之城”。每个皇帝都竭力建设它，使它充满了雄伟的广场、庙宇、会议厅、政府大厦、剧场、赛车场、角斗场、浴场、凯旋门和纪功柱。它们的风格粗犷豪迈，大气磅礴。这三座建筑物就是这个时期的纪念碑，鲜明地带着时代烙印。

古罗马建筑遗产，一直是欧洲建筑师灵感的源泉之一，到19世纪末20世纪初还有巨大的影响。即使到现在，还没有完全失去意义。

第四讲　拱券革命

古罗马建设和建筑的伟大成就，得力于它的拱券结构，也得力于它的混凝土工程技术。正是混凝土技术和拱券结构的结合，促使古罗马建筑大大突破了古希腊建筑传统，大幅度创新，大幅度前进。它简化了建造技术，降低了建造成本，加快了建造速度。它扩大了建筑物的容积和体量，改变了建筑的艺术形式和装饰手法，重塑了建筑的形制。甚至城市的选址、布局和规模等方面也起了根本的变化。工程技术毕竟是一切建筑得以实现的根本，它的变化，必然会引起建筑本身的变化。古罗马混凝土所用的活性材料是一种天然火山灰，它相当于当今的水泥，水化拌匀之后再凝固起来，耐压的强度很高。维特鲁威在《建筑十书》第二书第六节“火山灰”里说：“有一种粉末在自然状态下就能产生惊人的效果，它生产于巴亚附近和维苏威山周围各城镇的管辖区之内。这种粉末，在与石灰和砾石拌在一起时，不仅可使建筑物坚固，而且在海中筑堤也可在水下硬化。”它所用的骨料有碎石、断砖和沙子。用不同的骨料可以制成强度和容重不同的混凝土，用于不同的位置。例如，在多层建筑中，底层的用凝灰岩作骨料，二层的用灰华石，上层则用火山喷发时产生的玻璃质多孔浮石，因此建筑越往下越结实，越往上则越轻。罗马城里的大角斗场和万神庙的墙体就是按这样的配料建造的。

混凝土随模板而成形，施工远比砍凿方方正正的石块简便，所需的技术简单得多，因此，大规模的建造，并不需要大量的高水平技术工人，这就为在建筑工程中使用既没有劳动热情、又没有专业技术的奴隶开了方便之门。廉价的奴隶劳动力、廉价的天然火山灰和碎石断砖大大降低了建造成本，而且大大加速了施工进度。古罗马宏伟壮丽的城市和建筑，工程量之大简直难以想象，靠的就是工程技术的这个大革新。如果像古希腊人那样，一块石头一块石头地砌筑，那是无论如何做不到的。

浇筑混凝土需要模板。拱券和穹顶用木板做模板，墙体则用砖、石做模板，而且事后并不拆掉，所以墙体很厚。最原始的一种浇筑法，是在混凝土墙体内外两面先垒一层大石块，这些石块之间还是要形成结构关系的，然后在其间浇混凝土。例如罗马城里的大角斗场。这种方法，混凝土所占的体积很小，所以混凝土倒像是一种灌缝材料。最常见的是在混凝土浇筑之前，先用红砖砌好墙体内外表层，作为模板。红砖是三角形的，尖角朝里。所以，外侧面平整而内侧面犬牙交错，浇筑了混凝土后，二者容易咬紧。红砖当然不能一次砌到顶，而是砌一段，浇筑一段混凝土，再砌一段，再浇筑一段，逐层到顶。公共浴场的墙体便是采用这种施工方法。

红砖墙面仍然比较粗糙，以致有的建筑，特别是在室内，还要再加一层饰面。这层饰面主要有四种，一种是贴薄薄的磨光大理石板。大理石板的制备工艺水平很高，最薄的可以到三四毫米。当然每块的面积不能很大。这带来了一个后果，便是纹路、色彩非常美而产量不大，也不容易成大块的大理石，过去无法用于建筑的，这时可以用来做贴面了，以致建筑表面不但色彩富丽，而且可以组成多种多样的图案。另一种饰面是采用马赛克，便是用小块的彩色大理石镶嵌，这种镶嵌比拼贴大理石片自由多了，可以组成很复杂的曲线流转的图案甚至很写实的图画。古罗马的马赛克镶嵌画很发达。还有一种饰面是用火山灰水泥做水磨石，也便是做人造大理石。先在火山灰里掺上天然大理石碎碴，抹到砖墙面上，干了之后再用人工磨光。第四种饰面，便是在墙上或拱券底面

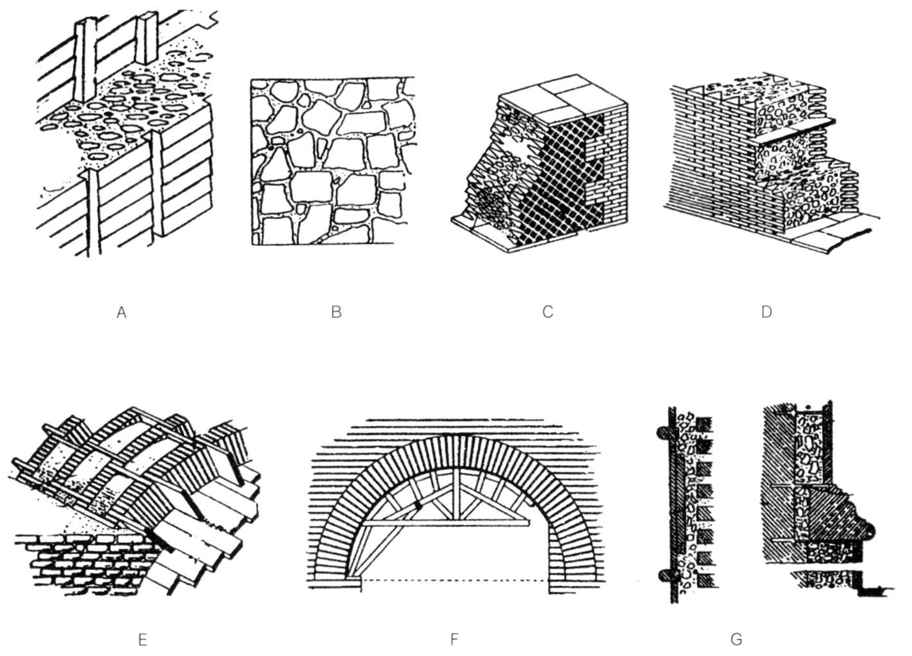

混凝土墙和拱券的做法；
A 在木模板中浇筑混凝土；B 乱石块砌墙表面；C 方锥石块做墙表面；D 薄砖做墙表面；
E 砌肋架券后浇混凝土拱；F 拱及模板；G 贴大理石板做墙表面。

抹一层灰，然后做壁画。庞贝（Pompeii）建筑遗址里所见的大量壁画都是这样的。这四种给砖墙面做饰面的方法或者艺术都是平面的，在室内装饰上逐渐与雕刻性的因素如倚柱、线脚、挑檐、壁龛等等并重，虽然远远未能取而代之。在拜占庭建筑里它们有很大的发展，后来一直是欧洲建筑重要的装饰艺术方法，它们都源起于古罗马的混凝土工艺。

拱券结构在古罗马建筑中的普遍使用也得力于混凝土。拱券结构有很多优点，但是也有施工上的困难。第一是每块石料都大致呈楔形，而且必须有一个或者两个弧面，加工相当麻烦。第二是要有整体胎模以支持拱券封顶合龙前的所有石料。而用混凝土做拱券，充分利用它在凝固

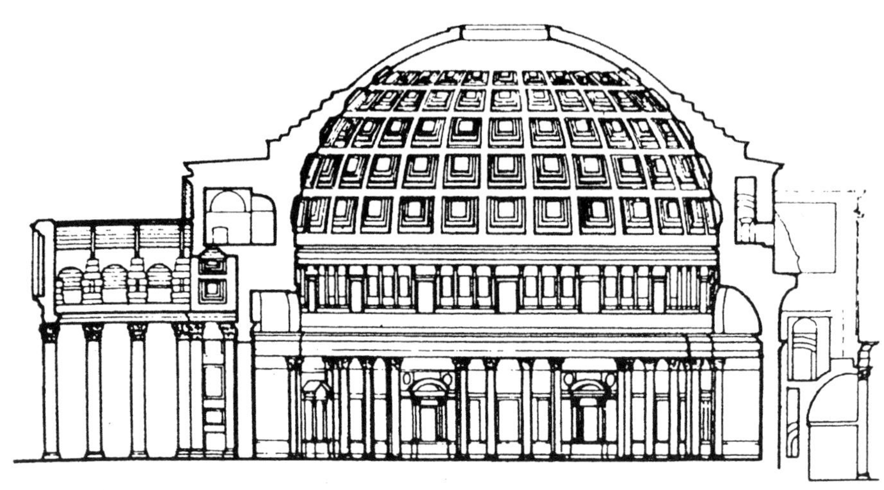

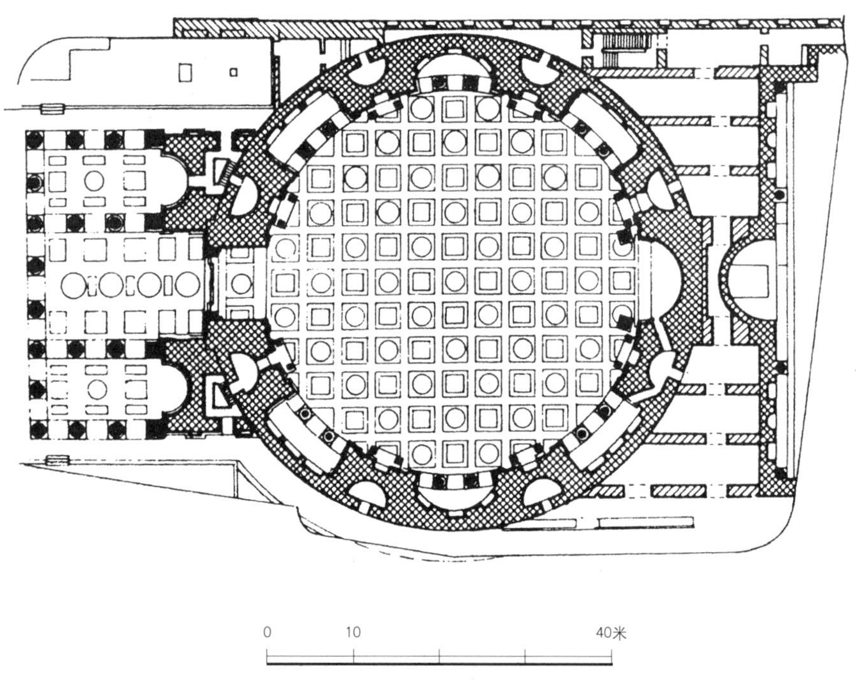

罗马万神庙剖面图和平面图

前的可塑性，各种复杂形状的拱券都可以比较容易得到，从而节省了大量需要高技术的工作。虽然混凝土拱券也要胎模，但可以分段来做，大大减少胎模数量。要造一个筒形拱，先间隔一定距离砌一道砖券，如此把拱分划成几个相等的段落。只要有一个与这段落一样长的胎模，就可以先后逐段浇筑整个拱顶的混凝土了。这种分段用的砖券，很可能是中世纪罗曼建筑晚期和哥特时期的肋架券的原型。为了阻挡刚浇筑上去的混凝土向模板两侧滑落，在模板上再插一些薄砖，混凝土凝固之后，它们就留在混凝土里。直径43.3米的万神庙的穹顶，是在胎模支好之后，贴着它的球形表面先砌大大小小几层发券，然后在它们中间再浇筑混凝土的。这样也是分段浇筑，可以防止未干混凝土下滑，并节省大量人力，方便施工。分段浇筑混凝土，还能防止混凝土总体积过大，在凝固过程中因收缩而产生裂缝，这本是连续浇筑很难避免的。拱顶和穹顶位于建筑的最上方，除自重外不再承担其他负荷，所以，混凝土的骨料采用浮石。到后来拜占庭帝国的建筑，穹顶和拱顶上有用陶罐当骨料的，这些陶罐一个接一个地串联起来，排列在胎模上，再浇筑混凝土。因此穹顶和拱顶的混凝土内空隙很大，很轻。

在罗马的大型公共建筑中，最常采用拱券结构的是公共浴场。这不仅是因为空间组合的需要，而且也是为了采暖。先在拱券的胎模上铺一层空心砖，使它们的空腔相接，然后浇筑混凝土，这些空心砖就在混凝土拱顶和穹顶的内表面形成了许多贯通的管道。从锅炉房里把热气或热烟送进这些管道，把拱顶和穹顶的内表面烤热，热量就散发到浴场里去了。这些热气和热烟，在穹顶或拱顶内表面流动，没有危险，而如果采用木屋架，那就可能引发火灾。如果用整块石料砌筑拱顶和穹顶，就很难形成采暖管道。是混凝土工艺帮助浴场解决了供暖问题。

拱券结构技术的成熟，根本上改变了一些依托于梁柱结构的古老的建筑形制和艺术。梁柱结构不可能造成宽阔的内部空间，而大跨度的拱顶和穹顶可以覆盖很大的面积，形成宽阔的建筑内部空间，以致人们的许多活动可以从室外移到室内进行，从而改变了建筑的形制。同时，建筑内部空间的艺术发展起来，至少和外部形式艺术处于同等重要的地位。而且梁柱结构不可能获得向心力很强的集中式内部空间，穹顶则可以。穹顶和拱顶的组合又可以构成很复杂的空间组合。拱券结构造就了建筑既可集中又可连续扩展的内部空间艺术，造就了这样的建筑形制。

拿古罗马的万神庙和古希腊的帕特农神庙相比较，这种形制和艺术的变化就很清楚了。帕特农的艺术表现力主要在外部，它几乎相当于一座雕刻品，而万神庙的艺术表现力则主要在内部，它是一个空间艺术品。建筑艺术家的创造性想象力在两座建筑上探索追求的方向是完全不同的。万神庙只不过是单一空间，到公元3世纪，以公共浴场为代表的多种拱券结构的组合和相互平衡的技术成熟之后，建筑的功能形制和内部的空间艺术又达到了新的境界。一方面是复杂多样的功能活动都可以在连续不断的内部空间中进行，一方面是内部空间形成了变化多端而又集中统一的艺术序列。拱券结构创造了崭新的建筑艺术。这种公共浴场成熟的代表是卡拉卡拉浴场，但是，公元64年罗马城大火之后，尼禄皇帝造的一所浴场，大约已经有了一点初步的雏形。古罗马讽刺诗人马提雅尔（Martialis，约40—约104）写道："有谁会比尼禄更坏？有什么会比尼禄浴场更好？"

另一种因为采用了拱券结构而大幅度改变了形制的公共建筑是剧场。剧场起源于古希腊，依山坡而建，把山坡稍加修整，形成一个像半只深碟一样的观众席，而碟底便是表演区。观众席的人流出入都由两边的踏道和几条纵向过道分配，很不方便。古罗马人依仗强大的技术力量，把剧场的整个观众席用一连串的筒形拱架起来，而不必依靠山坡。因此，观众人流出入可以利用设在观众席底下空间内的楼梯，这样观众依照自己的座位区选择楼梯上下，减少了在观众席内的移动，大大改善了观众席内的秩序。

完全依仗拱券结构而产生的建筑类型和相应的形制是角斗场。它相似于两个剧场对接而成（国内有人因此译作圆剧场），这几乎完全不可

古希腊埃庇道鲁斯剧场

能依靠自然地形来形成。古罗马人用两层或三层矢向排列的喇叭形拱把整个观众席架起来，在中央设表演区。表演区的地下室是兽槛和奴隶囚室。表演区的雨水则由暗沟排出。观众人流的出入和剧场采用同样的办法，分区进行，丝毫不乱。罗马城内的大角斗场是古罗马建筑最伟大的代表作，没有拱券结构就根本不会有大角斗场。

万神庙、大角斗场和公共浴场等都说明，建筑师在构思建筑的形制和艺术形象的时候，不能不立足于当时掌握的技术可能性，一方面不得不受它的限制，一方面要充分利用它的潜力。建筑师的创造思维不是凭空而来随心所欲的，它必须反映当时当地的物质可能性，包括结构技术。

拱券结构给了古罗马建筑崭新的艺术形象。首先是给了它新的造型因素：券洞。这种圆弧形的造型因素大大不同于古希腊梁柱结构的方形造型因素。不过，它很巧妙地融合了方形的柱式因素，组成了连续券和券柱式，构图很丰富，适应性很强，从单跨的凯旋门到有240个券洞的大角斗场，它都是艺术造型的主角。不但在古罗马，而且在以后的漫长时期中，券洞和券柱式、连续券都广泛应用，并有所发展，表现出活跃的生命力。其次是穹顶，它的集中式空间的艺术魅力在古罗马时期逐渐被认识，在公共浴室的空间序列中，它作为热水浴室，正在序列最高潮位置上。但穹顶在外部体形上的艺术处理方法在古罗马时期还没有找到，所以万神庙和公共浴场的外观还都缺乏生气。但是15世纪以后它却成了欧洲大型纪念性建筑最有独特性格的极重要构图因素，一直影响到伊斯兰国家，包括印度。筒形拱顶的外部艺术表现力长期没有被发现，一直到17世纪都还被坡屋顶遮盖着。18世纪有所突破，但效果还不大。

券洞、拱顶和穹顶把圆弧、圆球和圆拱这些曲线造型因素带进了建筑，大大丰富了建筑造型。由于对曲线的熟稔，后来罗马人又把它引进了平面形式中去，造成活泼多变的建筑体形，这种手法对17世纪意大利的巴洛克建筑起了诱发借鉴作用。

拱券结构的大型公共建筑，外观沉重稳定，给人以不可动摇的永恒感，很富有纪念性。所以古代才有人说，大角斗场和罗马帝国一样，永远不会倾圮，一旦大角斗场倾圮，罗马帝国就倾圮了。古罗马建筑的雄强风格，一方面反映着帝国的强大，一方面又反映着拱券结构的特点，两个方面十分协调。

拱券结构比较沉重，因此支承他们的墙体很厚。于是就产生了一种装饰母题，就是壁龛。壁龛本身是建筑式的，在巨大的内部空间中，它起着衡量空间的尺度的作用，也起着人体和建筑空间之间的过渡者的作用，使建筑空间柔和，人性化。它也是安装神像和其他装饰性雕刻的良好手段之一。壁龛后来在欧洲建筑中广泛而长期地流行。

拱券结构也改造了柱式，丰富了柱式的组合。券柱式是一个影响深远的创造。同时，柱式成了装饰品，也带来了使它可能失去结构逻辑性的后果。

拱券结构同样也改造了城市建设。

城市建设的第一个步骤是选址。影响选址的首要因素之一是供水。所以，城市一般都在水源充足的地方发展起来。水的供应量又决定了城市的人口规模。但是，自从有了成熟的拱券技术，古罗马有些军事卫戍城市就造在水源并不充足而在战略上很占形胜的地方。他们用长达十几或几十公里的输水道从远处引水供应军队和居民，这些输水道都高高架在连续的发券之上。法国南部的“迦合桥”（Pont du Gard）就是古罗马的输水道，在它跨越迦合河的时候，有249米长的一段用三层重叠的发券架起来，最高点高度达到49米。古罗马城造在一片丘陵地上，它虽然濒临特韦雷河（Tevere），但河床低、取水困难，因此罗马城的规模本来不可能很大。但它在极盛时期竟有一百多万人口，用水全靠输水道供应，而输水道有14条之多，总长度达到2080公里。最长的一条输水道长达60公里，有20公里架在连续的券列上。它们每天可向罗马城供应160万方的清水。一位叫优里乌斯·弗隆提努斯的负责水道工程的官员写道：“我们有这么多不可或缺的引水道，供给我们的水量是如此巨大，相形之下，您可以想象，那些呆笨的金字塔和没有用处却享有盛名的希腊神庙会属于什么地位。”这些输水道使古罗马人如此自豪。输水道进城之后，分散为许多细支直达各个居民点，在尽端建造水池，全城一共有一千多个。17世纪，教皇为美化罗马城，把其中一部分用雕像、大理石落水盘等等装饰起来，成了罗马城的重要景观。瑞典女王克丽丝蒂娜（Christina，1626—1689）主动逊位后，到凡尔赛住过些日子，知道那些喷泉因为供水困难，只在特殊场合才喷水。后来她游历罗马城，受到盛大欢迎，以为圣彼得大教堂前的大喷泉是专为款待她而放水的，便传话说，不必浪费了。得知罗马城的喷泉不分四季、不分昼夜地喷流，这位仁慈的逊位女王大大吃了一惊。

使用拱券技术的输水道给了古罗马人在选择城址时很大的自由，也保证了城市的规模几乎不受供水的限制。

古希腊时候，几乎每个城市都有一座小山。小山上建造军事防御工程和城邦保护神的庙宇，山坡上建造剧场。名为剧场，其实最重要的功能是召开公民大会。公民大会是城邦最高的权力机构。所以，这座小山便成了城市的象征，每逢战争，它还可以作为最后的堡垒，因此被称为卫城。卫城以它的军事、政治和宗教的重要性而多位于城市的中央。于是，它在很大程度上决定了城市的选址和布局。而在罗马的一些城市则摆脱了这种自然地理的束缚，首先是建造城墙来防守整个城市而不必最后退守卫城，其次便是把公民大会场，即剧场，架起在拱券结构之上而不必依赖山坡。这些新城造在平坦之处，近于方正，一直一横两条街构成丁字形，在交点处建造神庙和剧场，形成城市中心，即宗教和政权的中心。西亚和北非的一些军事卫戍城市大体就采用这种布局。

还有一些不大的城市，地形不平，古罗马人竟强力用拱券结构抬高低地，在它们上面取得平整的房基地，建造平衡对称的大型宫殿或者公共建筑，建造道路和广场，以便使城市布局接近理想模式。用工程来改造自然，使它合于自己的要求，在古罗马人看来，只要力所能及，便是合理的。工程技术原本就是人类对抗自然的力量。

拱券结构技术和火山灰混凝土工艺，早在公元前1世纪已经臻于成熟，显示出强大的生命力，但是当时有些建筑家却没有能认识到它的价值。奥古斯都的御用工程师维特鲁威就一味崇尚古希腊的建筑艺术，贬斥当时划时代的成就。他在《建筑十书》里绝口不提拱券结构技术，虽然这时已经有公元前144年建造的向罗马城输水的马尔采水道（Aqueduct Marcia），它有10公里长的一段架在跨度5.5米，高达15米的券列上。公元前62年造的法勃里契桥，跨度达24.5米。公元前1世纪末，巴亚近的一所浴场里造了直径21.5米的穹顶。同时维特鲁威对混凝土工程不大放心，写在《建筑十书》的第二书“墙体的种类及构造”里。这固然是因为经验还不够。一些工程还没有经过长期的检验，也因为当时奥古斯都由于政治上的需要在文化中提倡复古主义，过分推崇古希腊文化。在奥古斯都统治期间，许多重要的建筑采用古希腊的形制，都用柱式作为形式语言。每一种新事物的诞生和发展，除了要具有必需的优越性和合理性之外，都是要突破必定会有的保守势力和落后认识的封杀。而推动新事物的发展，都少不了一些有识之士不懈艰苦的努力。新旧之间科学技术性的斗争，有时候也会很残酷。据传说，古罗马的万神庙是哈德良皇帝亲自设计的，他热爱建筑。有一次，他的前任图拉真皇帝（Trajanus，98—117在位）与建筑师阿波洛道勒斯（Apollodorus of Damascus）讨论一个建筑方案时，哈德良插嘴说了些意见，阿波洛道勒斯竟说："你还是到一边儿去摆弄你的大冬瓜吧。"大冬瓜指的是穹顶，哈德良偏爱穹顶，所以阿波洛道勒斯这样挖苦他。哈德良当了皇帝之后，亲自设计了维纳斯和罗马庙（Temple of Venus and Rome，135落成），结构全用拱券，神龛则用半穹顶，大大不同于阿波洛道勒斯设计的图拉真巴西利卡（Basilica of Trajan，107—113）。阿波洛道勒斯看不惯，又把它讽刺了一番。哈德良怒不可遏，便找了个借口把他杀了。历史的前进总要求人们付出代价，有时候由革新者付出，有时候由保守者付出。没有代价的进步是没有的。

西罗马帝国灭亡之后，五百年左右的时间里，西欧遗忘了拱券技术。公元10世纪起，法国的中部渐渐复活了拱券技术，主要用于修道院教堂。此后拱券技术在欧洲重新普遍使用，12世纪法国北部的哥特式主教堂又把它大大推进了一步。直到19世纪末，欧洲大型建筑的基本结构方式是砖石的拱券，它是欧洲建筑取得重大成就的基础。

东罗马帝国和它以后的伊斯兰建筑也使用拱券结构。它们或许有自己独特的起源，而且与西罗马的颇有不同。但拜占庭的一些结构方式后来对西欧建筑有很大的影响。

第五讲　西方不亮东方亮

公元4世纪，罗马帝国的西部已经逐渐衰落，建立在奴隶制度之上的农业发生了危机，一些文明程度很低的民族又不断入侵。于是，君士坦丁皇帝（Constantine，323—337在位）便于330年把帝国的首都迁到东方，黑海的口上，博斯普鲁斯海峡岸边古希腊的殖民城拜占庭（Byzantine），在那里建立了君士坦丁堡。公元395年，罗马正式分裂为东、西两个帝国，大体是意大利和它以西的部分为西罗马，首都在罗马城，以东部分为东罗马，首都在君士坦丁堡。西罗马以拉丁语系为主，多务农。东罗马以希腊语系为主，手工业和商业发达。公元479年，西罗马被一些落后民族灭亡。随后，基督教也发生了分裂，西罗马的称天主教，东罗马的称正教，各有教廷教宗。东罗马在11世纪后逐渐凋敝，1453年被土耳其人灭亡。以后的史家称东罗马帝国为拜占庭帝国。

公元4世纪至11世纪是拜占庭最繁荣的时期。它靠的是小亚细亚、叙利亚、黑海沿岸和埃及的商业和手工业经济与东方如波斯、亚美尼亚直至印度和中国进行贸易。这些地区的古老文明在交流中达到了一个新的辉煌的高潮，并且在西罗马残破败落的时候，保存了古希腊和古罗马的文化。后来又吸收了阿拉伯文化。拜占庭的建筑和艺术在这时期里大踏步地创新，硕果累累，以后对西欧的文艺复兴文化做出了重要的贡献。拜占庭的文化中心在君士坦丁堡。

君士坦丁堡地位冲要，易守难攻，又是几条重要的陆路和海路的交会之点，东西物产汇聚，文明融通。君士坦丁大帝“为了执行上帝的旨意”，大规模地建设这座城市，大约公元450年左右，已经有5处皇宫、6处宫女别宫、3处显贵宫、4388座大府邸、322条街道、52条柱廊、1000家店铺、100处游乐场所，还有豪华的公共浴场、多功能大厅、华丽的教堂、壮观的广场和宏大的角斗场。君士坦丁堡的规模和壮丽只有过去的罗马城可以相比（见《剑桥中世纪史》第四卷）。公元500年，君士坦丁堡的人口达到100万，而这时罗马城的人口却从极盛时的150万降低到只有30万。

查士丁尼皇帝在位时（Justinian I，527—565）拜占庭帝国达到鼎盛。他几乎重新统一了原罗马帝国的大部分领土，经济力量也非常充裕，文化上则熔古希腊、罗马和东方的成就于一炉。社会上层的生活十分奢华，为他们服务的工艺美术的水平很高，装饰艺术空前发达。

公元520—532年，城乡平民发生了暴动，在君士坦丁堡，他们焚毁了元老院、公共浴场、大柱廊、皇宫的一部分以及整个索菲亚大教堂。暴动被敉平之后，查士丁尼立即着手重建君士坦丁堡，不但用大理石更豪华地恢复了被破坏的，还增建了许多公共建筑，其中有罗马式的输水道和地下贮水库。这水库用大理石的科林斯柱子支承顶盖，华丽程度不减于地面的公共建筑。他的皇宫集富丽与奢侈之大成，墙壁和地板全用大理石饰面，天花板上布满色彩明艳的绘画，画的是他的功绩。宫廷史官普罗科匹厄斯（Procopius，约499—约565）说他用建筑“以欢快的心情赐予自己神明一般神圣的帝王荣誉”（见*Buildings*）。在这次重建工程中，最重要的是索菲亚大教堂。

基督教初期在罗马帝国境内传布的时候是非法的，受到迫害，信徒的宗教活动只能秘密举行，有许多在地下窟室里。公元312年，君士坦丁大帝发布米兰敕令，承认基督教与其他宗教享有同等权利。于是，各地信徒迅速建造教堂。基督教的仪式要求信徒一起聚集在室内，所以早期教堂形制都采用古罗马流行的容量比较大的多功能大厅，叫作巴西利卡（Basilica）。这种大厅是长方形的，由纵向几排柱子支承木质屋架，结构比较简单。早期基督教堂的柱子多从古罗马遗留下来的大量旧建筑上拆来，有些甚至连粗细大小都不一样，锯掉一截取齐。君士坦丁堡的索菲亚大教堂本来也是这样一座建筑物，当年查士丁尼大帝就是在它里面加冕登基的，它是拜占庭的宫廷教堂，后来又是东正教的祖堂。

平民暴动平息之后才40天，查士丁尼大帝就着手重建索菲亚大教堂，献给上帝的"圣智"或"创造性的道"（Hagia Sophia，并不是献给名叫索菲亚的圣徒）。查士丁尼从小亚细亚召来了当时最负盛名的建筑师安泰米乌斯（Anthemius）和伊西多尔（Isidore）来设计，并负责建造工程。查士丁尼除了国务之外，把大量时间用于学习，他是法学家、神学家、哲学家、诗人和音乐家，还努力成为一个建筑师。他亲自参与大教堂的设计。新的大教堂没有恢复巴西利卡的形制，它采用了大穹顶覆盖下的集中式和复杂的拱券平衡体系相结合的形制。因为巴西利卡形制的外部艺术形式缺乏纪念性，而新的大教堂应该是查士丁尼繁荣时代的纪念碑。

穹顶技术在古罗马已经很成熟，但是包括直径很大的万神庙在内，半球形的穹顶一周圈都由墙垣支承，它只能架在圆形平面之上。它们的内部空间单一、集中，具有端重肃穆的纪念性，可是封闭的圆形平面很难适应宗教仪式的需要。拜占庭帝国在早期只把集中式形制用于圣徒和一些保护基督教的帝王的陵墓。罗马人又创造了拱顶的复杂的平衡体系，摆脱了封闭的环形承重墙，获得了如公共浴场那样开放性多层次的内部空间，但它们没有足够强大有力的中心，因此和巴西利卡一样，缺乏纪念性。它们也不适合于查士丁尼的需要。

这时候，在小亚细亚、亚美尼亚和波斯都有一些小型建筑物，方形的或者多边形的，上面覆盖穹顶。这种形制的技术难点是如何在半球形穹顶和方形墙垣四角之间架设一个过渡部分。有的用叠涩、有的用喇叭形拱，有的重重叠叠地抹角，但都只能在相当小的建筑中使用。另有一

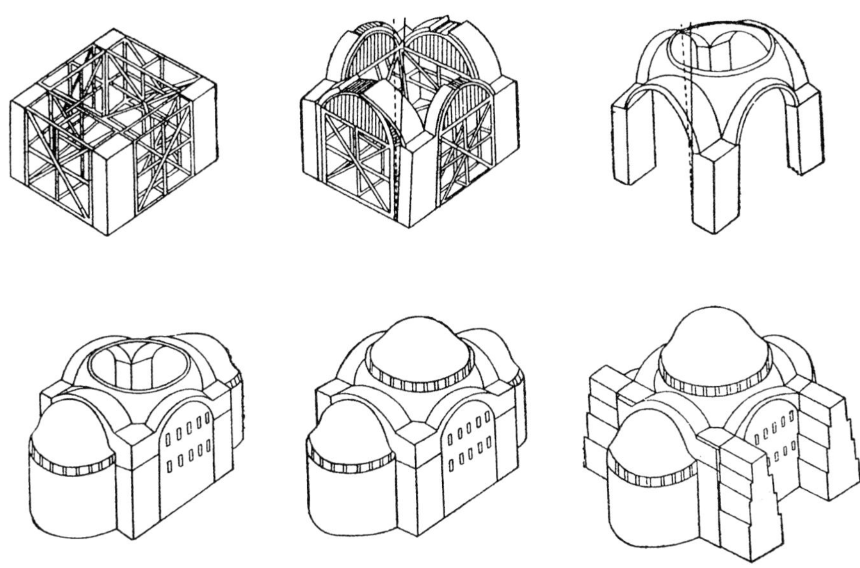

索菲亚大教堂建造步骤

种办法，是把方形墙垣化解为四个大券，在四个角上各造一个三角形的球面，球面的半径相当于方形平面的外接圆的半径。它们在四个大券的顶点位置上形成一个水平的环，在环上便可以坐落穹顶了。这种方法的好处，第一是由于四个大券的作用，穹顶实际支承在四个大柱墩上，穹顶下的空间就不是封闭的了，因此可以扩展，适应各种用途。第二是比起以前采用的种种方法来，可以把穹顶造得很大。第三是穹顶和方形平面之间的过渡可以很顺溜，浑成一体。第四是也可以用于八角形等多边形平面的建筑物，适应性很强。因为三角形球面很像当时船上兜满了风的帆，所以叫帆拱（pendentives）。

索菲亚大教堂采用了帆拱。它在技术上更进了一步，在大穹顶的前后各用一个四分之一球形穹顶平衡它的侧推力，它们的侧推力又各用两个四分之一球形穹顶去平衡。而大穹顶的左右则各用四片厚墙和一个由两个十字拱组成的筒形拱去平衡侧推力。这个穹顶、半穹顶、筒形拱顶层次井然地组成的力的平衡体系十分精巧。因为所有的重量最后都支承在柱墩上，不需要连续的厚墙，因此大大小小穹顶和拱顶下的空间都是开放的。它们流转贯通，有大有小，有高有低，主次分明，由中央大穹顶统率全体。东正教与天主教不同，它不突出繁复的神秘仪式，而强调信众们的亲密一致、和衷共济，所以没有发达的圣坛部分，而且开放的空间增加了使用的灵活性，这种集中式的形制可以大体适用。举行仪式的时候，在它的中央是圣职人员的仪礼场所，包括唱诗班和讲经台。信徒中贵族在讲经台左边，平民在两侧，夹楼上是妇女们礼拜之所。将信未信的“望道者”则在大教堂正面的柱廊下和前院里。

索菲亚大教堂在建筑历史中的意义在于它创造了以帆拱上的穹顶为中心的复杂的拱券结构平衡体系，以及在这个体系支持下的集中式开放型空间。这个形制对以后欧洲建筑甚至东方建筑都发生了很大的影响，从它滋生出来的大穹顶在许多城市里都构成了天际线的中心。

索菲亚大教堂的中央穹顶直径33米，虽然比罗马万神庙的小了10米，但仍然是世界上少数大穹顶之一。它顶点高约60米，高于万神庙。穹顶的结构是用40个肋架券再加蹼板，很轻。在肋架券之间、蹼板的根部开窗子，一圈40个，使穹顶仿佛飘浮在空中。宫廷史官普罗科匹厄斯描写道：“它是一项令人羡慕、令人震惊的工程……似乎不是置于底下的石造结构之上，而像是吊在悬挂在天空高处的一条金链上。”（见*Buildings*）从窗子散射进来的光线，照得大堂朦朦胧胧，造成了一种缥缈的幻觉。前后左右延伸出去的空间，越远越暗，仿佛没有尽头，更渲染出浓浓的神秘气氛。普罗科匹厄斯写道：“当你走进这幢建筑物去祈祷时，你会觉得这项工程不是人力造成的……腾向天空的灵魂会体味到上帝就在你身边的感觉，而且你会相信上帝也喜欢这个不同寻常的家。”

大教堂内部装饰很华丽，但都是平面的，不用有体积感的线脚和雕刻。柱墩和墙壁用白、绿、红、黑等彩色大理石贴面，石纹像海浪一样起伏。帆拱和穹顶有用金箔为底的彩色玻璃镶嵌画，以使徒、天使、殉

索菲亚大教堂内景（杜非 摄）

道者的像为题材，在幽暗的光照下闪烁发光。大教堂外观很朴素，但体形完全随从内部空间，穹顶并不用鼓座举起、突出。像古罗马的万神庙一样，穹顶还没有成为构图的有足够分量的中心，体形显得臃肿。墙面裸露着陶砖，灰浆很厚。

索菲亚大教堂动用了1万名工匠，耗资折合14.5万公斤黄金，用尽了国库的资产。从十几个地区进口十几种不同质地和颜色的大理石，用了大量金、银、象牙、宝石来装饰内部，各省长官奉命献上最珍贵的古物陈设在大教堂里。查士丁尼身穿白麻布衣衫，手持拐杖，头裹围巾，日夜往工地跑。工程进度很快，只用了5年零10个月就竣工了。公元537年12月26日，查士丁尼大帝和大主教率领一支庄严的队伍举行落成典礼。

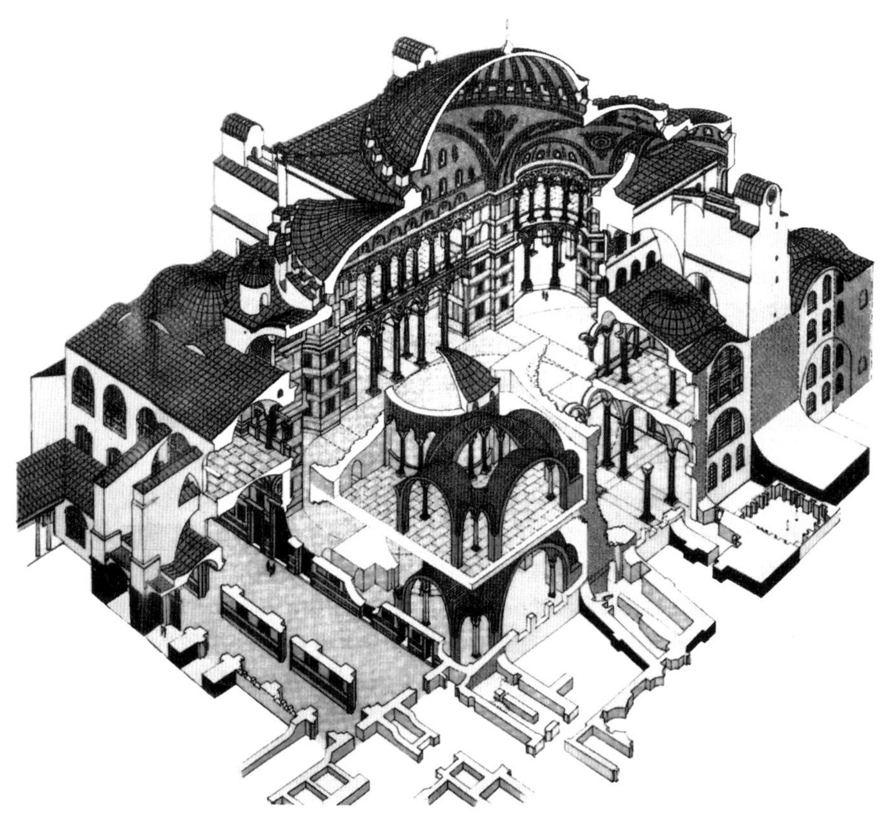

索菲亚大教堂结构示意

查士丁尼走进金碧辉煌的大堂，独自走上讲台，举起双臂，高呼道："荣耀归上帝，他教导我完成如此伟大的工程！哦！所罗门王呀，我已经胜过了你！"

除了索菲亚之外，查士丁尼大帝在君士坦丁堡还建造或改造过24座教堂，但规模和壮丽都远远不及索菲亚。普罗科匹厄斯说："如果你亲眼看见了24座教堂中的任何一座，你都会觉得皇帝只建了这么一座，而且觉得他在位期间一定只莅临这座教堂，在里面度过一生。"

15世纪土耳其人灭亡拜占庭帝国之后，把索菲亚大教堂改成了清真寺，在角上加建了呼唤穆斯林们按时举行礼拜的授时塔，或者叫"邦克楼"。塔身细而高，顶上尖尖的，虽然不属于原设计，不过减轻了大教堂外形的笨拙感，加强了表现力。后来，土耳其人在君士坦丁堡模仿索菲亚建造了四座大清真寺，都很壮观。

或许皇宫的装饰装修更加精美，但从整体上说，索菲亚大教堂是拜占庭建筑的最高成就。经过多次的十字军战争和土耳其人的破坏，君士坦丁堡宏伟壮丽的建筑摧残殆尽，索菲亚大教堂竟能免于劫难，它是唯一一座完整地保存下来的查士丁尼时代的建筑。

索菲亚大教堂的成就很高，但它并不是拜占庭式正教教堂的典型。典型的拜占庭式教堂的平面是等臂十字形的，臂不长，伸出大致等于宽度或者略小于宽度。正中覆盖着一个穹顶，四臂或者是筒形拱，或者各有一个穹顶。有时候，四角补齐外廓，成了"九宫格"的形式，常是中央和四角覆穹顶而十字臂只覆筒形拱。这种等臂十字形的形制称为"希腊十字"式，因为拜占庭属希腊语区，而且拜占庭文化中保留了比较多的希腊文化遗产。希腊十字式教堂流行于除叙利亚之外的拜占庭帝国各地，包括巴尔干和小亚细亚，还延伸到亚美尼亚和俄罗斯等正教国家。阿拉伯人占领了西亚之后，通过伊斯兰教的传布，这种建筑又成为北非、伊朗、中亚细亚等地礼拜堂的常用形制，后来传到印度。这些地方的礼拜寺并不一定采用帆拱，例如北非和伊朗，礼拜寺结构常以"蜂窝"作为支柱与穹顶之间的过渡。俄罗斯式的教堂最远造到了中国东北，以哈尔滨为多，

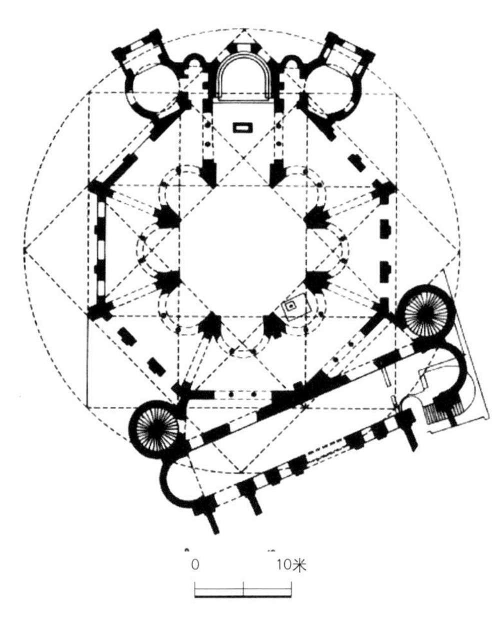

意大利拉韦纳的圣维达莱教堂平面

伊斯兰式的礼拜寺则造到了中国西北，以新疆为多。

俄罗斯和东欧的希腊十字式正教教堂以及伊朗和中亚的礼拜堂有两个主要的新特点，一个是穹顶的外廓越来越饱满，以致被称为战盔式或葱头式，一个是穹顶下造了圆柱形鼓座，把穹顶高高托起，五个成簇，而以中央的最高最大，统率全局。于是，穹顶成了教堂体形构图最重要的因素。古罗马建筑没有达到的，在拜占庭建筑中达到了。建筑的体形因此更集中、更挺拔、更灵动，也更丰富，纪念性更强。鼓座坐落在帆拱或者其他的从方形到圆形的过渡结构所形成的水平圆口之上，这圆口的位置就在四个支柱之间的大券的顶点高度上。在俄罗斯，这种正教教堂以莫斯科克里姆林宫里的乌斯平斯基教堂（Церковь успенский，1475—1492）为代表；印度的伊斯兰建筑，则以阿格拉的泰姬陵（Taj Mahal，Agra，1632—1654）为代表；泰姬陵是世界上最美丽的建筑之一，设计人是来自小亚细亚、中亚、伊朗、两河流域等地的建筑匠师。经过八百年到一千年的发展，又经过漫漫长途，跨越几个文明地带的传播，俄罗斯正教教堂和印度的伊斯兰教礼拜堂，已经差别很大，但是，仍然很容易看出它们的共同之点，看出它们身上流动着的拜占庭建筑的血脉。

拜占庭式的穹顶覆盖下的集中式建筑，即把穹顶或它的鼓座支承在方形或多边形平面布局的独立支柱上的建筑形制，对西欧也有同样重要的影响。西欧只使用帆拱作为方圆之间的过渡。意大利北部，拉韦纳（Ravenna）城和威尼斯（Venice）城，早就与拜占庭有极密切的关系，拉韦纳甚至一度成为拜占庭查士丁尼皇帝的驻跸地，和君士坦丁堡的索菲亚大教堂同时，在拉韦纳建造了很重要的拜占庭式教堂圣维达莱（St. Vitale，526—547）。拜占庭文化和拜占庭所保存的古希腊和古罗马文化对西欧文艺复兴运动起了重要的作用。拜占庭式的穹顶覆盖下的集中式希腊十字形制从那时起被西欧采用，不过翻译成古典柱式的语言。后来，19世纪，又从教堂移植到大型公共建筑，再远渡重洋，传到美洲。欧美的城市里，几乎都有一两个穹顶点缀着天际线，成为城市的建筑艺术中心。经过欧洲文艺复兴和古典主义进一步发展了的穹顶，又来到中国的大都市里，大多用于市政厅、银行之类的公共建筑。

一种结构技术，即在方形或多边形平面布局的独立支柱上通过鼓座覆盖穹顶的技术，产生了集中式而又灵活地扩展的内部空间和外部体形，产生了以饱满的穹顶为中心的纪念性形象。这种技术和这种艺术形象传遍了世界，前后经历一千多年，在文化背景千差万别的地区都有深远的影响，虽然产生了各种各样的变化，但渊源来自拜占庭匠师的创造，来自欧亚之间的那一块地方。

拜占庭建筑对西欧和中亚建筑的另一个贡献是它的彩色玻璃镶嵌画艺术和相关的技术。

镶嵌画在古希腊的晚期曾经在地中海东部广泛流行，这大概和两河流域的传统有关。拜占庭的镶嵌画就参照了亚历山大港（Alexandria）的传统。镶嵌画是用半透明的小块彩色玻璃镶成的。为了保持大面积画面色调的统一，在玻璃块后面先铺一层底色。6世纪之前，底色大多是蓝的，6世纪之后，有些重要的建筑物的镶嵌画用金箔作底。彩色斑斓的镶嵌画统一在黄金的色调中，格外明亮辉煌。画面上的金色、银色部分，是用金箔或银箔裹在玻璃块外面镶成的，它们的表面有意略作各种不同方向的倾斜，造成明灭闪烁的效果。

玻璃小块之间的间隙比较宽，镶嵌画的砌筑感因而很强，同建筑十分协调。

镶嵌画大多不表现空间，没有深度层次，人物的动态很小，比较能适合建筑的特点，保持建筑空间的明确性和结构逻辑。但它们的构图往往不很严谨，不能符合所在部位的几何形状。

镶嵌画使教堂内部灿烂夺目。普罗科匹厄斯描述索菲亚的内景说：“人们觉得好像来到了一个可爱的百花盛开的草地，可以欣赏紫色的花、绿色的花；有些是艳红的，有些闪着白光，大自然像画家一样把其余的染成斑驳的颜色。一个人到这里来祈祷的时候，立即会相信，并非人力，并非艺术，而是只有上帝的恩泽才能使教堂成为这样，他的心飞向上帝，飘飘荡荡，觉得离上帝不远。”

镶嵌画传到西欧之后，曾经启发了教堂中彩色玻璃窗的产生。俄罗斯则多继承拜占庭的湿粉画作教堂的圣像画。

中亚伊斯兰建筑的琉璃镶嵌显然也和拜占庭有关系。

第六讲　无情世界的感情

12至13世纪，西欧建筑又挺立起一个新的高峰，在技术上和艺术上都成就伟大而且有非常强烈的独特性，这就是哥特建筑（Gothic Architecture）。哥特建筑最初诞生于以巴黎为中心的法国北方法兰西岛（Ile de France）地区，以主教教座所在的主教堂（Cathedral）为最高代表。然后从法国流传到英国、德国、西班牙北部和意大利北部。在哥特建筑盛行时期，雕刻、绘画、家具、各种工艺美术，甚至书法，都形成了鲜明的特点，也叫作哥特式。所以，哥特式是一种很成熟的时代艺术风格，建筑则是这种风格的主导者。

哥特建筑的流行地法国、英国、德国、西班牙北部和意大利北部，都在古罗马帝国的版图里，它当然会受到光辉的古罗马建筑的影响，继承古罗马建筑的某些遗产。但是哥特建筑是完全原创性的，崭新的，它与古罗马建筑之间的差别，远远大于古罗马建筑与古希腊的差别。这一方面是因为法国等地在古罗马时期毕竟是“外省”，甚至是边远地区，不在罗马文化的中心。而在作为罗马文化中心的意大利，则几乎没有过典型意义的哥特式建筑。相反，古罗马建筑的遗风在意大利仍然历历可见。又一方面，则是由于复杂的历史原因。

古罗马帝国在公元695年分裂为东西两部分。西罗马帝国于公元479年被一些当时文化很落后的北方民族灭亡，其中主要的是哥特人。这些民族经过长期的混战，产生许多小小的王国。小王国又分裂成无数的封建领地。四分五裂的领地不可能容纳古罗马时代广阔疆土里发展起来的商业和手工业，它们完全衰退了。领地里实现的是自给自足的自然化的农业经济，城市一个个变得萧条起来，甚至荒废了，生活中心转到了农村。同时，古代灿烂的文明也不能被小小的自然经济的封建领地容纳，终于被遗忘了。在这种状态下，古罗马高度发达的建筑术根本没有用武之地，也就失传了。

在普遍的愚昧和野蛮状态中，基督教迅速发展。分散的互相不断交战着的封建领地既穷又弱，而教会却依靠统一的组织力量强大起来。从5世纪起，以罗马教皇为首的教会，不但是思想、精神的统治力量，而且是世俗的统治力量，人们受教会统治，受教士教化。《圣经》在任何一个法庭上都具有法律效力，神学在智力活动的一切领域中都是最高权威。甚至，各地的教会占有西欧三分之一的耕地。教皇领地则成了真正的国家，有自己的军队。教会控制着人们生活的一切方面，生死、嫁娶、病老、教育、诉讼，等等。它教导人们听天由命，宣扬人欲是万恶之源，提倡禁欲主义。它认为人生下来便有罪，生活的第一件大事是赎罪。它压制科学，扼杀理性思维，只许盲目迷信教义。因此，教会仇视希腊、罗马饱含着理性和人文精神的古典文化，有意识地销毁古代的著作和艺术品。恩格斯在《德意志农民战争》里说："中世纪是从粗野的原始状态发展而来的。它把古代文明、古代哲学、政治和法律一扫而光，以便一切都从头做起。"当然，古典的建筑文化也跟着被"一扫而光"了。因此，中世纪建筑便"从头做起"。文艺复兴时期的艺术家把中世纪文化叫作"哥特式"的，就是骂它"野蛮"。但后来只把"哥特式"用于指中世纪晚期，也就是城市重新兴起时的文化。

社会总是要前进的，什么力量也阻挡不了。度过了漫漫长夜，到了公元10世纪，西欧的农业有了明显的进步，从而使手工业和商业跟着发达起来，首先在意大利北部和法国，重新出现了许多作为手工业和商业

法国罗曼式教堂

中心的城市。为了发展，城市向封建领主争取独立和自治，有时用金钱赎买，有时也发动武装起义。进而为了扩大手工业和商业的市场，城市与国王互相支持，打击封建领主的割据势力而使国王的力量逐渐强大。统一的教会苦于各自为政的封建主的霸蛮，便站在城市和国王一边，它从城市和国王得到好处。

随着这场斗争，城市居民的市民意识觉醒起来，市民文化开始萌芽。他们着手建设城市，而城市里最重要的建筑物仍然是教堂。不过，当时最重要的教堂却是法国和西班牙境内位于到各处圣地去朝拜的大路上的修道院教堂。那些教堂规模宏大，采用古罗马巴西利卡式的空间布局。由于需要防火和耐久，经过多方探索，10至12世纪，终于学会了像古罗马人那样用砖石的拱券来建造，因此得名为罗曼式（Le Style Roman），意思就是追摹罗马的。罗曼式的教堂主要由僧侣工匠建造，法国的克吕尼（Cluny）教派下属的两千所修道院的僧侣们走遍西欧各地去建造教堂。他们把严格的宗教观念注入到教堂中去。

历史继续向前发展，在法国，国王进一步削弱了封建主，扩大了王室领地；手工业和商业愈加发达，城市繁荣起来而且从封建主争得了更多的权力甚至争得了自治和独立。于是，市民意识和市民文化形成了。市民们用教堂来荣耀自己的城市，互相竞赛。法国北部法兰西岛地区的城市教堂，尤其是主教堂，终于取代朝圣路上的修道院教堂而成为时代建筑的骄傲，这就是哥特式教堂，最高峰时期在公元12—13世纪。19世纪的法国建筑家维奥莱-勒-杜克（Viollet-le-Duc，1814—1879）在《11至14世纪法国建筑分类辞典》里写道："我们在哪些地方看得到于12世纪末、13世纪初纷纷建造起来的宏伟大教堂呢？是在诸如努瓦永（Noyon）、苏瓦松（Soissons）、拉昂（Laon）、兰斯（Reims）、亚眠（Amiens）这类城市里，所有这些城市率先发出解放公社的信号，是在伊尔·德·法兰西的首府即君主政权的首都巴黎，是在菲利普-奥古斯都（Philippe-Auguste，1165—1223）再次征服的最美的省份的省会鲁昂（Rouen）。"所谓"解放公社"，就是城市独立自治，公社指的是城市公社，城市的自治组织。

哥特式主教堂是从罗曼式教堂一步步发展而来的，但大大不同于罗曼式教堂。除了重要的技术因素之外，这是因为市民文化已经改变了基督教，也改变了教堂在城市里的作用。

市民文化改变了基督教，是从信仰钉在十字架上的救世主耶稣改为崇拜圣母。耶稣是严厉的裁判者，人们在他面前怀着犯罪感，怕被罚进地狱。罗曼时期和以前的中世纪基督教使人恐惧。圣母是大慈大悲、救苦救难的，她是最仁爱的母亲，人们在她面前祈求得到保护。哥特时期的基督教还给人们尊严，使人充满了得救的希望而向往天堂。基督教成了"无情世界的感情"。教会本身也渐渐世俗化了，僧侣们熬不住禁欲主义的清冷，追求人间的财富和享乐了。他们不再把爱美当作罪恶，接受了艺术。教会懂得了使用戏剧、音乐、绘画、雕刻诉诸感官的手段来弘扬教义，比枯燥的说教更有效。

罗曼教堂是纯粹的宗教活动场地，是耶稣基督棺木的象征。哥特主教堂虽然还是宗教场所，但它们绝大多数是献给圣母的，是石头的圣母颂，是天堂的象征。它们又是城市兴旺安定的标志，是社会生活中心，是市民感情的寄托，是艺术圣地。这时候，建造城市主教堂的已经不是修道院里禁欲的僧侣而是专业的工匠，他们的技艺远远超过僧侣。他们把建造教堂当作善行，教堂是他们心血和劳作的结晶，他们直接把新的市民文化带进了教堂。

所以，罗曼教堂粗糙、沉重、阴暗，表情忧郁。教堂正门前厅里门洞上方镶着最后审判的大浮雕，耶稣举起惩恶罚罪的右手，使信徒们心中怀着对地狱的恐惧；而哥特主教堂则明亮、轻快、宽敞，闪烁着大窗子上彩色玻璃画璀璨的光辉，它们叙说着一则则得救的故事。教堂正门柱子上立着慈祥的圣母像，怀抱着幼年的耶稣基督，表情庄严，漾出慈母的微笑。信徒经过圣母而进入天堂。

哥特主教堂高高耸起在城市的上空，四周匍匐着矮小的市民住宅和店铺，就像一只母鸡把幼雏保护在羽翼之下。市民们出生不久便来到教堂接受洗礼；长大了到教堂聆听教化，在教堂里结婚；星期天在教堂门前会见邻里，闲聊家常，节日或许还看一场戏；有了什么过失或者心理迷惑，找神父去倾诉；生了病也得向神父讨点药饵；他们在教堂清亮的钟声下度过了宁静而勤劳的一生，便在教堂墙外的墓地里安葬，那里躺着他们的父母兄弟，钟声还将继续安抚他们。除了宗教的信仰，市民们对教堂怀着生活中孕育出来的感情。因此，建造教堂不仅仅是为了崇拜上帝、救赎灵魂，不仅仅是为了荣耀城市，更是为了寄托自己对生活的期望和爱。

12—13世纪，西欧的教会非常富有，为了造教堂，国王还有馈赠，但大部分教堂的建造靠市民捐献。所以人们说，巴黎圣母院是老太太的小硬币造起来的。有些城市，为了造主教堂而设附加税，例如牛奶附加税，还在教堂的钟塔顶上安置奶牛的雕像以资纪念。建造的时候，信徒们踊跃参加劳动，信仰驱使他们不怕艰难困苦，忘我地奉献。

中世纪绘画中建造修道院教堂的场面（经过勾描）

典型的哥特主教堂大门朝西，为的是信徒们礼拜的时候面向东方，那里是耶稣基督圣墓所在。成了习惯以后，极少数不能朝向西方的教堂，也把正面叫作西面。它的内部空间包含三大部分：一个长方形的大厅，被两排柱子纵向划分成一条中舱和左右的舷舱或被四排柱子划分成一条中舱和四条舷舱。中舱是信徒们星期天做礼拜的地方。它们被称为舱是因为基督教宣扬信徒们都要同舟共济，互相关爱。这种大厅是从古罗马一种供聚会、讲演、审判、甚至贸易的多功能大厅演变而来的。古罗马时代这种多功能大厅叫巴西利卡，因此西欧也有人把这种教堂叫巴西利卡。大厅的东端正对中舱接一个圣坛。圣坛尽端呈半圆形或多边形。圣坛中央有祭台，祭台前面是唱诗班的席位，祭台背后沿半圆形尽端放射状地排列着几个小礼拜堂，里面通常供奉着圣物，例如耶稣的头发，从耶稣受刑的圣十字架上弄来的木屑，钉耶稣手足的铁钉，盛过耶稣伤口流出的鲜血的杯子，或者与圣徒们有关的东西。小礼拜堂前面有半圈环廊，两头和大厅里的舷舱对接。外来的朝圣者可以从正面的旁

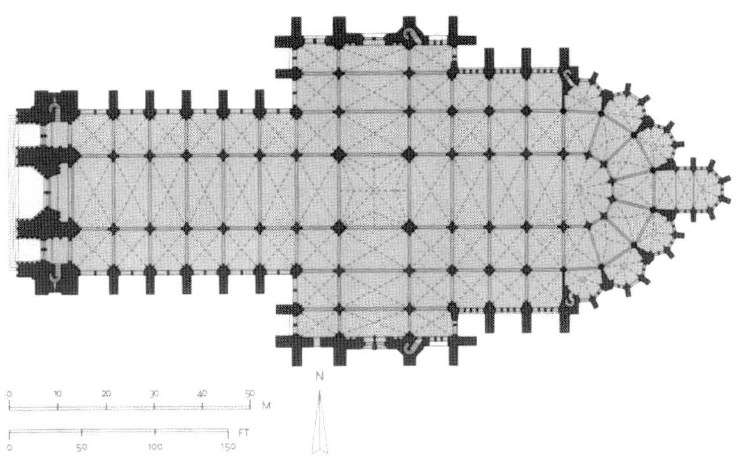

法国亚眠主教堂平面，典型的哥特主教堂平面

门进入教堂，经舷舱到环廊去礼拜圣物，而不致干扰中舱里的弥撒。圣坛和大厅之间有一个横向的空间，左右伸出于大厅两侧，也被柱子划分成中舱和舷舱，跨度和大厅里的大致相等。左右伸出部分是僧侣们参加星期天信众礼拜的地方。因为从整体上看，这横向部分很像衣服的袖子，所以有时被叫作袖厅。它们的东侧常有一列小礼拜堂，僧侣们平日就在那里做礼拜。有些主教堂，把大厅两侧最靠边的舷舱分隔成小礼拜堂，给豪门贵族私家使用，或者给信徒举行人数不多的宗教仪式如婚礼、丧礼等等用。

法国沙特尔主教堂结构示意

信众的礼拜大厅、圣坛和袖厅形成一个十字架形状，在西欧，大厅比圣坛长，横厅比大厅短，这样的十字形叫“拉丁十字”，以区别于拜占庭的“希腊十字”。因为不论大厅、袖厅和圣坛，中舱都比舷舱高很多，所以如果从空中看，由纵横两个中舱形成的十字形显示得更清楚。这种十字形，被比附作耶稣基督受刑的十字架，赋予了宗教象征意义。

哥特教堂结构实例

法国的哥特式主教堂规模大都很大。以法兰西岛的为例，巴黎圣母院（Notre Dame）5670平方米，沙特尔（Chartres）和兰斯的都是5940平方米，亚眠的6300平方米。中舱的宽度，巴黎圣母院12.5米，沙特尔16.4米，兰斯14.65米，不宽。但中舱很长，巴黎圣母院127米，沙特尔130.2米，兰斯138.5米。这个不宽而很长的中舱，两侧的柱墩间隔不过6—7米。因此空间的导向性很强，把信徒的心引领到祭台。祭台上，烛光摇曳，隐约映照出受难的耶稣基督。全能的上帝把他的爱子送到世间，拯救罪孽深重的人们，而耶稣基督却被钉死在十字架上。人们要感谢上帝，要为自己的罪孽忏悔，要虔信耶稣基督，才能得救。这个中舱空间渲染了强烈的宗教情绪。圣母崇拜毕竟不能改变天主教的根本教义。

但是中舱很高，巴黎圣母院32.5米，兰斯38.1米，沙特尔36.5米，亚眠42米，这高度又削弱了中舱向前的动势。而且，巨大的柱墩，顶上放射出支承拱顶的肋架券，拱顶又是尖的，因此向上升腾的动势也很强，进一步削弱了向前的动势。于是，也就是冲淡了神秘的宗教气氛。如此之高的拱顶和放射式的肋架券，正是世俗工匠们对哥特建筑最富有创造性的贡献。结构技术的理性逻辑，突破了反理性的宗教体验，打开一个缺口。

歌德和雨果都把哥特教堂内部向上的动势比作树木的生长形态。歌德在斯特拉斯堡（Strasbourg）主教堂里看到了蓬蓬勃勃的生命力，写下了热情洋溢的颂词。歌德写道："它们腾空而起，像一株崇高壮观、浓荫广覆的上帝之树，千枝纷呈，万梢涌现，树叶多如海中的沙砾。它把上帝——它的主人——的光荣向周围的人们诉说。……直到细枝末节，都经过剪裁，一切都与整体贴切。"

建筑的最基本问题之一是覆盖一个有某种功能的特定的空间。这就要依靠结构技术。这个结构要安全可靠，要便于施工，要经济人工和材料。再要求得高一点，便是它看上去和谐、匀称、有条有理。最后它应该和空间一起产生合乎目的的艺术表现力。哥特主教堂的结构在这些方面是非常杰出的。

古罗马的巴西利卡式多功能大厅本来用木桁架做屋顶，它不耐火，因此10世纪起法国的教堂普遍采用了砖石的拱券结构，并且因此得名罗曼式。罗曼式的拱券太过于笨重，费材料，开窗小，采光严重不足。而且，不论内外，它的艺术风格都是中世纪的，启发信徒们认罪、畏惧地狱，给他们沉重的精神负担。市民们的哥特式主教堂的结构体系，正是基督教和教堂的作用在市民文化影响下发生变化，利用新技术克服了前一时期的这些特点而形成的。

哥特主教堂结构的第一个特点是使用肋架券，也就是把整体的罗曼式筒形拱分解成承重的券和不承重的“蹼”两部分。券架在柱子顶上，“蹼”架在券上。“蹼”的重量传到券上，由券传到柱子再传到基础。这是一种框架式的结构，券成了肋，重力的传递很明确。使用肋架券的第一个好处是“蹼”的厚度大大减小，可以薄到25—30厘米左右，因此节约了材料，减轻了结构重量，并且可以在建造时先砌筑肋架券，然后将“蹼”填充到几个券之间去，从而少用许多模板，使施工经济，简便快捷。用肋架券的拱顶早在古罗马帝国晚期已经出现，那时的“蹼”是天然火山灰混凝土浇筑的，不过使用得很少。晚期罗曼教堂里重新出现肋架券时，只在左右相对的墩子间架一道道的券，把拱顶切割成段落，以便分段搭脚手架。哥特主教堂则在每四个墩子所形成的矩形的“间”里还要砌对角线的券，甚至在中央再加一个横向的券，因此一个间的拱顶被切成四块或六块。这样做当然更便于砌“蹼”，使结构更安全可靠。因此，每个墩子顶上都放射出好几个券，仿佛树木的分枝，产生了生机盎然的向上动势。同时，经过肋架券分割的拱顶尺度也变小了，看上去轻巧了，于是和联排的墩子、玲珑的空廊、精巧的花窗等构件的关系和谐多了，并且，肋架券把拱顶和柱子在视觉上连成了整体。盛期的哥特式主教堂，把肋架券沿墩身下伸直到地面，墩子成了束柱状，教堂内部的艺术形式便更浑然一体了。

哥特主教堂结构的第二个特点是使用尖券，也就是肋架券都不是

哥特教堂肋架券、墩、柱、飞券示意

半圆形的，而是尖矢形的。尖券的好处，一是可以调节起券的角度，使券脚同在一个水平线上的不同跨度的拱和券的最高点，也就是矢尖，都在同一个高度上。因为肋架券在每一“间”里的跨度不同，对角线的就比横向的跨度大，在用半圆券的时候，如一些晚期罗曼式教堂，每“间”的中央就会凸起，一条中舱的拱顶成了一串凸起的“间”，在视觉上破坏了空间的完整统一。用了尖券，这问题便解决了。在圣坛部分有环廊，有排成半圆的小礼拜堂，肋架券的跨度变化多，方向也多变换，拱顶很复杂，因此尖券最早在圣坛部分系统地使用。第一次是用在巴黎城外的圣德尼（St. Denis）主教堂的圣坛。这是王家教堂，法国王室的坟墓在这教堂里。尖券的另一个好处是侧推力比半圆券小。在罗曼教堂里，为了平衡中舱拱顶的侧推力，用了不少方法，都很笨重，而且舷舱的拱顶不能比中舱的低太多，所以中舱上部不能开比较大、比较多的高侧窗，以致中舱很阴暗。阴暗适合当时的宗教情绪，但却不适合哥特时代的城市市民心理。尖券减少了侧推力之后，就为解决这些问题打开了方便之门。而且尖券在视觉上比半圆券轻巧，更有向上的动势，和肋架券的艺术效果完全一致。

哥特主教堂结构的第三个特点是使用飞券，这正和抵御中舱拱顶的侧推力有关。罗曼教堂中舱拱顶的侧推力是由舷舱的拱顶来平衡的，而舷舱拱顶的外向侧推力由厚厚的外墙来抵御。哥特主教堂拱顶用了肋架券之后，侧推力集中到了墩子头上，因此只要在墩子头上来平衡它们就可以了。加以拱顶减薄和使用尖券，侧推力也小得多了。于是，哥特主教堂采用了最有特色的结构方法，就是用飞券来抵住中舱墩子头。飞券立足于大厅的外侧，以一个扁扁的柱墩形式垂直升到一定高度，然后向中舱的墩子头架起半个券，把侧推力传递过来，用扶壁的重量和基础抵消。中舱拱顶的侧推力不再由舷舱的拱顶来负担，中舱可以大大高于舷舱，在高出于舷舱拱顶的侧面开从墩子到墩子的大面积的窗子，中舱得以摆脱了罗曼教堂的阴暗和压抑而满足市民们新的审美要求。同时，飞券成排地高高跨越在舷舱上空，以致教堂的外观轻灵通透，极富弹性，克服了大多数罗曼教堂的沉重封闭甚至笨拙。尤其在圣坛部分，它们随着半圆形的外墙作放射状排列，衬着蓝天更充分地显示出飞越的灵巧。空前未有的结构创新，成就了空前未有的建筑艺术。

哥特主教堂和古希腊建筑、古罗马建筑都雄辩地说明，建筑的艺术样式和风格，必须附丽于相应的结构技术，建筑没有脱离了结构技术的纯艺术创造。附丽于结构技术，就不可避免地被结构技术渗透，表现出结构技术的特点，一个成熟的建筑艺术形式，因此也同时是结构的艺术形式。一个成熟的建筑风格，必然是这两方面以及相应的功能要求的和谐融合。在一种形式、一种风格成熟之前，会有一个过渡时期，那时候，艺术形式和结构形式很不协调。例如在古罗马，穹顶还没有找到它的表现形式和风格，但它一定要找到，到了文艺复兴时期，终于成熟。

哥特主教堂的外观在几千年的建筑史中也是个性极其鲜明的，还是以法兰西岛地区的为最典型。它们的第一个特点是在西面，也就是大门所在的正面，有一对钟塔，位置在舷舱的前端。钟塔很高，兰斯主教堂的在失去了尖顶之后高101米，沙特尔的南塔连尖顶高107米，巴黎圣母院的没有尖顶，比较矮，也有66米。大门有三个，一个正对中舱，两个在钟塔下正对舷舱。中央大门上方有一个直径十几米的大圆窗，叫玫瑰窗。玫瑰芬芳、美丽、高洁，是圣母的象征。玫瑰窗之上有一排雕像龛，横贯整个立面，龛里有的立圣徒雕像，巴黎圣母院作为国王加冕的场所，则立以历代国王像。

三个大门是雕刻装饰的重点。因为墙垣很厚，门洞因而很深，周边斜出呈八字形，沿斜面做一层一层的线脚，形成一层一层的尖券。每一层线脚都充满了雕刻，大多是圣徒、福音书故事、宗教训诫等等。门洞中央有一棵小柱子，顶一根横梁，梁上券下，填充着一块石板，有些雕耶稣基督像，有些则雕刻圣母的生平故事，赞颂圣母的慈爱。柱身上立着一尊圣母抱着圣子的雕像。门洞周遭的线脚和雕像，造成很丰富的光影变化，显得饱满生动。罗曼教堂和早期哥特教堂，雕像都很呆板，动态小，牢牢依附于建筑构件，甚至本身作为构件的一部分。后来雕像渐渐有了自己的地位，表情和动作都活泼了，似乎要脱离建筑构件，最有代表性的是兰斯主教堂大门边的“圣母怀胎报喜”的天使像。

世俗的雕刻工匠们把他们对现实生活的兴趣带进了雕刻的题材中去，突破了宗教的局限。教堂的雕刻有12个月的生产劳动场景，教师上课和民间故事。拉昂主教堂的一对钟塔上雕着16头健硕的牡牛，以表彰在建造过程中牡牛运输的功绩。有些雕像很诙谐，有猪头人身的哲学家、半人半鹅的医生、半人半鸡的音乐教师、给鸡讲道的狐狸神父等。连上帝也在创造世界的时候急切盼望早日完工，甚至打起瞌睡来。教会把教堂的雕刻当作“傻子的圣经”，让目不识丁的人也能直观地了解教义。但是艺术一旦掌握在世俗工匠手里，它就一定会被市民文化渗透。在沙特尔主教堂，大门边居然立了古希腊和古罗马的毕达哥拉斯等7位异教徒学者的雕像。

正立面左右一对钟塔上，原设计有瘦高而锋利的尖顶。不过在法兰

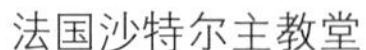

法国沙特尔主教堂

法国巴黎圣母院

西岛地区，只有沙特尔主教堂造成了两个。拉昂主教堂曾经造成了一个，但在法国大革命时候被拆毁了。其余如巴黎圣母院、亚眠主教堂、兰斯主教堂和波未（Beauvais）主教堂等的塔尖，或者没有造起来，或者造了又塌了。在横翼袖厅两端的外立面上，原来也有带尖顶的塔，大多没有造成。哥特主教堂工程浩大，技术难度大，工期往往达一二百年，甚至几百年，几乎没有一座是真正完工了的。虽然主塔完工的不多，但教堂上在许多位置，都有小型的尖顶，活泼地跳动在天际线上。

钟塔、小尖塔、飞券、瘦高的尖矢形窗子和无数的壁柱、线脚等等，在主教堂周身密密地布满了垂直线。它们造成了向上升腾的动态，这动态集中到钟塔，其余的都簇拥着它，给它蓄势。钟塔同时是整个城市的垂直轴线，沟通着天上人间。罗曼教堂体现着对地狱的恐怖，而哥特主教堂则体现对天堂的追求。从罗曼教堂到哥特主教堂的变化，表明人不能活着而没有指望。

哥特教堂的外部细节很多，但内部却十分简洁，裸露着逻辑清晰的结构，没有给装饰留下余地。可是，教会需要“傻子的圣经”，用绘画和雕刻来弘扬教义，市民也需要感官的美和愉悦。于是，诞生了一种非常富于创造性的艺术，这便是彩色玻璃窗。

自从使用飞券来平衡中舱的侧推力之后，中舱便可能开大面积的高侧窗，舷舱的窗子也可以开得很大。当时的技术能力，难以制造纯净透明的大块玻璃，只能制造小块的、带各种杂色的玻璃。这些玻璃装在窗子上，斑斑驳驳。在频繁的十字军东征战争中，法国人熟知了东方拜占庭帝国灿烂的彩色玻璃镶嵌画，受到启发，便尝试在窗子上用玻璃模仿镶嵌画，以利用光线的审美作用。起初在玻璃上着色，后来烧制彩色玻璃，把它们按设计图稿裁成面积不大的各种形状，用工字形截面的铅条拼接起来，组成图画。题材多以宗教性故事为主，也夹杂少量现实生活题材。早期的作品，玻璃片面积小，透明度低，色彩偏暗偏浓，因此窗子的整体色调统一而沉稳。玻璃片面积小，人物形象的尺度也小，故事描绘得比较复杂，风格有明显的东方镶嵌画的影响。不过光线暗，形象小，显得恍惚迷离。下一步发展就是从恍惚迷离走向明确肯定。13世纪之末，随着烧制玻璃技术的进步，玻璃片大了，更透明了，色彩鲜艳多了，于是人物形象也大了，故事情节就趋向简单。这样，容易导致窗子的色调不统一。制作彩色玻璃的技术水平提高了，玻璃窗画的艺术水平却反而降低了，艺术和技术并不一定是同向同步发展的。

阳光透过大面积万紫千红的窗子，把主教堂内部映照得五彩缤纷，光辉夺目。这时的教会早已抛开了禁欲主义，除了西斯廷教派和本笃会的教堂还比较朴素外，主教堂都追求华丽，祭坛甚至是豪华无度的。教士们说，富丽堂皇的教堂内部正是上帝居处的景象，那是天堂。又说灿烂的光线射进大厅，就像神启进入信徒的心灵，可以强化人们的信仰。巴黎城边圣德尼王室教堂的许节长老（Abbot Suger，1081—1154）说：“凝视物质的美丽能导致对神的理解。”他在圣德尼教堂大门的青铜镀金门扉上刻了一句铭文：“阴暗的心灵通过物质接近真理，而且在看见光亮时，阴暗的心灵就从过去的沉沦中复活。”13世纪最权威的神学家阿奎那（Thomas Aquinas，约1225—1274）为感性的美辩护，他说："在被感知时令人得到满足的东西就是美。"他认为感性的美包含三个条件，第三个就是："鲜明性，或明显性，因此我们把涂上鲜艳色彩的东西称为美丽的东西。"把天国设想为豪华堂皇的感性世界，并且冲破神学玄秘的迷雾，把彼岸世界搬到了可直接感知的现实中来，本来正是世俗工匠们世界观的特点，市民文化的特点。长老和神学家的美学，恰恰反映了这个特点。

成熟的哥特主教堂最早出现在法国北方，但是这时候西欧的市场已经很活跃，商路上一派繁忙，圣德尼王室教堂培养出来的工匠，代替了罗曼时期克吕尼教派的僧侣，背起工具，到处游走，在各个城市里参加建造教堂。因此，哥特式建筑的理念、技术和艺术很快就传播到英国、德国和西班牙北部。意大利北部虽然传统的力量很强，没有真正接受哥特式建筑，但仍然受到不少的影响，米兰的主教堂（Duomo，Milano）便是哥特建筑的重要作品之一，不过形制和风格不很典型，舷舱和中舱同高，形成广阔的大厅。它的大厅长150米，总宽59米，高45米。

英国和德国的哥特主教堂风格成熟，规模大，而且在艺术和技术两方面都达到很高水平。英国的哥特主教堂，袖厅比较长，有些教堂有两个袖厅，体形变化比较多而不像法国的那么程式化，在拉丁十字的交点之上常常还有一座又高又大的塔。著名的有达勒姆（Durham）、索尔兹伯雷（Salisburg）、林肯（Lincoln）等几座主教堂。德国的哥特主教堂有的在西面只有一座塔，如乌尔姆（Ulm）主教堂，塔高竟达161米。科隆（Cologne）主教堂从12世纪起造，直到19世纪末才竣工，一共造了六百年之久。它的钟塔高达157米，大厅长144米，总宽45米，高43.5米，是最大的哥特主教堂之一。德国也多舷舱和中舱同高的教堂。

西班牙在8世纪被信奉伊斯兰教的摩尔人占领。10世纪后，基督教徒从北而南逐步赶走了摩尔人，在北部造起了哥特式主教堂，不过因为大量使用穆斯林匠人，所以把许多伊斯兰建筑手法掺和了进来。重要的

英国林肯主教堂

哥特主教堂有布尔戈斯（Burgos）的和托莱多（Toledo）的。

尽管哥特式主教堂遍及西欧主要国家，但它仍然是首创者法国人的骄傲。大雕刻家罗丹（A. Rodin，1840—1917）说："有了哥特艺术，法兰西精神充分发挥出它的力量"，"主教堂，这便是法兰西，当我欣赏它们的时候，我感觉到我们的祖先在我心里"，"只要主教堂还在，国家就不会灭亡……它们是我们的母亲"。

大作家雨果在他的名著《巴黎圣母院》里写道："这座可敬的历史性建筑的每一个侧面，每一块石头，都不仅仅是我国历史的一页，而且是科学史和艺术史的一页。……建筑艺术的最伟大作品不是个人的创造，而是社会的创造，不是天才人物的作品，而是人民劳动的结晶；它是一个民族留下的沉淀，是各个世纪形成的堆积，是人类社会不绝地升华产生的晶体，总之，是各种形式的生成层。……伟大的建筑物，像大山一样，是多少个世纪创造的结果。"他说，一座大建筑物包容着许多种艺术，"往往写出人类的世界通史"。

雨果又说，巴黎圣母院"简直是石头制造的波澜壮阔的交响乐"。同样，在莱茵河边的斯特拉斯堡主教堂前面，歌德说出了他的名言："建筑是凝固的音乐。"

"建筑是石头的史书"，"建筑是凝固的音乐"，这两个对建筑艺术的著名论断，都由哥特主教堂而起，可见它们在文化史中地位的重要。

第七讲　文明地域扩大

欧洲中世纪晚期的建筑，格外丰富多彩。整个中世纪，欧洲四分五裂，民族国家都还没有形成。经济以自然农业为主体，市场十分狭小。文化不发达，更少交流。建筑工匠师徒相授，知识和技术只靠经验积累，没有真正意义上的建筑师，更没有培养建筑师的机制。因此，建筑的地方特色十分强烈。同时，欧洲的文明地域在中世纪不断扩大，地方风格更加多姿多彩。到了中世纪晚期，城市渐渐兴起并富裕起来，建筑的规模和质量大大提高，几百年的地方特色融入这些新建筑中，造成了百花齐放的历史景象。它们刚刚从乡土文化中发展出来，特别具有一种亲切的人情味。经过文艺复兴，到了17世纪，古典主义建筑以它的大一统的教条消灭了欧洲建筑的地方特色和民族特色。18世纪，浪漫主义兴起，各国的文化精英迷恋自己民族的和地方的文化历史，于是产生了一股向中世纪寻求建筑传统的潮流，但力量不大。到20世纪20年代，现代主义建筑开始无情地消灭建筑的民族性和地方性。

在中世纪晚期，大型的公用建筑，主要是宗教建筑，已经有逐渐趋同的倾向，因为虽然没有统一的国家，却有统一的教会，没有广阔的市场却有长途的朝圣活动。哥特式主教堂，不论在法国、英国、德国、意大利北部还是西班牙北部，都有基本共同点，尽管仍然有一些地方特色。

当以法国为中心形成哥特式建筑的时候，西班牙、意大利和东欧远远地离开这个潮流。西班牙这时被信仰伊斯兰教的摩尔人占领着，盛行阿拉伯文化。东欧信仰基督教的东正教，俄罗斯人为摆脱蒙古人（鞑靼人）的占领而进行着艰苦卓绝的斗争，向民间寻求纪念性建筑的形式语言。意大利则还保存着比较多的古罗马影响，它的南部和西西里岛也有很多阿拉伯文化的因素。

公元711年，北非的穆斯林、摩尔人，跨过海峡来到伊比利亚半岛。随后建立了以科尔多瓦（Cordoba）为首都的倭马亚王朝（Umayyad Caliphate），疆域占半岛的大部分，天主教徒只剩下北部一小块土地。摩尔人带来的阿拉伯文化，远高于当时天主教世界的文化。他们发展手工业和商业，开拓航海贸易。城市富足，进行蓬勃的营造活动。科尔多瓦全城50万人口，拥有3000座清真寺，300所公共浴场。伊斯兰教的教规很严，从宗教活动到日常生活，穆斯林们都受到严格的管束，因此他们的文化内聚力很强，远在伊比利亚半岛的建筑还都谨守着西亚和北非的阿拉伯传统。

科尔多瓦的大清真寺（786—988）是伊斯兰世界最大的清真寺之一。它的平面形制采用广厅式，这种形制起源于叙利亚，用许多平行的单向联系的连续券作承重结构。它初建于倭马亚王朝的极盛时期，陆续经过几代哈里发的扩建，所以不很规整。大清真寺包括一座大殿和一个前院。大殿最终东西宽126米，南北深112米，被南北向的18排柱子划分为19条空间，每排柱子36棵，它们只在南北方向互相有发券连接，所以向前奔趋的动势很强。柱子只有3米高，上面两层发券支着9.8米高的天花板。这一殿密密麻麻的柱子和发券，像森林一样，大殿显得幽冥缈远，迷离惝恍。恩格斯说，“伊斯兰建筑是忧郁的……伊斯兰建筑像星光闪烁的黄昏”（《马克思恩格斯全集》，1931年，俄文版，卷二，63页），很贴切地说出了它们的艺术性格。

因为东边的7排柱子是后来扩充的，所以清真寺最重要的圣坛（Mirab）位置偏西。它前面华丽的花瓣形发券重重叠叠好几层，像一朵盛开的花，从几方面屏障着哈里发做礼拜的位置。圣坛呈8边形，顶上由8个券组成一个八角星，架起中央雕饰十分精致的穹顶。后来在意大利文艺复兴建筑里有过仿制品。

伊斯兰建筑形式上的基本特点之一是发券的花色多，以马蹄形和火焰形为主。科尔多瓦清真寺内的发券，则另外还有小半圆形、桃形、三叶草形、梅花形和更复杂的花瓣形。这些发券除了功能作用外，装饰效果非常强烈。

前院的西北，随墙造一座方形授时塔，高达93米。

1593年，大清真寺被改为天主教堂。

伊比利亚的穆斯林们在10世纪分裂为23个小国家。在北部一角站稳了脚跟的天主教徒趁机向南驱逐摩尔人，到13世纪，摩尔人只剩下小小一个格拉纳达（Granada）。格拉纳达在1272年成为一个小王国的首都，其他伊斯兰国家灭亡之后，穆斯林们纷纷逃来，人才荟萃，文化达到了高峰。1492年，格拉纳达投降，伊斯兰国家就从伊比利亚消失了。在灭亡之前，它的建筑变得纤弱忧郁但不失优雅，保持着精致的工艺水平而在艺术上更加敏感，更多情思。这时候的代表作是格拉纳达的阿尔罕布拉宫（Alhambra，13—14世纪）。阿尔罕布拉，意思是“红宫”，位于一个地势险峻的小山上。1238年起造了一圈红石砌的围墙，依山就势起伏蜿蜒3500米，沿墙有十几座碉楼。墙内西部是宫殿（1368建成）。

宫殿由好几个院落组成，其中最重要的是南北向的清漪院和东西向的狮子院。其余的小院簇拥在它们左右。清漪院（长36米，宽23米），中央一长条水池纵贯全院，院的南北两端都有纤秀的七间券廊。北廊后面通一间18米见方的正殿，高也是18米。因为主要用于接见外交使节，所以叫“觐见厅”。正殿上耸立起一座宏伟的方塔。方塔和券廊倒映在水池里，喷泉落珠敲皱了水面，宏伟的、纤秀的交织在一起，迷迷蒙蒙、闪闪烁烁，宏伟的染上了一点纤秀，纤秀的染上了一点宏伟。无定的变幻给人一种难以捉摸的怅触。狮子院（长28米，宽16米）是内院，周边有两姐妹厅、闺房院、梳妆楼，充满了轻柔温馨的气息。院中心立一个喷泉（约1362—1391间建造），由12头石狮子驮着，向四方各引出小渠一道，名为水河、乳河、酒河、蜜河。《古兰经》应许给敬慎者永远居住的“天园”里，最诱人的便是这四条河。它们是生于荒漠的阿拉伯人想象中的生命之源。阿拉伯世界的庭院和园林里，后来就用十字形的水渠来代表它们，水源来自庭院中央的喷泉。在阿尔罕布拉宫，从山上引来的泉水还潺潺流经厅堂，厅堂里也有喷泉。它们不但缓解当地炎热的天气，还给后宫增添柔情。狮子院北侧的两姐妹厅和南侧的阿本莎拉赫厅中央都有水泉，山水由这里流向院心的喷泉。狮子院周边有灵巧的柱廊，124棵细弱的柱子上架着瘦高的马蹄券，壁上布满玲珑剔透的石膏花饰，有金线勾勒，染彩色，有点儿凄婉的脂粉气飘散到整个院落。西侧的柱廊后面有穆克纳斯厅，东侧有审判厅。14世纪的宫廷诗人伊本·扎姆拉克（Ibnal-Zamrak）把狮子院和四周的厅堂比作一个星座。他写道：星星宁愿留在“灿烂的”穆克纳斯厅，而不愿留在天穹。关于柱廊他又写道：“架在柱子上的拱顶，装饰得明亮辉煌，像清晨映着红霞的池塘上的天穹。”

大大小小的院落里种植着珍稀的树木和美丽的花卉。学识丰富的国王和他活泼可爱的妻妾们在那里过着诗意盎然的生活。国王们的统治以仁慈而垂名后世，但基督徒终于灭亡了这个优游度日的小国家。有一天，神圣罗马帝国皇帝查理五世（Charles V，1519—1556在位，1516—1556为西班牙国王Charles I）登上觐见厅塔楼，在阳台上俯瞰四周的青山翠谷和宁静的村舍，被迷人的景色感动，叹了一口气说：“失去这一切的人真是太不幸了。”

阿尔罕布拉宫的每个角落几乎都能撩拨人们的心弦。美国作家欧文（W. Irving，1783—1859）为它们写了厚厚一本书（*Alhambra*），充满了浪漫主义情调。他写道：“蕴藏在这座东方的伟大建筑里的，该有多少逸事和传说，真实的和荒唐无稽的，多少阿拉伯的、西班牙的关于爱情、战争和骑士精神的诗歌和民谣。过去，这是摩尔族诸王的宫殿，他

西班牙阿尔罕布拉宫清漪院

们在这里过着豪华、优雅的亚洲式奢侈生活，统治着他们夸耀为人间乐园的疆土，保卫着伊斯兰教帝国在西班牙的最后据点。”传说中最难以置信的故事是：一位国王曾经下令在妩媚的狮子院里杀了他的姐姐和她的孩子，还杀了三十六位忠诚的武士。水、乳、酒、蜜四条河里曾经流淌着无辜者的鲜血。

阿尔罕布拉宫建成之后，光彩四射，在国王的才华影响之下，格拉纳达到处建起了文雅优美的府邸，装饰精巧，色彩轻艳，花木扶疏，喷泉使空气清新而凉爽。一位穆斯林作家写道，那时的格拉纳达，“就像一具银瓶，里面插满了翡翠和宝石的花朵”。

穆斯林于1492年最终被逐出伊比利亚之后，他们高超的建筑技艺和倾向华丽的审美趣味留在了西班牙和葡萄牙。后来西班牙人建造迟来了两个世纪的哥特式教堂，便大量吸收穆斯林的技艺和风格。西班牙的文艺复兴建筑，也因这些穆斯林文化痕迹而独放异彩。

中世纪晚期，意大利北部出现了罗曼式建筑，随着到西班牙北部去的朝圣人流，传到法国的中部，在那里的修道院教堂建筑中大有发展。但意大利的罗曼建筑还分明显的地方流派，以比萨（Pisa）为中心的不大的地区里，罗曼建筑成就最大。它的代表作是比萨主教堂建筑群，包括主教堂（1063—1092）、洗礼堂（1153—1278）和钟塔（1174），即著名的比萨斜塔。11世纪时，比萨是海上强国，它们是为纪念1062年打败阿拉伯人、收复被侵占的西西里首府巴勒莫城（Palermo）而建造的。

主教堂、洗礼堂和钟塔，这三座建筑配套成组是意大利中世纪的常规，在佛罗伦萨等城市里也可以见到。建造教堂来纪念世俗性的重大历史事件，在欧洲中世纪也是常规，有了喜庆都得酬神，酬神的最高规格便是造教堂。

主教堂是拉丁十字式的，全长95米，30米宽的主厅被4排柱子分划为1个中舱，4个舷舱。袖厅比较窄，只有两个舷舱。舷舱上用十字拱。但或许是技术上有困难，中舱上还用木桁架。洗礼堂在主教堂前，是个圆形大厅，直径35.4米，本来只用一个砖砌的圆锥形顶子，高约54米，后来在外面包了一层穹窿形外壳，不过是用木构架支撑而成的。钟塔在主教堂后面，圆形，直径大约16米，高55米，分为8层。西面还有一座公墓，也用白大理石筑成。

三座建筑物都用白色石块砌筑，用暗绿色石块做水平带，这是比萨罗曼式建筑的第一个重要特征。三座建筑物的外表面上都分层做小小的连续券空廊，它们只起装饰作用，使墙面有光影和形体的丰富变化，免得封闭沉闷，这是比萨罗曼式建筑的第二个重要特征。洗礼堂后来经过改造，装饰了许多哥特式的细部。发券大多是马蹄形的，明显受到阿拉伯建筑的影响。柱子则用古典柱式，虽然不很规范化，仍可见古罗马的遗韵，这是比萨罗曼式建筑的第三个特征。

意大利比萨教堂建筑群

意大利路加主教堂（比萨罗曼式风格典型）

主教堂建筑群通常在城市的中心，而比萨这一组则在城市的西北角，摆脱了拥挤的市房，背后由一带城墙和公墓衬托，四面空地宽阔，有很好的观赏条件。三座建筑物的形态差别很大，对比强烈，又由共同的做法和风格统一成整体。空地上满铺茸茸如毯的青草，点缀些可爱的天使小雕像和花篮、灯柱。这是意大利也是全世界最美的建筑群之一。1581年，大科学家伽利略（Galileo，1564—1642）在做礼拜的时候观察主教堂里吊灯的摆动发现了摆动原理。传说他的自由落体实验是在斜塔上做的。

另一座意大利中世纪最美的建筑物是威尼斯的总督府（Palazzo Ducale，1309—1424）。威尼斯当时称霸海上，地中海贸易之王，是东西交通的枢纽，各方人文的总汇。总督府是威尼斯1352年打败海上贸易劲敌热那亚（Genoa）的纪念物。除了总督住所之外，总督府里还有法庭、监狱、元老院和民选的下院的会议大厅（Sala del Maggiore Consiglio）。大厅在第三层，长54米，宽25米，高15米，是中世纪最大的大厅之一。西墙上一幅丁托列托（Tintoretto，1518—1594）画的天堂，足有21.9米长、7.0米高，色彩极其绚烂。四壁的檐头上一共有46个框子，放着16世纪中叶之前历届总督的半身像。但有一个框子空着，因为那个总督阴谋破坏民主制度，1355年被市民们在总督府的院子里砍下了脑袋。其他的大厅，墙上和天花上也都画着大幅的壁画，出自提香（Titian，1490—1516）、丁托列托、韦罗内塞（Veronese，1528—1588）和提埃波罗（Tiepolo，1696—1770）等文艺复兴大师的手笔。

总督府的南面和东南面的构图很独特。底层是空透的券廊，三层是大面积的墙壁，二层则用小开间的券廊，花饰繁细，还顶着一排十字花小圆窗。二层在视觉上是底层和三层之间很好的过渡。第三层的高度占了总高度的一半，墙面用小块的白色和玫瑰色大理石编成斜方格的席纹图案，没有砌筑感，从而也没有重量感，所以下面两层的空廊仍然能轻松自如。

这样的构图可以在大运河沿岸的一些住宅上看到，其中最出色的是黄金府邸（Palazzo Ca' d'Oro，1427—1437，建筑师G. and B. Buon，一说为M. Raverri）。不过它的第三层也是柱廊而不是平实的墙面。总督府大面积的席纹墙面以及下两层券廊所用的马蹄形券和火焰形券，都是阿拉伯式的，却被不恰当地叫作威尼斯哥特式。威尼斯共和国的盛期，也是阿拉伯世界经济和文化的盛期，威尼斯与阿拉伯各国的联系十分密切，有许多阿拉伯人、摩尔人居住在威尼斯，经营商业，社会地位很高，影响很大。所以威尼斯的文化里有很多阿拉伯成分。阿拉伯人曾对欧洲文化做出重大的贡献。

僻处东欧的俄罗斯，信奉东正教，一直与东正教的首都拜占庭保持着密切的关系，而与西欧交往不多，因此历史的进程比西欧晚。13世纪，蒙古人征服了俄罗斯，更阻碍了俄罗斯的发展。它的建筑在两百年里仍然遵照拜占庭的模式。教堂都是希腊十字式的，方形的平面划分为9个方格，上面有一个或者五个葱头顶，坐在高高的鼓座上，如莫斯科克里姆林宫里的乌斯平斯基主教堂（Успенский Собор，1475—1492）。

到16世纪，俄罗斯人民终于在整个国境内推翻了蒙古人的统治，在莫斯科大公华西里三世和伊凡雷帝领导下建成了统一的民族国家。在这个为民族解放而进行英勇斗争的时期，俄罗斯人民的民族意识高涨，从而带动了文化的民族化。他们既不从西欧引进意大利文艺复兴文化，也摆脱了对拜占庭文化的追摹，他们转向民间。俄罗斯建筑这时候也向民间建筑学习，从而形成了独特的民族建筑传统。

俄罗斯民间建筑都是木构的，用原木水平地叠成墙壁，在墙角，相互垂直的原木用榫头咬合，露出两排圆形的端头。当地气候寒冷，为减轻积雪的重压，屋顶坡度很陡。由于材料和结构的限制，内部空间不发达，比较大的建筑物需要用几座小木屋组合起来，以廊子相连，因此体形很复杂。两层的房屋，下层作为仓库、畜栏等等，上层住人。为了少占室内空间，楼梯设在露天，通过曲折的平台，联系各个组成部分。复杂的组合体形，轻快的户外楼梯和平台，经过匠师们精心安排，活泼而

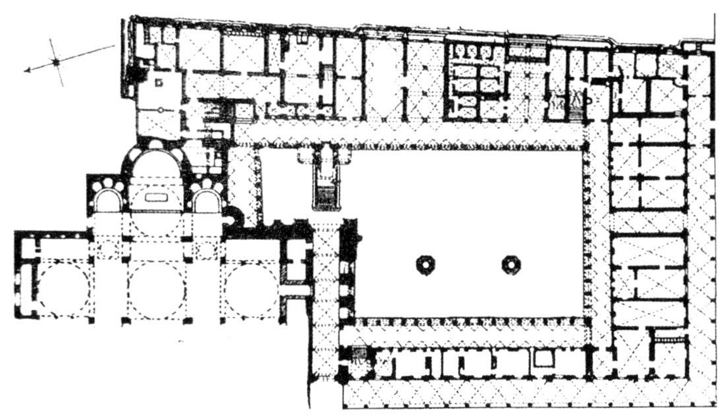

意大利威尼斯总督府平面

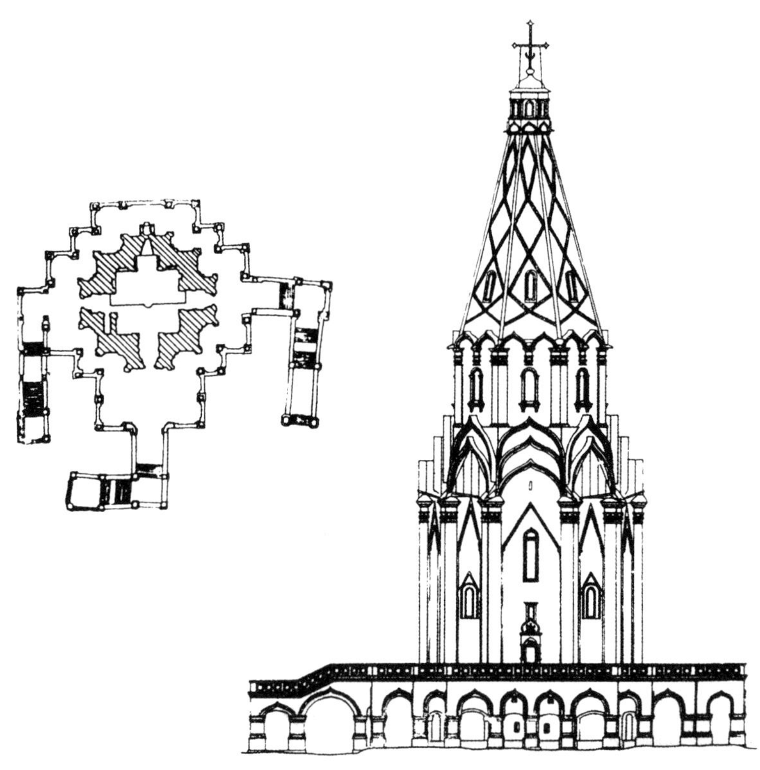

俄罗斯莫斯科郊区沃士涅谢尼亚教堂平面和立面

又亲切，窗扇、山花板、阳台栏杆处处点缀着雕花，留着清晰的斧痕，染上鲜亮的颜色。日子是艰辛的，技术是粗拙的，但小木屋流露出淳厚朴实的性格和对生活强烈的爱。

乡间小教堂是村落里最重要的建筑物，为了突出它的重要性，在无力扩大内部空间的情况下，就把它升高，因而形成了墩柱式的体形。上面挺起高高的攒尖式屋顶，叫作“帐篷顶”。尖端举着小小的葱头式顶子，是拜占庭建筑的遗意。一个轻快有雕饰的木廊和平台造在柱墩式体形前，更加丰富而亲切。这种乡间小教堂后来成了大型国家性纪念建筑物的原型。

第一个这样的大型国家性纪念建筑是莫斯科郊区的沃士涅谢尼亚教堂，位于科洛敏斯基村的国王离宫里（Церковь Вознесения в Коломенском，1532），是为欢庆伊凡雷帝诞生而建造的。华西里三世晚年得子，使刚刚统一的俄罗斯免于再度分裂，对俄罗斯民族意义重大。它面向民族传统，完全采取了乡间小教堂的形制和形式，是个折角十字形的柱墩，分两段，上段比较细一点，上面耸起八边形的帐篷顶。通体全用白色石头造成，高约62米，雄踞在莫斯科河右岸的高地上，河在它面前转了一个弯，从河上望去，格外挺拔峻峭。下面伸展开宽阔的平台，把它和大地紧紧连接在一起，稳定而坚实。沃士涅谢尼亚教堂内部只有60平方米，根本不适于宫廷的宗教活动，完全是一座纪念碑。它和乡间小教堂的不同是比较多一点装饰，集中用在两段柱墩式立体之间，那里三层船底形（花瓣形）饰物很好完成了二者的过渡，并且加强了向上的冲力。

1555年，伊凡雷帝写下了沃士涅谢尼亚教堂的续篇，在他领导之下，1552年俄罗斯人攻下了蒙古侵略者的最后一个据点喀山（Казан），把喀山汗国和阿斯特拉罕汗国并入莫斯科王国。三百年的奴役与屈辱终于洗雪了，一整个俄罗斯民族为胜利和解放而沸腾狂欢，激动的、兴奋的喜庆情绪，凝结成了华西里·伯拉仁内教堂（Храм Василия Блаженного，1555—1560）。

莫斯科华西里·伯拉仁内教堂

过去，传统的大教堂都造在大公或国王的城堡里面，而华西里·伯拉仁内教堂却造在莫斯科克里姆林（即城堡）的墙外，让每一个俄罗斯人都可以走近它，纪念这个伟大的历史事件。

像沃士涅谢尼亚教堂一样，华西里教堂拒绝了拜占庭的传统而采用俄罗斯民间建筑的形制和形式。教堂由9个墩式形体组合而成，中央一个最高，大约有46米，帐篷顶向上冲出，动势很强，以小小的葱头顶结束，和沃士涅谢尼亚教堂很像。在中央墩体四周，有8个稍小的墩体，围成方形，角上的大一些，高一些，边上的小一些，矮一些，都冠戴着葱头顶。墩体是红砖砌的，用白石点缀。葱头顶个个不同，染着鲜艳的颜色，以金、黄、绿三色为主。它们紧紧地簇拥着中央墩体，高高低低，参差错落，教堂就像一团熊熊燃烧着的烈火，火苗迸窜，充满了活力，爆发出欢乐。

中央的大墩体作为垂直轴线统率着整个教堂，下面的平台稳当地托着9个墩体，华西里教堂在强烈的动态中保持着艺术形象的整体性。

伊凡雷帝下令建造这座教堂时，命名为圣母升天教堂。施工过程中，挖开几座坟墓，其中一座的尸体没有腐烂，因此死者被人们认为是圣徒。他叫华西里，本来是个流浪汉，赤身露体在莫斯科游荡，给人预言、告诫、占卜，显示奇特的智慧和灵异行为。他是个爱国者，曾鼓动赶走蒙古侵略者。他死后（1551或1552），大主教亲自主持葬仪，伊凡雷帝给他抬灵柩。见到他不腐的尸身，百姓在迷信的崇拜和恐惧之下就用他的名字华西里称呼教堂。教会起初不允许，但百姓坚持，于是教会不得不把它叫作华西里·伯拉仁内教堂，伯拉仁内是“多福”的意思。

三百年后，1852年，俄国教会史学家拉辛（A. Рашин）写道：“在俄国的全部教堂之中，华西里教堂是国内国外最负盛名的。”后来它成了俄罗斯的标志。

第八讲　新时代的曙光

哥特式建筑的出现，标志着西欧中世纪已经到了晚期，神权不再能笼罩一切，市民文化抬头了，人文主义觉醒了。历史再往前迈进一步，西欧就进入了一个文化全面繁荣的新时期。这个时期发生了三件划时代的大事，一件是文艺复兴，肇源于意大利；一件是形成了一些统一的民族国家，以法国为代表；另一件是从德国开始的宗教改革。这三件大事发生的缘由，都是工商业的发展使市民中一部分人成了中产阶级，登上了历史舞台。这是资本主义萌芽时期，在这个时期里所发生的社会变革，被恩格斯称为“人类从来没有经历过的最伟大的、进步的变革”，它们为现代资本主义制度开辟了道路。

意大利在中世纪分裂成好多独立的领地，每个领地里包含几个城市，其中有一些近于半独立。像古希腊的城邦一样，这些领地虽然互相间不停地争斗，但都自认为是意大利人，遇到外国入侵，也能互相支援。在意大利中部，以罗马城为中心，有一块拉丁姆平原，这是教皇的领地。教皇用与世俗君主相同的方式统治这块领地，也为了经济利益卷入各个领地间无休止的争斗。14世纪时，意大利已经有一些沿海城市由于开发地中海、大西洋和东方的商贸航运而繁荣起来。有一些内陆城市，地据交通要津，也跟着一起繁荣。这些城市里大多产生了相当规模的工场手工业。接着就有了金融业，佛罗伦萨的美第奇家族甚至富有到能向英国国王和主教们放高利贷。

经济的发达、眼界的开阔和中产阶级的有力，在意识形态领域里加强了世俗文化对封建制度和宗教神学的冲击，扩大了突破口。首先是人性苏醒，争取从神权的禁锢下解放出来，从神学的迷雾中解放出来。15世纪意大利人文学者皮科（Pico della Mirandola，1463—1494）在《论人的尊严》演讲中写道，上帝对亚当说："亚当呀，我们不给你固定的地位、特有的面貌和任何一个特殊的职守，以便你按照你的志愿，按照你的意见，取得和占有完全出于你自愿的那种地位、那种面貌和那些职守。……我们给了你自由，不受任何限制，你可以为你自己决定你的天性。我把你放在世界的中间，为的是使你能够很方便地注视和看到那里的一切。我把你造成为一个既不是天上的也不是地上

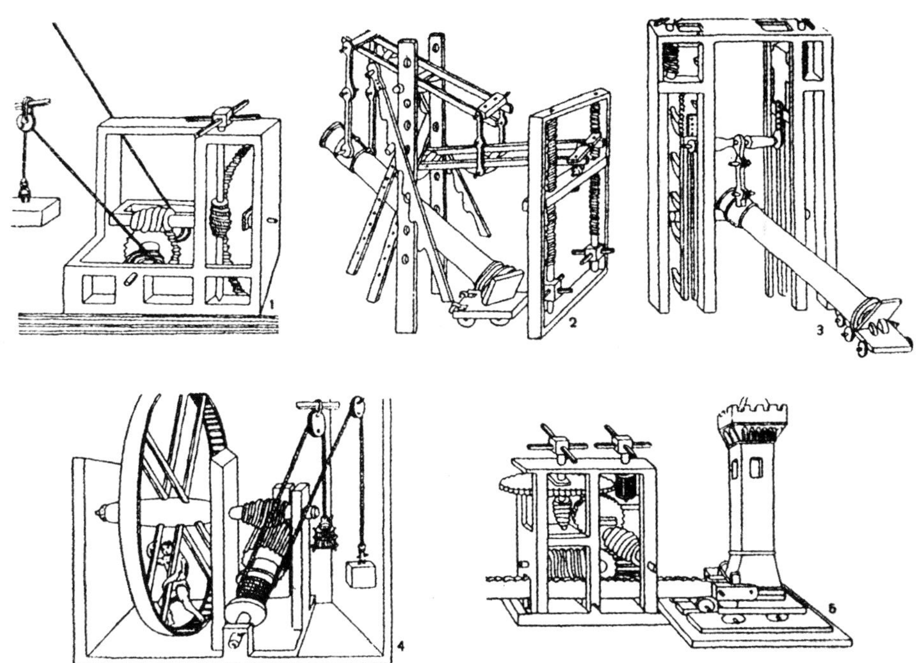

15世纪时意大利的建筑机械

的、既不是与草木同腐的也不是永远不朽的生物，为的是使你能够自由地发展你自己和战胜你自己。”这简直是人性解放的伟大宣言，对神学教条的彻底否定。布尔克哈特（J. Burckhardt，1818—1897）在名著《意大利文艺复兴时期的文化》（1860年原作，商务印书馆1979年中文译本）里概括皮科的话：“他告诉我们，上帝在创世之余创造了人，使人懂得大自然的规律，爱它的美丽，赞赏它的伟大。”

人有权力去认识客观世界，人有权力去发展自己、塑造自己，人有权力去享受现实生活，人有权力去热爱一切的美。在经历了一千多年宗教愚昧的压迫和蒙蔽之后，这样的思想大解放激活了先进人们的潜力，在文化的各个领域里都产生了一批又一批创造力、意志力和想象力十分活跃、自我意识坚定、个性十分鲜明的“巨人”。他们多才多艺，热情奔放，造就了科学技术、人文学术、造型艺术、文学以及建筑的空前高涨，蓬蓬勃勃，充满了生气。

但是，封建的和教会的力量仍旧很强大，新的文化还没有足够的权威和锐利的武器同它进行必胜的斗争，它自己也还需要一个向导，找到理解物质世界和精神世界的途径。于是，新文化的追求者几乎一致地转向基督教之前的古希腊和古罗马的古典文化，向它们求教，借用它们的权威和武器，在意大利掀起了如醉如痴地搜求、学习、研究古代著作和文化遗物的热潮。这些人被称为人文学者。意大利毕竟是古罗马的中心，古代著作和遗物比较多。它也从拜占庭得到营养，十字军东征，从东方一次又一次带回保存在拜占庭的古典文化典籍和知识。以后，拜占庭受到信奉伊斯兰教的土耳其人的威胁，又不断有学者携带古希腊和古罗马的文物逃来，1453年土耳其人灭了拜占庭帝国，更有大批学者和文物来到意大利。这些都方便了人文学者，学习古典文化的热潮更加高涨。古典文化的再生，是文艺复兴运动的重要标志之一，也是这运动得名的依据。

但中世纪的传统并没有停止反击。14世纪时，红衣主教、帕多瓦（Padua）大学教授多米尼奇（G. Dominici）为维护神学教条批评佛罗

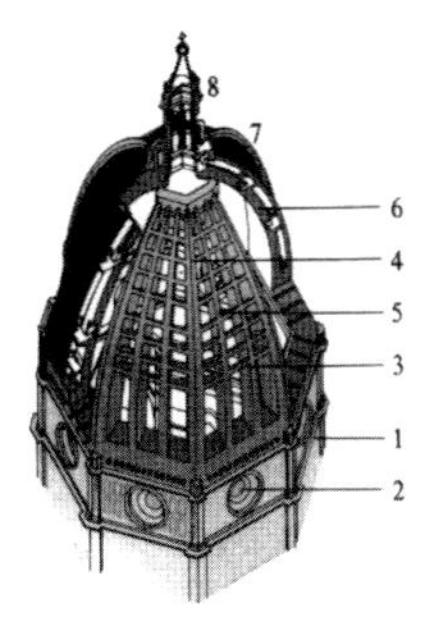

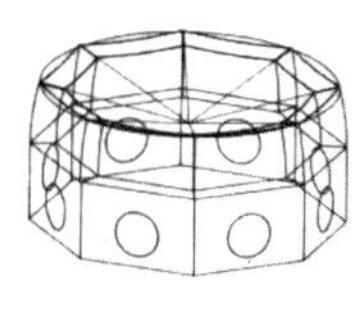
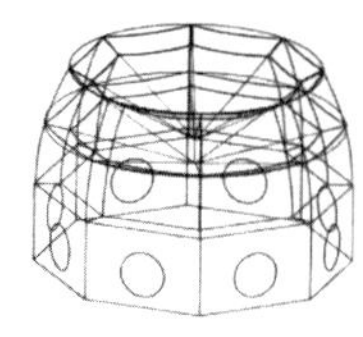
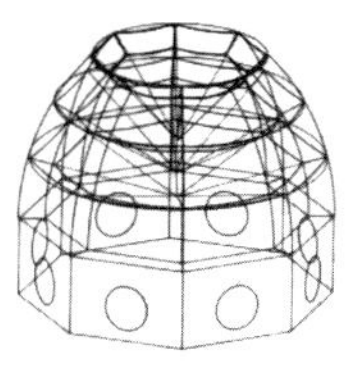

佛罗伦斯主教堂穹顶结构示意

（1）八角形鼓座　（2）圆窗　（3）水平连系带　（4）主肋
（5）次肋　（6）内层蹼　（7）外层蹼　（8）采光亭

伦萨的人文主义者道：“这些人是被利用来瓦解政治、宗教和教育的工具。热爱古典文化和热爱自然是他们的罪过。”解放和禁锢，求索和迷信，文明和愚昧，这时期的文化中充满了矛盾和斗争。

意大利中部和北部的封建领地里，统治者和世家大族不论是由于本身的学养还是附庸风雅，几乎毫无例外地都支持人文学者，罗致哲学家、诗人、艺术家和建筑师，把小朝廷弄成一个新文化的中心。他们在这方面互相争胜。其中美第奇家族统治下的佛罗伦萨是文艺复兴的发源地，被称为意大利的雅典。从15世纪中叶起，罗马教廷成了文艺复兴有力的支持者，有几位教皇本人就是很有学识修养的人文主义者。到16世纪，罗马便成了文艺复兴的中心。

城市经济的繁荣和文艺复兴运动在建筑上的表现主要有：第一，为现实生活服务的世俗建筑的类型大大丰富，质量大大提高，大型府邸成了这时期建筑的代表作品之一；第二，各类建筑的形制和艺术形式都有很多新的创造；第三，建筑技术，尤其是穹顶结构技术进步很大。大型建筑，都用拱券覆盖。由于哥特式建筑没有在意大利传布，所以主要还是使用古罗马式的筒形拱；第四，建筑师完全摆脱了工匠师傅的身份，他们中许多人是多才多艺的“巨人”，个性强烈的创作者，建筑师大多身兼雕刻家和画家，建筑作为艺术综合，创造了很多新的经验；第五，建筑理论空前活跃，著作不少，不过大多祖述维特鲁威的《建筑十书》，把它当作最高的权威，多次出版，并且从拉丁文译成意大利文；第六，恢复了中断达千年之久的古典建筑风格，重新使用柱式作为建筑构图的基本因素和骨干，追求端庄、和谐、典雅、精致。本来，作为古罗马的中心，古典建筑因素，例如柱式，在中世纪的意大利并没有完全绝迹，例如比萨的主教堂建筑群，虽然是一组罗曼式建筑，但仍然有明显的古典因素。古罗马建筑的遗迹也随处可见。所以，古典建筑的复活比较容易。但是，正像人文学者用拉丁文写作脱离了民众，柱式建筑也同样脱离了民间建筑，失去了务实、自由、亲切的性格，而有一股冷峻的傲气。中世纪晚期的市民分化为中产阶级和平民，文化也跟着分化了；第七，最有意义的一点是，许多建筑师是新的思想文化潮流的代表，他们在维护自己的独立人格和自由意志的时候，也就实现了时代的历史任务。他们的作品，成了历史的里程碑。

15世纪起，各个领地的统治者和属下的一些城市，财富充盈，纷纷大兴土木，兴建教堂、广场、府邸和各种公共建筑，使中世纪以来久已颓败甚至近乎荒废的城市，包括罗马，重新容光焕发。

意大利文艺复兴建筑的历史，是从佛罗伦萨主教堂的穹顶开始的。它的设计和建造过程，技术成就和艺术特色，都体现着新时代的进取精神。中世纪之末，佛罗伦萨工商各业的行会从贵族手中夺取了政权之后，委托冈比奥（Arnolfo di Cambio）设计主教堂，作为共和政体的纪念碑。为它选定的地点是个垃圾场。1298年的委托书上写道："您将建造的大厦，其宏伟和壮丽，是人类艺术不可能再超过的了。您要把它造得无愧于这个总合了团结一致的公民精神的极其伟大的心愿……从而使现在破败不堪难以入目的场所成为游人向往之地。"冈比奥所做的设计很有创造性，平面大体还是拉丁十字式的，但东部却是一个以歌坛为中心集中式的形体。歌坛是八边形的，最大直径42.2米，比古罗马的万神庙只小了不到1米。但是，主教堂大部分建造完毕之后，这个八边形空间的顶盖却造不起来，它不但直径大，而且墙高已经达到50米，工程极其困难。

耽搁了几十年之后，15世纪初，伯鲁乃列斯基着手研究这个顶盖。瓦萨里（Giorgio Vasari，1511—1574）在《意大利画家雕刻家和建筑家传记》里说："当人间已经这么久没有一个能工巧匠和非凡天才之后，菲利波（即伯鲁乃列斯基）注定要给世界留下最伟大和最崇高的建筑，超迈古今，这是天意。"伯鲁乃列斯基到罗马城逗留几年，像人文主义者那样，精心向古罗马建筑遗迹学习，尤其是拱券和穹顶的做法。他自己做了一个设计十分周到的模型，并且考虑到施工的一切细节。他采用的是一个尖矢形的穹顶，上面开采光口，口上罩一个亭子。1417年，主教和羊毛公会召开了一个由教长、公会理事、市民代表、艺术家和建筑师参加的大会，讨论提出的各种方案。建筑师不但有意大利的，还有法国、德国、英国和西班牙的，他们在辩论中都败于伯鲁乃列斯基。他们要求菲利波详细地介绍他的设计，拿出他的模型来。他拒绝，并提议大家试着在光滑的大理石板上竖起一枚鸡蛋来，谁成功了，谁就承造这座顶盖。所有的大师都失败了，瓦萨里记载：伯鲁乃列斯基"轻轻拿起鸡蛋，在大理石上磕破了一点，就把它竖立了起来。人们全都大叫起来，说，谁不会这样做呀！菲利波笑着回答，如果你们看了我的模型和设计，也会说：谁不会这样造穹顶呀！"于是，主教和羊毛公会最终委托他造这个穹顶。

穹顶于1420年动工兴建，克服了种种难以想象的困难和嫉妒者的阻挠。1431年封顶，接着造最上面的采光亭。亭子还没有完工，1446年，伯鲁乃列斯基就逝世了。瓦萨里说："在创作了这么多作品的辛劳的一生之后，他理应获得世界上不朽的声名和天国里安息的处所。他的去世，引起了全国极大的悲痛；他死后，国人对他的认识和评价更胜于他的生时。他们以隆重的葬仪将菲利波葬在圣玛利亚主教堂（即佛罗伦萨主教堂）里……在讲道坛之下，对着大门。"墓碑上称他"天资独厚，品行高洁"，碑文后又加上两行字："菲利波·伯鲁乃列斯基，振兴古典建筑之巨匠。佛罗伦萨元老院暨公民勒石记功，以彰其德。"

不过，虽然伯鲁乃列斯基深入研究过古罗马建筑，而且被称颂为克服了“不成体统”的哥特式建筑而复兴了古典传统，佛罗伦萨建造主教堂穹顶其实却是哥特式的。穹顶呈尖矢形而不是半圆，本身高40.5米，大于半径将近一倍。伯鲁乃列斯基自己只说是为了减小穹顶的侧推力，其实，更重要的显然是为了创造一个崭新的建筑形象。他借鉴了拜占庭的经验，在穹顶之下加了一段高达12米的鼓座，虽然这有违他的初衷，很不利于抵抗侧推力，却能把穹顶举得更高。古罗马的大师们建造过不少穹顶，有的很大，形成十分宏伟的内部空间，但是，他们一直没有能塑造出穹顶有表现力的外部形象。或许是因为技术原因，或许是因为还没有发现穹顶外部造型的潜在可能性，古罗马的穹顶外观都显得扁平，而拜占庭的集中式教堂和后来的伊斯兰清真寺这时候已经用鼓座把穹顶托举出来，而且外廓渐趋饱满。影响之下，伯鲁乃列斯基为穹顶的表现做了探索，他在穹顶下加了一段鼓座，又采用哥特式的尖矢形把穹顶向上拉高。他获得了饱满的、充盈着张力的穹顶，成了主教堂构图的中心，高高耸向天际。这是个崭新的富有纪念碑气质的形象。

佛罗伦萨主教堂穹顶的结构也是哥特式的，就是说，伯鲁乃列斯基把它分解为承重的和被承重的两部分。他用白色石料在八个角上砌筑了肋架券，在顶上用一个八边形的环收束，留下一个采光口。又在每一边各砌了两个断面稍稍小一点的券。在相邻两个券之间各砌九道平券，把它们联结成整体。在这副肋架券的框架之间，砌筑了“蹼”，下部用石头，上部用砖头，表面则全部用红砖覆盖。它们不承重，把重量都压在券上。这个结构不但减轻了穹顶的重量，而且简化了穹顶和八边形的歌坛之间的连接过渡。八个大肋架券裸露在蹼外，在视觉上加强了穹顶的整体性和力量，同时也把穹顶和它的采光亭跟鼓座等教堂下部形体联系起来，构图严谨得多了。穹顶分里外两层，它们之间的空隙里设踏阶，一直通到采光亭。亭子是白石的，高约21米。

哥特式的肋架券框架体系结构在意大利本来不流行。和佛罗伦萨建造主教堂穹顶同时，米兰正在建造意大利最大的哥特式主教堂，它于

1386年兴工，伯鲁乃列斯基从1402年开始考虑他的穹顶的结构，他对哥特式拱券结构显然很熟悉，可能参考过米兰主教堂。

佛罗伦萨主教堂的穹顶不但在造型上和结构上有大幅度的创新，而且也突破了教会的禁忌。在它之前，西欧天主教会不允许教堂采用集中式形制，因为罗马帝国晚年的初期基督教堂都是简单的巴西利卡式的，衰敝的中世纪不会建造用穹顶覆盖的大容量的集中式建筑，而拜占庭东正教教堂用穹顶覆盖的集中式形制却被伊斯兰礼拜堂沿用，西方天主教会因此便认为这种形制是异教徒的。文艺复兴初期，通过长期密切的贸易交往，意大利人对阿拉伯和埃及等东方国家的文化由习见而宽容，加上宗教教条的松动，才突破了这种禁忌。使用穹顶因此又是人文主义的一种胜利。

佛罗伦萨主教堂八边形穹顶对角直径42.2米，仅次于古罗马的万神庙，亭子尖端标高118米，高踞于全城之上，超过古罗马的任何一座建筑物，工程之雄伟，使瓦萨里禁不住赞叹："古人从未造过如此高的建筑物，或如这个建筑物甘冒如此大的风险去与天公比高。它竟像佛罗伦萨周围的山峰，耸入云霄。确实可以说，上帝也被它惹恼了，以致它屡次遭到雷电轰击。"一个世纪以后，米开朗琪罗设计罗马圣彼得大教堂穹顶的时候，有人对他说，他有机会胜过伯鲁乃列斯基了，他回答："我会造一个相仿的圆顶，比他的大，却不可能比他的美。"（见J. Fattorusso，*Wonders of Italy*，Florence，1930）

伯鲁乃列斯基还设计过其他不少建筑物，大多风格雅秀，更严谨地使用古典柱式，可以说他是复兴古典建筑的第一人。不过他所做的构图仍然屡出新意而不拘泥于规范，结构则常采用拜占庭的帆拱支承穹顶。广采博收而又锐意创新，这便是文艺复兴"巨人"的性格。

意大利文艺复兴盛期和晚期以教皇国的首都罗马为中心。这时候，土耳其灭亡了拜占庭，意大利的东方商贸被切断了。新航路与新大陆的开辟，使地中海的经济地位大大下降。已经形成了中央集权的民族国家的法国和西班牙，又在四分五裂的意大利领土上开战。于是，意大利中部和北部的城市遭到蹂躏，大大衰落了，百业凋敝，人口减少了将近一半。相反，教皇领地比较安定，教会从大半个欧洲向信徒收取贡赋而十分富足。因此，意大利各城市的学者、艺术家和建筑师便纷纷向罗马集中，教皇尼古拉五世（Nicholas V，1447—1455在位）及时向他们伸出双臂，以后的几位教皇继承他的政策，造成了罗马人文主义文化的空前高涨。这时候的教皇，企图趁机像世俗君主一样统一意大利，屡屡投入到战争中去。尤里乌斯二世（Julius II，1503—1513在位）就是一位马上教皇，亲自冲锋陷阵。他请米开朗琪罗画像的时候说，“我是战士，不是学者”，因而左手不按传统方式拿书，而是握了一柄剑。外敌当前，百姓也只好把祖国统一的希望寄托在教皇身上，并且在他们心里弥漫起对古罗马帝国强大昌盛的回忆。于是，爱好古典文化就和复兴祖国的愿望结合起来。历任教皇致力于重建罗马城，产生了追求古罗马式的雄伟、宏大、纪念碑式风格的潮流。尼古拉五世说：应该使“崇高的名字与崇高的建筑相配称”。建设轰轰烈烈，罗马城很快充满了富丽堂皇的教廷贵族府邸，到尤里乌斯二世的时候，新辟的街道已经有几百条之多。庞大的梵蒂冈教皇宫也在这时候基本完成。

尤里乌斯二世兴建的新圣彼得大教堂是文艺复兴时期最伟大的建筑纪念碑。

使徒彼得是耶稣基督的大弟子，他殉教之后，埋葬在罗马城北的梵蒂冈（Vatican）小山上。公元326年，君士坦丁皇帝在他的墓上造了个巴西利卡式的教堂以资纪念。教皇被教会认为是圣彼得的嫡传，因此这教堂就成了天主教世界的最高教堂。自查理曼大帝（Charlemagn，768—814在位）以后，许多帝王和许多教皇都在圣彼得大教堂加冕。但是巴西利卡式的建筑水平展开，不容易获得雄伟庄严而又集中完整的外部形象，这对教皇统一基督教世界的宏图不很合适。于是，1505年，尤里乌斯二世决定拆毁旧的大教堂，建造一个全新的，并希望把米开朗琪罗正在制作的他的陵墓放在新教堂中央。他说：“我要用不朽的教堂来覆盖我的陵墓。”不过后来他改变了主意，停止制作他的陵墓，而仍然只把圣彼得的坟墓放在中央。这或许是因为他在战场上既有胜利，也有失败，他担心把自己的陵墓放在教堂中央，说不定有朝一日会遭到羞辱。

经过一轮设计竞赛，选中了从米兰来的伯拉孟特的方案，1506年动工兴建。相传伯拉孟特在一篇文章里写道："我要把罗马的万神庙举起来，搁到和平庙的拱顶上去。”和平庙又叫君士坦丁巴西利卡，在罗马城中央，形制与卡拉卡拉浴场的温水浴大厅相仿而规模更大，拱顶跨度25.3米，高40米，非常雄伟。

伯拉孟特设计的圣彼得大教堂是希腊十字式的，四臂比较长，但在每个角上填充相似的十字形空间后，平面外形是方的，四个立面完全相同。中央穹顶举起，下面设鼓座，鼓座周围环一圈柱廊。伯拉孟特是第一个真正复兴古典建筑语言的人，他设计的这个方案，使用的是严谨的规范化了的柱式。

这样的教堂形制，它的核心是希腊十字的，在拜占庭、叙利亚甚至俄罗斯都已经流行。达・芬奇在米兰时的1488—1497年间手稿里画过一些很草的示意图，伯拉孟特在米兰曾和达・芬奇交往，或许他们曾经讨论过这种教堂的形制。他到罗马后的第一个作品叫坦比哀多（Tempietto, 1499—1502），造在一座小山坡上的教堂院落里，传说圣彼得受刑钉上十字架的地方。这座建筑物不大，却因创造了集中式建筑的全新构图，影响深远。它的平面是圆形的，圆柱形的圣堂连穹顶高14.70米，四周绕一圈纯正的古典柱式柱廊，16棵多立克式柱子高3.6米，檐口上沿设花栏杆。圣堂上部挺出在柱廊之上，形成穹顶的鼓座。穹顶饱满有力，以一个精致的十字架结束。这是一个双层构图，体积感很强，形体变化很丰富。伯拉孟特所做新的圣彼得大教堂的设计方案的穹顶就大体像这座坦比哀多，不过比较扁平而不挺拔，也不饱满。或许是因为它太大了，伯拉孟特有点胆怯。

1511年，按伯拉孟特的方案建成了连接中央四个大墩子的发券。1513年，教皇尤里乌斯二世去世，次年伯拉孟特去世，工程便耽搁了下

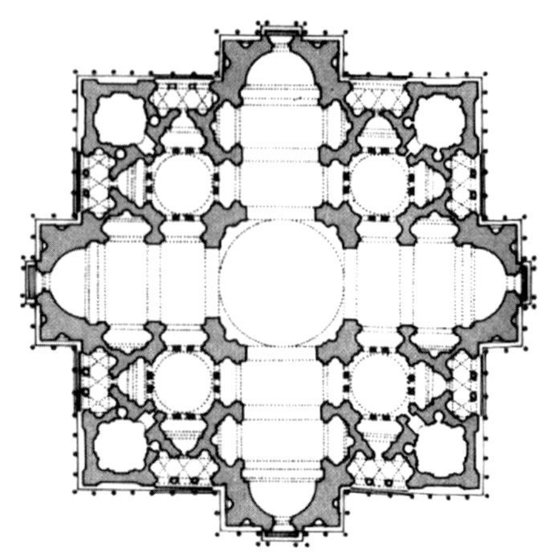

伯拉孟特设计的希腊十字式的圣彼得大教堂平面

来。从此以后，圣彼得大教堂的设计和建造经过几次曲折反复，反映着文艺复兴运动的进步势力和渐渐又抬头的反动势力的较量。

新教皇利奥十世（Leo X，1513—1521在位）任命大画家拉斐尔继续主持工程，但要求他在伯拉孟特的方案前加一个巴西利卡式大厅，变大教堂为拉丁十字式的，借口是要把君士坦丁皇帝造的旧教堂全部包容进来。大教堂采用希腊十字还是拉丁十字，实际是人文主义者和日趋反动的教会的斗争。教皇尤里乌斯二世和伯拉孟特把圣彼得大教堂当作历史纪念碑来设计，所以采用了希腊十字的集中式造型。这种造型雄伟、简洁、整体感强，有向上动势而显得崇高，很适合于纪念性建筑。虽然集中式建筑很不便于基督教仪式，圣坛和信徒没有恰当的位置，然而尤里乌斯二世和伯拉孟特仍然偏爱集中式。而拉丁十字式是中世纪教堂的传统，是正宗的教堂形制，虽然它只有立面构图而体积构图松散，缺乏宏伟的纪念性，利奥十世仍然要把大教堂改回去。促使利奥十世回归中世纪的，是1517年在德国爆发了进步的宗教改革运动，这运动的导火线正是教廷为敛集建造圣彼得大教堂的钱而发售荒唐的“赎罪券”。为了扑灭这场运动，教会大肆镇压，并且疯狂地倡导恢复中世纪虔诚的信仰。中世纪是天主教的黄金时期。拉斐尔遵命修改了圣彼得大教堂的设计，在原方案前加了120米长的巴西利卡。1527年，西班牙军队一度占领罗马。西班牙的封建贵族在当时是最反动的，他们勾结教会，残酷迫害新思想和新文化，迫害人文主义学者和科学家，开始了一个天主教的“反改革”时期。在这种形势下，继拉斐尔之后的两位建筑师，虽然或者打算恢复希腊十字，或者打算削弱巴西利卡大厅，都没有成功。1545—1563年教会的特仑特（Trent）会议全面肯定了旧天主教的教条，它决议，天主教堂必须是拉丁十字式的。

但是，进步势力还没有完全失败，还在继续斗争。1547年，教皇保罗三世（Paul III，1534—1549在位）委任已经72岁高龄的米开朗琪罗主持圣彼得大教堂的工程。凭着高年盛誉，他得到教皇的允诺（取得“白券”），有全权决定方案，如果他认为有必要的话，可以改变甚至拆除已经建成的部分。米开朗琪罗抱着“要使古代希腊和罗马建筑黯然失色”的雄心壮志着手工作。他首先基本上恢复伯拉孟特的方案，他亲自写道：“没有人能够否认，伯拉孟特作为建筑师不逊于任何古人。他奠定了圣彼得大教堂的最初方案，纹丝不乱，清爽明晰，光线充足。……它很美好。”清爽明晰，光线充足，而且美好，这正是人文主义者对教堂的要求，而正趋反动的教会所要求的巴西利卡式教堂却是光线幽暗，恍惚迷离，以利于氤氲神秘的宗教气息。

米开朗琪罗加强了原方案里中央支承穹顶的四座柱墩，简化了四角空间，使内部空间更流畅简洁。他在大教堂正面设计了一个九开间的柱廊，比原方案壮观。他汲取了坦比哀多的构思，给大教堂穹顶做了一个模型。这模型的鼓座远比伯拉孟特原设计的高，穹顶也向上拔高而且轮廓浑圆饱满。原设计中，穹顶在整个构图里的统率作用不强，而在这模型中却有力地统率着整体。鼓座四周一圈双柱，檐部是断折的，加强了垂直线，正和上面的肋衔接。肋又架起最上方的采光亭，使穹顶、采光亭和鼓座牢牢地连结成一体。这个构思多少有伯鲁乃列斯基的佛罗伦萨主教堂的影响。1564年米开朗琪罗逝世之后，穹顶由另外两位建筑师大体按这个模型于1590年建成。它是世界最美的大穹顶之一。意大利人至今热爱它，以它为民族的光荣。

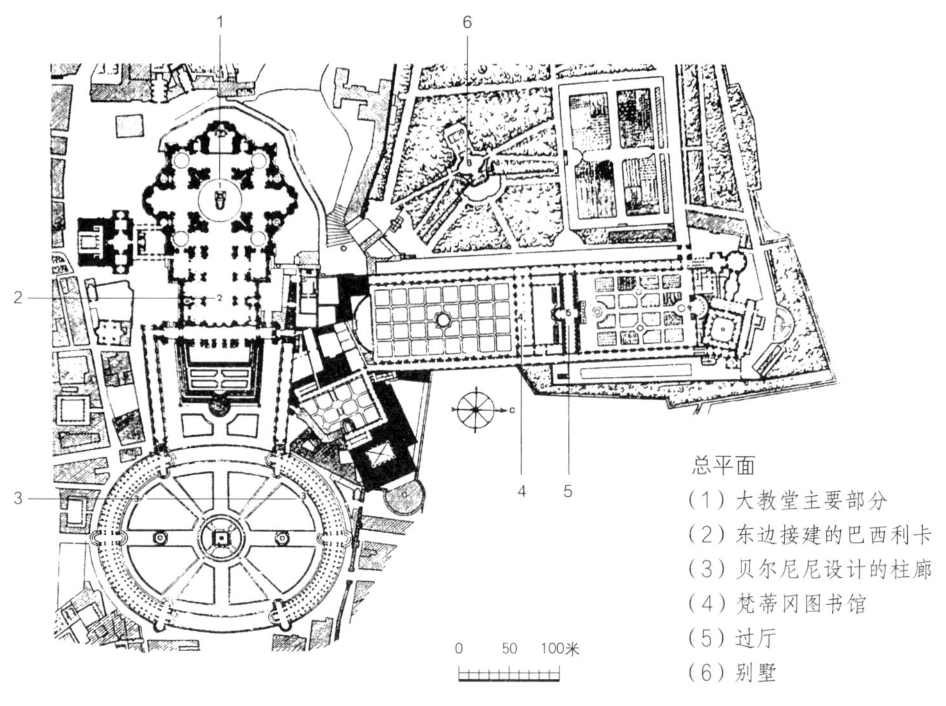

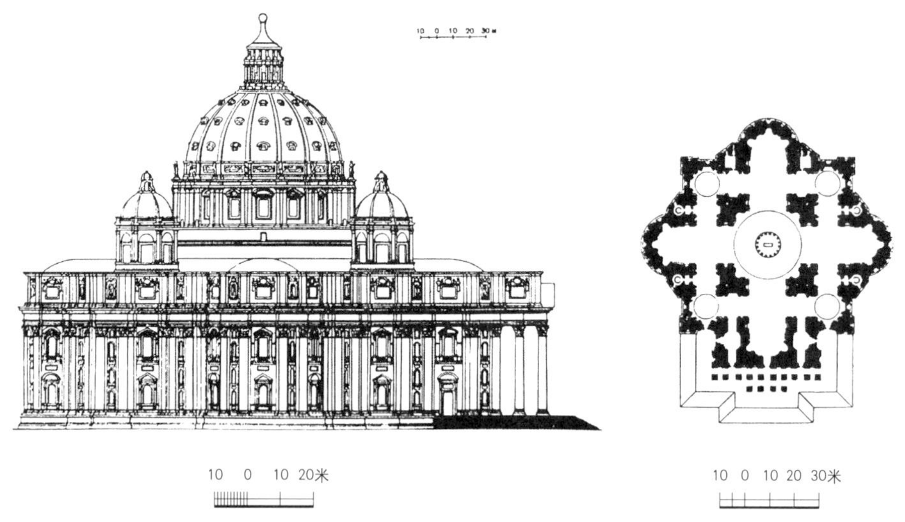

米开朗琪罗设计的大教堂侧立面

米开朗琪罗设计的平面

完成后的罗马圣彼得大教堂和梵蒂冈

大穹顶直径41.9米，仅次于万神庙和佛罗伦萨主教堂。内部顶点高123.4米，几乎是万神庙的三倍。希腊十字的两臂，拱顶跨度27.5米，高46.2米，都超过古罗马的和平庙，而通长140多米，则远远超出和平庙。穹顶上采光亭上十字架尖端高达137.8米，是罗马全城的制高点，当时在欧洲只有法国斯特拉斯堡主教堂塔尖（12世纪末—15世纪末）高142米，德国乌尔姆主教堂（1337—16世纪）的塔尖高161米，略胜于它。那两个主教堂都是哥特式的。伯拉孟特当年要把万神庙搁到和平庙上面去的豪情，经过许多建筑师将近90年的努力，终于完成了。

但是，由于反宗教改革势力在欧洲十分猖狂，1605年，教皇保罗五世（1605—1621在位）下令拆掉正在建造的教堂正面，任命另一位建筑师马代尔诺（Carlo Maderno，1556—1629）在大教堂的希腊十字式之前又加接了一段三跨的巴西利卡大厅（1606—1612），终于使大教堂成为拉丁十字式的了。这位建筑师重新设计了正面，高51米，柱子高27.6米。于是圣彼得大教堂体形的统一性被破坏了，而且从前方一个相当长的距离内不能看到完整的穹顶和它的鼓座，大大削弱了大教堂的艺术表现力。不过，由伯拉孟特和米开朗琪罗决定的大教堂东半部，它的穹顶所展示的集中式构图，毕竟起着主导作用，无论在外部还是内部，这已经不是一段巴西利卡所能完全改变的了。即使这段巴西利卡本身，也受到东部的控制，空间不得不与东部连贯，规模和尺度不得不与东部谐调。因为它采用拱顶和大柱墩，所以没有早期巴西利卡式教堂内部那样强的趋奔祭坛的向心力，反而成了穹顶下空间必要的前奏。内部空间无比的高大宏敞也大大削减了神秘性。因此，尽管遭到损伤，圣彼得大教堂仍然是文艺复兴时代伟大的创造力量的纪念碑。

除了圣彼得大教堂，米开朗琪罗还设计过不少小型的建筑。他的建筑创作和他的雕刻一样，夸张动态力量，突出体积感，强化光影的变化，构图有不少创造。为了表现一种情绪，往往不顾结构逻辑，突破柱式规则。例如，把强有力的柱子嵌进墙里，下面立在涡卷上，上面的檐部断折却又突然截止。他在很大程度上把建筑当雕刻来造型。

伯鲁乃列斯基和米开朗琪罗都是典型的文艺复兴时代多才多艺的、意志坚强的、热情澎湃的“巨人”。伯鲁乃列斯基出身于行会工匠，是金银首饰匠、雕刻家、建筑家、机械师、画家、工艺家，在数学上有成就，创立了科学的透视学。米开朗琪罗也出身工匠，是诗人、雕刻家、画家、建筑家、军事工程师。他们的建筑作品都具有强烈的个性。伯鲁乃列斯基的作品清秀、轻巧，工于二维的构思；米开朗琪罗的作品雄浑、刚强，工于三维的构思。有人批评伯鲁乃列斯基过分拘泥于严谨的古典柱式的规则，导向了复古；有人批评米开朗琪罗脱离了古典柱式的规则，导向了以后巴洛克风格的放纵。其实，一个在15世纪初期，克服了中世纪建筑的工匠习气，顺应人文主义潮流，向古典建筑学习，这是勇敢的创新；一个在16世纪，突破了学院式古典建筑的清规戒律，独辟蹊径，也是勇敢的创新。时代不同，两人的历史任务不同，创新的具体内容和方向也就不同。

第九讲　畸形的珍珠

17世纪在西欧的文化史上是个十分重要的时期。以树立人的尊严、解放人的心智、确信人的价值和能力为基本内容的文艺复兴运动结束了，两股新的文化潮流代之而兴，一股是巴洛克，一股是古典主义。

巴洛克是天主教反宗教改革运动的文化，发轫于意大利罗马，主要服务于教皇和教廷贵族，后来传播到天主教国家，如西班牙、奥地利和德意志南部。古典主义是统一的民族国家的宫廷文化，发轫于法国，主要服务于国王和宫廷贵族，后来传播到新教国家，如英国、尼德兰和德意志北部。巴洛克建筑艺术的主题和题材多是宗教性的，古典主义则多世俗的和古代异教的题材，用来颂扬君主。巴洛克的代表作是天主教堂，而古典主义的代表作是宫殿。

巴洛克文学和艺术是反理性的，力求突破既有的规则；古典主义文学和艺术高扬理性，企图建立更严谨的规则。巴洛克艺术强调动态和不安，追求个性，不免做作；古典主义则强调平稳和沉静，追求客观性，不免教条化。巴洛克的艺术重视色彩，喜欢用对比色，认为色比形更重要；古典主义的则重视构图和形体，认为形比色更有价值，喜欢用调和色。巴洛克艺术追求绘画、雕刻和建筑的融合，消泯它们的边界；而古典主义则三者各自独立完成，虽然讲究它们的和谐，但建筑只是绘画和雕刻的框架。巴洛克艺术表现空间和体积，不惜用虚假的手段，古典主义则拘谨地写实。当时意大利诗人马里诺（G. B. Marino，1569—1625）说："引起惊讶，这是诗在世间的任务，谁要不能使人吃惊，就只好去当马夫。"巴洛克建筑师也力求自己的作品引起人们的惊讶。

但巴洛克和古典主义仍旧互相渗透。例如，在建筑中，巴洛克教堂虽然力求变化，还喜欢使用严谨的柱式；古典主义建筑中，也常常使用巴洛克式的变化。以致有相当多的艺术史家，把古典主义也归属到巴洛克之中。但它们的文化内涵其实是很不相同的。

巴洛克和古典主义建筑最初都发生于意大利文艺复兴晚期。巴洛克由"手法主义"演变而来，也标榜古罗马建筑的一些活泼的变体；手法主义的宗师是米开朗琪罗，它希望有所突破，有所创新，不惜矫揉造作，例如使用麻花式的柱子或者使龙门石从它应该的结构位置上向下滑移。古典主义从学院派演变而来，学院派的宗师是帕拉第奥，它拘泥于古希腊和古罗马的典范，并且醉心于制订规范。手法主义和学院派都是艺术达到十分辉煌之后的产物，后人在前辈的伟大成就笼罩之下，不是去奴性地模仿，就得冒风险跳出窠臼。当创造新风格的客观物质条件不具备又没有新的思想内容的时候，就会只在形式上徘徊。不是出奇制胜，就是僵化。但到了17世纪，它们都有了新的历史内容。

巴洛克的建筑和艺术非常复杂。它发生在文艺复兴这个伟大社会变革之后的天主教教会反动时期。天主教教会的反动好像是对着宗教改革的，其实却是对着文艺复兴的人本主义的。甚至新教改革家也仍旧高扬神权主义的信仰。1519年，路德（M. Luther，1483—1546）与神学博士辩论，反对以教皇和教会的意见判断是非，但主张是非的绝对标准只有《圣经》。而对《圣经》的解释，不决定于教皇和教会，却是靠人心中的上帝之灵。另一位改革家加尔文（J. Calvin，1509—1564）在1536年发表的《基督教原理》里说，人的最高知识是认识上帝，人最重要的本分，是遵照上帝的旨意行事。人不可能依靠自己而得救，惟有仰赖上帝的恩典。所以，在西欧各国，旧教徒和新教徒发生过连绵不断的混乱战争，但都是为了世俗的政治和经济利益，并不真是为了宗教教条。受世俗利益左右，君主和贵族们屡屡改宗，而且对待新教徒的政策法令也屡屡反复。

直接触发天主教会反改革运动的当然是宗教改革运动。由于教廷的腐败，改革的呼声在中世纪晚期已经此起彼伏，到了16世纪上半叶，路德和加尔文登场，大大动摇了教廷的不可侵犯的权威。教廷在发动全面反击的时候，猛然醒悟，原来一百多年来教皇们标榜人文主义，是挖了自己的墙脚。于是，在西班牙贵族罗耀拉（Ignatius de Loyola，1491—1556）严密组织的耶稣会（1540立）的支持下，于1542年仿西班牙在罗马设立宗教裁判所，大肆镇压一切进步思想，手段极其残酷野蛮，火刑柱到处可见，1600年烧死了布鲁诺（G. Bruno，1548—1600）。1545年至1563年，在特仑特召开的宗教大会，全面重申了天主教的全部教义，向中世纪回归。

于是，紧接着要做的便是用建筑和艺术来荣耀天主教的首都罗马，用来宣告天主教信仰的胜利。1527年，西班牙雇佣军占领过罗马，烧杀抢掠，罗马遭到很大的破坏，造成了对建筑的需要和机会。从16世纪下半叶起，被耶稣会控制的教廷着手重建罗马城，这时候，西班牙已成为航海强国，并且大肆掠夺美洲殖民地，教廷由于收取西班牙的大量贡赋而空前富有。相反，由于新大陆的发现和新航路的开辟，由于土耳其在东地中海的阻隔，早在文艺复兴的盛期和晚期，意大利其他各城市的经济就一落千丈，中产阶级纷纷把资金用来购买土地，倒退为地主，人文主义因此失去了基础，城市建设也衰退了。从那时起，大批艺术家和建筑师不得不从各城市来到罗马，为荣耀罗马服务，也便是为教廷和教会贵族服务。17世纪，这种情况就更加强化了。罗马城的建设达到了很大的规模。造了大量的教堂和教会贵族的府邸，也开辟了许多道路和广场。

但是，经历了文艺复兴这样一场光辉的人性解放运动之后，人文主义的潮流仍然在涌动，16世纪末和17世纪又是自然科学获得很大进展的时期，人的眼界已经扩开，努力挣脱思想的枷锁，要完全恢复中世纪的信仰是根本不可能的了。而且，连教会本身，也已经不能固守教律，安贫乐道。他们在思想上没有解放，在道德上却解放了，成了世俗享受的最贪婪的追逐者，糜烂而放纵。他们在建筑和艺术中，以炫耀财富为美，以表现豪华奢侈的生活为美。罗马城的新建设趋向于豪奢富丽，许多广场都用喷泉和雕像装饰起来。教皇西克斯图斯五世（Sixtus V, 1585—1590在位）说："罗马不仅需要神佑，不仅需要神圣的和精神的力量，而且也需要美，美保证安逸和世俗的点缀。"另一方面，这时期的建筑师和艺术家，是在文艺复兴的大潮中培养出来的，他们既有很高的专业水平，也不乏人文主义的修养，他们热爱生活，勇于创新，对古典文化仍然抱着敬畏的态度。这时期的几本建筑学著作，更进一步把建筑柱式拟人化，甚至把整个建筑拟人化，足证有一些学者仍然保持了文艺复兴人文主义传统。

因此，巴洛克建筑的表情非常复杂，像一只玻璃球，折射出许多不同的色彩。历来对它的评价，褒贬之间，差异很大。巴洛克这个词源于葡萄牙语"Barocco"，意思是畸形的珍珠，它是畸形的，但它是珍珠。畸形的珍珠也光华夺目，它造就了欧洲建筑和艺术又一个高峰，一个世纪内，它创造了大量的新样式和新手法，影响一直达到俄罗斯和美洲。

建筑的一种样式和风格，要断然说清它起于什么时候，几乎是不可能的。巴洛克无疑源自手法主义，而手法主义者又说自己师法遥远的古罗马。不过，可以选定一个作品，作为一种时代风格的起点。16世纪末到17世纪初，早期的意大利巴洛克建筑的第一个代表作是罗马的耶稣教堂（Il Gesu，1568—1575），就是罗耀拉建立的耶稣会的祖堂。把它当作巴洛克建筑的起点，是因为把巴洛克定义为反宗教改革的产物。它的设计人是维尼奥拉和泡达（Giacomo della Porta，1539—1602）。耶稣教堂遵守特仑特会议的决议，平面采用了拉丁十字的巴西

罗马耶稣教堂正立面

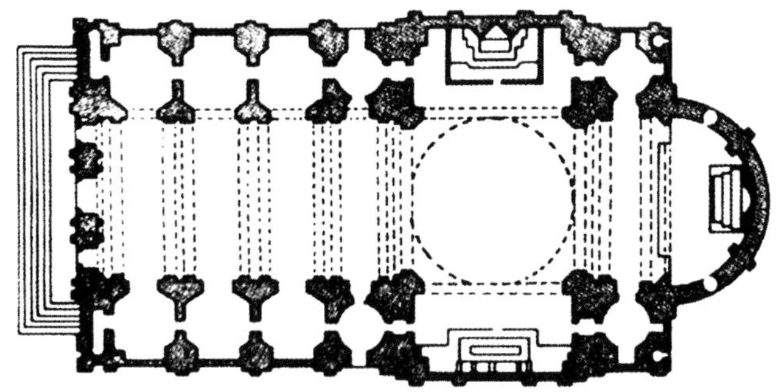

罗马耶稣教堂平面

利卡形制，因为这种形制是天主教极盛时期的中世纪教堂的形制，它有利于渲染浓重的宗教气氛。不过耶稣教堂的舷舱全部隔成了单间小礼拜堂，给权贵富豪们私家使用，在上帝面前人人平等的教义被丢开了。中舱加宽，参加弥撒的信众在任何一个位置都能没有阻碍地望到圣坛。在圣坛前，拉丁十字的交点上，造了一个不大的穹顶，从高窗进光，照亮了圣坛，更吸引了信众的心。圣坛上重新恢复了中世纪的情景，香烟缭绕，烛光摇曳，五彩缤纷，却又迷离恍惚，钉在十字架上的救世主耶稣基督若隐若现，教人想起自己的罪孽和诱发对神的感恩。后来耶稣会把这种形制作为模式，在各地普遍推广。1620年，伦敦出版过一本叫作《话说罗马》（*Discours of Rome*）的小册子，它说耶稣会教堂利用“一切可能的发明来捕捉人的虔信心和摧毁他们的理解力”。

耶稣教堂的正面也被耶稣会作为模式推广。它有三个重要的特点：其一，柱式的组合使用了双柱，就是把两棵柱子或壁柱紧紧并立在一起。这仅仅是为了造成节奏的不规范变化而没有结构逻辑的客观依据。其二，同样不顾结构逻辑，在大门上方把两个山花套叠在一起。一个三角形的，一个弧形的。样式很新奇，但却是反理性的，因为山花本来是双坡屋顶的侧面，套叠起来便毫无意义。其三，由于教堂中舱的山墙高于舷舱的山墙，在两者之间用一个来回反曲的涡卷作为过渡。它们只起构图上的联系作用，并没有实际的用途。

耶稣教堂内部拱顶天花上的彩画也是典型的巴洛克作品，广泛应用于各地的耶稣会教堂，不过它作于1674—1679年间，在教堂落成之后一百年光景。画的题目叫《耶稣圣名的胜利》，作者是高里（G. B. Gaulli，1639—1709）。它在拱顶中央画深远的天空，参参差差几群天使和圣徒以强烈的升腾态势向白云中飞去。画框周边画成建筑外檐的檐口和檐头栏杆，使天空显得更真实。还有许多天使和圣徒，从画框外扑向天空，把画框不断地打破。绘画运用了透视法，很准确地表现了空间关系，又运用了光影衬托，体积感表现得很有力，从大堂向上望去，朦胧中人物形象一个个像真的一样。因此，建筑、绘画和雕刻融合成了一体，彼此的界限消失了。

类似的耶稣会教堂中著名的还有献给罗耀拉本人的圣伊尼阿齐欧教堂（Sant’Ignazio，1626—？），设计人就是最后给圣彼得大教堂加上一段巴西利卡的马代尔诺。它中舱的天顶画的题目是《耶稣会的传教活动》（1685），作者波佐（Andrea Pozzo，1642—1709）。他把中舱左右的建筑用透视法画得向天空延伸，高高耸出几层，空间感和动势更加强烈，看去惊心动魄。原设计在拉丁十字的交点上有一个直径17米的穹顶，没有造起来，波佐使用精确的透视法，画了它的内部，在地面上标定的位置上看去，非常逼真。

建立在准确的几何方法之上的透视法在文艺复兴初期由伯鲁乃列斯基奠基。它发现了人判断空间中的物体远近的视觉原理，因为新，因为能制造幻觉，所以在巴洛克时期特别受到喜欢，建筑师和画家都爱利用它来虚假地扩大视野的容量。一时间，兴起了表现空间的热潮，手法多了起来，例如，为了在视觉上加强走道深远的感觉，梵蒂冈的入口特意造得一头宽，一头窄。雕像的安置常常既没有龛，也没有座，天使们到处自由飞翔。在龛里的，也多作要走出来的动态，这也是为了表现空间，突破内部空间的封闭性和有限性。

特仑特会议规定教堂建筑应该朴素，但巴洛克教堂却爱用色彩鲜艳的大理石，用金、银、铜和大量的绣花锦缎，用绘画和雕刻，用各种壁龛、壁柱、挑檐来装饰，这是当时教会以及教廷贵族的生活方式和爱好的反映。《圣经》说，上帝按他的形象创造了人，但事实是，人以自己的形象塑造上帝。17世纪的教会以为上帝和教廷贵族一样喜好豪华富丽，所以用豪华富丽来取悦他，荣耀他。

到17世纪中叶，意大利巴洛克建筑进入了盛期，这时期以两位杰出天才的创作为标志，他们是贝尔尼尼和普罗密尼（F. Borromini，1599—1667）。这时候，罗马教堂的数量早已超过了实际的需要，但是为了装饰城市，为了表示信仰的虔诚，为了庆祝天主教世界的繁荣，依然在罗马大量建造教区小教堂，它们其实是一种纪念碑或者一种城市装饰，不过教廷不采用异教徒的艺术形式如雕像、凯旋门、纪功柱而用教堂代替罢了。这些教区教堂规模都很小，往往只有一个不大的厅，拉丁十字的巴西利卡形制当然用不上了。因为它们旨在装饰和纪念，所以形式标新立异，变化多端，非常自由。它们是巴洛克精神最强烈的代表者。

教区小教堂最大胆、最新奇、最富有想象力的作品是罗马的四喷泉圣卡罗教堂（S. Carlo alle Quattro Fontane，1638—1667），设计人是普罗密尼。这教堂只有一个小小的大体呈椭圆形的厅堂，以长轴为纵轴。从内部看，两侧都有些深深的龛和波浪状曲面的凹凸进退，并不容易判明厅的几何形状。随着人的位置不同，空间不断地运动变化，动态强烈，觉得有难以捉摸的复杂。椭圆形穹顶的表面上密布几何形格子，天光从中央洒下，仿佛透明。格子越往上越小，夸张了高度。它四柱三间的正立面非常独特，也呈波浪形。立面分上下两层，上层檐口中央嵌着一个椭圆形的徽章，下层的檐口是完整的，正好把波浪形呈显得流动起来。但立面的柱式构图仍然井井有条，各部分在波浪中各得其所，柱子立在波谷和波峰之间，规规矩矩，毫无勉强的感觉，表现出极高的构图技巧。有人传说，普罗密尼在作设计的时候，爱用蜡做模型推敲造型，所以石头的建筑物竟好像是柔软的。柱子倚墙独立，体积感、雕塑感很强，充满了巨大的力量。在古罗马建筑中，倚墙的柱子多是扁平的壁柱，米开朗琪罗好用大半个柱身凸出于墙面的圆柱，巴洛克时期则用独立柱倚墙。所以巴洛克的建筑，即使是小型的，也都很雄健，并且由于光影的衬托，立面上的垂直线很突出。

离圣卡罗教堂不远，有贝尔尼尼设计的圣安德烈教堂（S. Andrea al Quirinale，1678），它也只有小小一个椭圆形的厅，但以短轴为纵轴，空间稍稍局促一点。内部光线明亮，变化少，穹顶上装饰的小天使雕像没有座子，没有框子，分散着，好像一直在自由飞翔。它的正立面很简洁，但比例严谨和谐，方和圆的对比、大和小的对比、明和暗的对比、虚和实的对比都很鲜明而主次清晰。对立着又呼应着，整体统一，丝毫不乱。一对大柱子和它们上面的山花控制着全局，使整个立面统一。

圣卡罗和圣安德烈教堂，立面构图很新颖，就每一棵柱子来看，从基座经柱身到檐部，都中规中矩，但它们的组合却出奇制胜。罗马的巴洛克教区小教堂大多如此。组合得更自由的有圣维桑佐和圣阿纳斯塔斯教堂（SS. Vincenzo e Anastasio，1646—1650）和巴斯的圣玛利亚教堂

罗马圣彼得大教堂广场图

（Santa Maria della Pace），前者竟把三棵柱子组合在一起，柱子纯粹被当作造型因素而完全不顾它的结构起源。不过，虽然是反理性的，立面构图却也紧凑和谐。贝尔尼尼说："一个不偶尔破坏规则的人，就永远不能超越它。"另一位巴洛克建筑师瓜里尼（Guarino Guarini，1624—1683）说："建筑应该修正古代的规则，并且创造新的规则。"这时期的杰出人物仍然以创新为念，个性很突出。

教区教堂圣玛利亚·德拉·维多利亚（S. Maria della Vittoria，1620）的大堂里，贝尔尼尼制作的考纳罗礼拜堂（Cornaro Chapel）是巴洛克的建筑、雕刻和绘画浑然一体的最完善的标本。圣女特雷莎（St. Theresa）的神龛建筑完全雕刻化了，两侧墙上以薄浮雕表现透视准确的阳台，施主考纳罗一家倚在栏杆后望着迷幻的特雷莎，好像要走过来。小小的礼拜堂，金光闪闪，色彩斑斓，无比瑰丽。

这些小教堂都只有一个不大的厅堂，但仍然不能算作集中式的，因为穹顶没有成为外表形象的中心，产生垂直轴线，把教堂统率起来。罗马纳沃纳广场（Piazza Navona）上的圣阿尼斯教堂（Sant'Agnesse）是集中式的，高耸的穹顶和辅佐它的一对钟塔一起，不但统率着教堂，也给广场一个构图中心。这教堂的正面是普罗密尼设计的（1653—1657）。

重视每座建筑在城市环境中的作用，是巴洛克时期的一个重要进步。教廷重视罗马城的城市面貌，修建广场、街道和喷泉等等，如今的罗马城的面貌大部分是这个时期里形成的。把单体建筑和城市联系起来的最大工程是圣彼得大教堂前面的柱廊（1657—1666），设计人是贝尔尼尼。

自从马代尔诺奉教皇谕旨在圣彼得大教堂前部加了一段三开间的巴西利卡之后，在大教堂前面近处就见不到雄伟的穹顶，大大降低了它的表现力。1586年，在大教堂前大约180米的地方竖了一座从埃及亚历山大港搬来的25.5米高的方尖碑（早在公元37年运来罗马，置于附近的尼禄角斗场），它标志了一个位置，从这里可以比较好地欣赏大教堂和它的穹顶。1614年，在方尖碑左右各造了一个喷泉，加强这个位置。教皇亚历山大七世（Alexander VII，1655—1667在位）时，委托贝尔尼尼设计并建造大教堂前广场。贝尔尼尼以喷泉和方尖碑的连线为长轴建造了一个椭圆形的广场，两端各造了弧形的大柱廊。这条长轴长198米，广场面积3.5公顷。柱廊宽17米，立四排多立克式柱子，一共284棵，另有88棵壁柱，檐头女儿墙上装饰着96尊圣徒和殉道者雕像。柱子粗壮而密集，层层如林木，光影变化剧烈，所以柱式虽然严谨，布局也简练，但艺术构思仍然是巴洛克式的。在柱廊与大教堂之间，左右有走廊连接，形成一个梯形广场。这广场有明显的坡度，教皇在大教堂门前台阶上为信众祝福，广场上的信众们可以把他看得一清二楚。

柱廊不但标志了比较好的观赏大教堂的位置，而且把大教堂正面的尺度衬托得比较容易认知。正面的高度大约50米，只有一层巨柱式。柱式柱子过大或过小的时候在做法上可以有一点调整，但调整幅度很小，因此要有适当的衬托才能判清柱子的真实大小，而大教堂立面上的部件，如窗子和门，都是超尺度的，它们反倒把正面比较得小了。贝尔尼尼的大柱廊在相当程度上改善了这个缺憾。

罗马圣彼得大教堂广场鸟瞰

德国德累斯顿的茨威格宫（陈瑾曦 摄）

大柱廊也把大教堂和环境紧密联系了起来，使教堂避免了孤立。贝尔尼尼说，这大柱廊像大教堂伸出来欢迎和拥抱朝觐者的双臂。这句话就透出文艺复兴巨人的人文精神来了。

意大利巴洛克建筑很快便传播到西班牙和德国南部，又从西班牙漂洋过海随移民传播到美洲，从德国传播到俄罗斯。

西班牙是耶稣会创立者罗耀拉的故乡，是旧天主教最坚决的捍卫者。那里的宗教裁判所和火刑柱最恐怖。在托尔克马达（Thomas Torquemada，1420—1498）主持下的一座宗教裁判所，18年内烧死了一万多人，逮捕入狱的有10万人。但当时西班牙又是最富裕的国家，它从美洲掠夺来源源不断的财富。中世纪后半它曾被伊斯兰教徒占领，流行过一种比较烦琐堆砌的建筑风格。西班牙人生性热情，感情表露得很强烈。因此，巴洛克建筑很容易被西班牙接受，而且发展得更加自由，更加花哨，更加没有节制，得名为超级巴洛克。德国在德意志神圣罗马帝国皇帝统治之下，也是旧天主教的堡垒，因此也具备了滋养巴洛克建筑的土壤。但是中欧在17世纪中叶经历了三十年战争（1618—1648年间，哈布斯堡皇朝与德意志诸侯的混战）的蹂躏，破坏很惨重，建设的高潮要到18世纪初才来临。正因为迟迟而至，所以它就和另一个18世纪上半叶起于法国的潮流洛可可（Rococo）聚会在一起了。巴洛克和洛可可合流的代表作是德累斯顿的茨威格宫（Zwinger，1713年。设计人Mathaes Daniel Poppelmann）。圣彼得堡的冬宫和彼得哥夫的皇宫则是俄罗斯巴洛克的代表。

第十讲　市民的客厅

1797年的一天，拿破仑以征服者的身份来到意大利的威尼斯。他从大运河乘两头高高翘起的小船，到圣马可广场登岸。走进广场，被瑰丽的建筑群感动了，禁不住情发于中，叹了一句："啊，这是全欧洲最美的客厅。"随着做了一个礼拜的动作。传记作家们对这个动作有不同的记述，最深沉的是，这位身经百战的军人竟脱下了军帽，深深地鞠躬。拿破仑这时候礼拜的不是硝烟掩蔽下尸体堆成的山和鲜血流成的河，使他弯下头颅的是精美的建筑、富足的城市和人民悠然自适的生活。此时此刻，灿烂的文化成就征服了百战百胜的将军。

拿破仑把圣马可广场叫作会客室，这是欧洲人对城市广场的昵称。古希腊时代，城邦里发达的公共生活就把人们吸引到广场上去，广场成了公民们重要的活动场所。这个传统在欧洲一直流传下来，尤其在气候温和、适于户外活动的意大利。在古罗马共和国时期，元老院叫作巴西利卡的多功能大厅、法庭、平准所、庙宇等，就麇集在罗马城中心的罗马努姆广场（Forum Romanum）上。进入帝国时期，好几任皇帝在罗马努姆广场旁边为自己建造纪念性广场，点缀着凯旋门和纪功柱，一个比一个壮观。中世纪时候，城市衰落，古代的广场上造了小房子，余下几处空地当了市场。到了文艺复兴时期，意大利的城市复苏，大大小小的广场和精美的建筑相伴而生，几乎每一座城市，市政厅（或大公爵

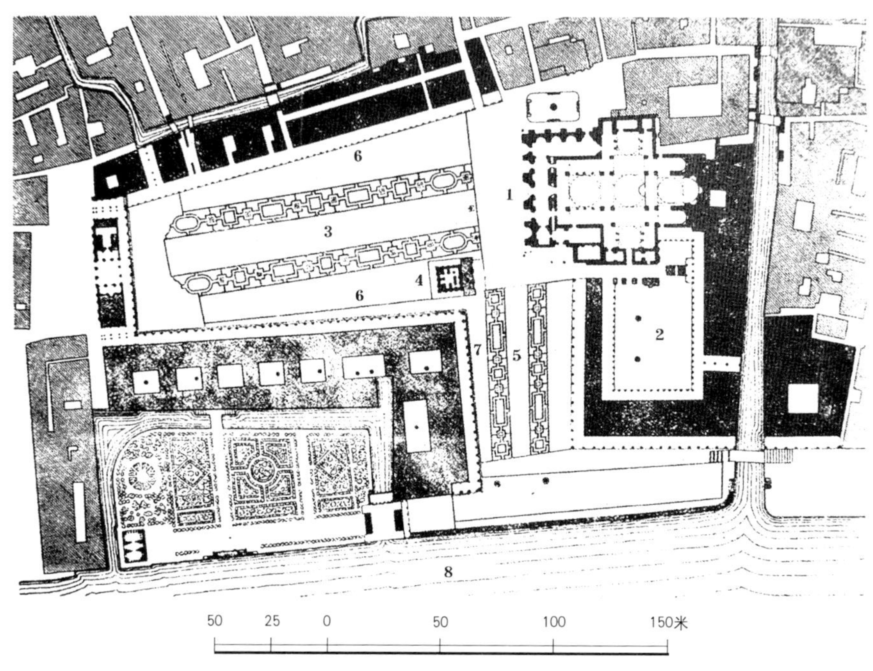

圣马可广场平面图

(1)圣马可主教堂 (2)总督府 (3)大广场 (4)钟塔

(5)小广场 (6)政府大厦 (7)图书馆 (8)大运河

府)、主教堂和市场大厦前面都有一个广场。

建筑给广场以主题和艺术焦点，广场给建筑以烘托和观赏角度，它们相得益彰。市政厅（或大公爵府）、主教堂和市场大厦往往相互毗邻，于是广场也就互相毗邻，而且以拱门或者短巷相互连接穿通，把城市的这三座政治、宗教和经济建筑物组织成一个整体，作为城市的公共中心，也就是市民们政治生活、宗教生活和经济生活的中心。造访的人多了，广场同时也就成了交谊中心，所以习惯于把广场叫作“客厅”。

市政厅前廊下是颁布政令、公告规定等等的场所，也是官员和市民发表政见的场所。教堂前面，每逢弥撒前后，市民们自然聚集一起，交流情谊。婚姻和生死也都在教堂的门前公布名单。每逢宗教节日，都要在广场上举行盛大的仪式。复活节，男孩穿着骑士装，女孩打扮成公主，像鲜花一样在广场上一朵朵盛开。市场大厦前的广场，又是另一种景象，小贩们从大厦漫溢出来，把五光十色的小摊子摆到广场里。一些经纪人逛来逛去，遇到对象，双方握住手，在袖筒里捏手指头谈交易。广场边缘，开着小小的店铺，除了日用品之外，也有精品店。店门口摆些咖啡座，总有人坐着闲聊，琥珀色的啤酒杯渐渐浅了，直到杯子完全透明了，闲坐的人们还不肯起身离去，他们要尽情享受这里温馨的空气。有些贵胄或者家底殷实的商人，往往坐在马车里会朋友，两辆车方向相反，车厢并肩靠在一起，谈起话来更没有拘束。广场里就这样终日上演着生活的各种场景，活跃而洋溢着浓重的人情味。广场是欧洲城市里最人性化的公共空间。因此，它们也自然成了建筑师创作的重要课题。广场和它们的主题建筑，往往是城市的标志性景观，它们各各不同，千变万化，赋予城市以鲜明的个性。

威尼斯的圣马可广场不仅是欧洲最美的，在世界上也算得上是最美的。威尼斯在意大利的东北角，亚德里亚海的尽头。它建立在一群离大陆大约4公里的118个岛屿上，最初的居民传说是西罗马帝国灭亡之后，由一只口衔十字架的鸽子引导来避难的。他们开辟洪莽，于公元811年建立了威尼斯共和国。823年，从埃及的亚历山大港迎来了使徒圣马可的骸骨，从此奉他为威尼斯的保护圣者。9世纪到13世纪渐渐强盛起来，积极参加过十字军东征，得到许多商业上的利益，同包括中国在内的亚洲国家进行经济和文化交流。到15世纪，威尼斯国力达于极盛，控制了地中海的大部分贸易，在陆地上也把意大利北方许多城市国家征服，并入了自己的版图，甚至把疆域扩大到莫里亚（Morea，在伯罗奔尼撒）、坎地亚（Candia，在克里特岛）和塞浦路斯（Cyprus）三个王国。一本著名的导游书开篇就说：“海天之间一座迷人的城，像维纳斯出波浪而生。”这座城就是威尼斯。威尼斯共和国支持教皇亚历山大三世（Pope Alexander III，1159—1181在位）与神圣罗马帝国的斗争，1173年，教皇赠送给共和国总督一枚戒指，象征“对海洋的统治”。从

从小广场望大广场钟楼

此，每年基督升天日，威尼斯都要举行一个盛大的仪式，总督穿上金丝袍子，登上他的金色大船，驶向海上，丢一枚戒指进海，说："海，吾邦娶汝为妻，以昭示吾邦对汝永恒之统治。"威尼斯统治地中海数百年，直到1797年拿破仑占领了它，烧掉了那艘象征海上霸权的金色大船，并且宣称："余将任威尼斯之大酋长。"

威尼斯地处欧洲和拜占庭以及伊斯兰国家之间，海上交通发达，有大量东方商人来到威尼斯居住，成了东西方文化交流的枢纽。它的建筑，也融合了西方的罗曼式、哥特式风格和东方的拜占庭、阿拉伯风格。圣马可广场上的主要建筑物，总督宫和圣马可主教堂，便是东西方建筑融合的典型代表。

威尼斯的岛屿是软泥和沙砾淤成的，只有大运河东端入海口北岸一块硬地，圣马可广场就位于这块硬地上。它其实包含两个相连的广场，一个小广场，在总督宫（Doge's Palace，13—17世纪）前面，一个大广场，在主教堂（St. Marco，始建于832）前面。穿过主教堂北侧钟楼下

圣马可广场建筑群南面远景：大钟楼及总督宫

的拱门，便是热闹的商业街道。主教堂和总督宫一个在北，一个在南，各在广场东缘，比肩挨着，主教堂稍稍向前一点。这样的布局或许会呆板，但圣马可广场并不呆板，因为两部分性格大不相同：大广场东西长而南北狭，小广场南北长而东西狭。小广场的北端接在大广场的东南角上，这个豁口两边，一边是主教堂的前廊，一边是一座99米高的红砖大钟塔和它底层华丽的敞廊。它们与大、小广场的一角构成很丰富的画面，充满了形体、色彩和艺术特色的对比：大广场东西长175米，东端宽81米，西端宽56米，是完全封闭的，南北两边对立着政府大厦清一色的柱廊，西端则是拿破仑造的一小段柱廊和洞门。小广场小得多，西侧是图书馆，南端完全开放，展开吞吐海天的广阔图景。这一面点缀着两棵花岗石柱子，东边一棵上立着圣马可的表征，一头有翅膀的狮子，西边一棵上立着圣狄奥多尔像（St. Theodore），他是保护威尼斯的圣徒。柱子和两尊雕像都是从君士坦丁堡搬来的。它们使寥廓的水景又多了一个层次，一些细节。海那边是圣乔治·马焦雷岛（San Giorgio Maggiore)，岛上参参差差平展开一些房子，红色的是本笃会修道院，白色的是帕拉第奥设计的圣乔治·马焦雷教堂的正面和饱满的穹顶（1565—1610），还有60多米高的钟塔（1791造）。它们像神话中的仙山，琼楼玉宇缥缈在波光云影之间。大钟塔高耸于大小两个广场交接处，是连接两部分的枢轴。它垂直的形体强烈地对比着广场上水平展开的建筑群，使广场大大生动活泼起来。它又是广场的外部标志，从海上归来的商船和舰队，远远就能望见它挺拔的身躯。在大钟塔顶上，南望大海，不远处一串岛屿，断断续续排列成项链似的弧形，正是它们保护威尼斯免受浪潮的冲击，才得以发展繁荣。它们也是造就威尼斯霸权的300艘商船和舰队的基地。广场的内部标志各自是主教堂和总督宫，它们在大小广场里是体积最大最高，轮廓最丰富，色彩最鲜亮，装饰最华丽的建筑物，其余的建筑物则很朴实地起着衬托它们的作用，忠实地担当配角。相形之下，主教堂由于体形更复杂、色彩更鲜亮、装饰更华丽，显然又占据更重要的地位，毫无疑问地成为整个圣马可广场的主题建筑。它向前探身一步，向小广场现出它前廊的侧面，从而和大钟塔一起，联系两个鲜明对比着的各有性格的广场，把它们统一成整体。

圣马可主教堂是用来保存使徒圣马可骸骨的。初建于838年，大约一个世纪之后，建成一所拉丁十字的教堂，11世纪（1063—1073）时按照拜占庭方式彻底重建，改用希腊十字式，大约模仿君士坦丁堡的十二使徒教堂（Church of the Twelve Apostles），而它的五个穹顶则明显采用了阿拉伯式样。门廊上的铜马车像，也是从君士坦丁堡搬来的，四匹马奋蹄扬鬣，给主教堂添了一股生气。主教堂前有三个旗杆，飘扬着莫里亚、坎地亚和塞浦路斯三个王国的旗帜。旗杆座上面16世纪的浮雕稍有残损。总督宫的粉白相间的墙面和复曲线的火焰式发券，显然受到阿拉伯建筑的启发。这两幢建筑表现出威尼斯文化的对东西方传统的兼容性，反映出威尼斯作为地中海霸主时期人们的高远胸襟。大钟塔起先（888—912）建在古罗马时的一个基础之上，1902年7月倒塌，幸而有一幅业余爱好者的测绘图，于是小心翼翼地充分利用残砖一点一点重建，于1912年完工。大钟塔下的敞廊是文艺复兴时期著名建筑师桑索维诺（Sansovino，约1486—1570）的作品（1537—1549），大钟塔倒塌时也被连累砸成碎片，后来极其耐心地从废墟里挖出原来的材料，各安原位，仔细恢复成原样。

主教堂前大广场的南北边缘，政府大厦下的柱廊里，开着许多精品店。有些咖啡店把桌椅摆到广场上，人们静静地坐着，陶醉在轻柔的音乐里，欣赏圣马可教堂正面上的金色马赛克在落日光辉映照下闪闪烁烁。偶然有孩子们追逐，惊起无数鸽子，翅膀扇动斜晖，把静穆的空气搅起微微的涟漪。最幸运的是一家弗劳利安咖啡店（Café Florian），1720年开张，卢梭、拜伦、歌德、乔治桑、缪塞、福楼拜、瓦格纳、拉斯金、契诃夫、果戈理和格林卡等都曾经光顾过，因此它远近闻名。游客们大都要来坐一坐，兴许那椅子上一角的油漆便是歌德的外套蹭掉的。

过去，广场上一年要举行几次盛会，最热闹的是嘉年华会（Carnival），那是一个结婚的节日，浓妆艳服的新郎新娘们把幸福的笑容送给广场，使它一年年地美丽而且洋溢着喜气。还有一次是提香、韦罗内塞、丁托列多和提埃波罗等画家作品的露天大展。多少美术史上的杰作，在阳光下放射出它们惊心动魄的魅力。这广场，不仅仅是威尼斯强大富裕的表征，更是它灿烂文化的表征。

离比萨和佛罗伦萨不远，有一个山城，叫锡耶纳（Siena）。城虽然小，却因为它的市政府前广场而名扬四海。城造在三条红土山脊上，广场就坐落在山脊的交会点南侧，是个很陡的斜坡，背靠最高点，面向东南，左右的山坡像扶手椅一般护佑着它，很像古代的剧场，意大利人说它像一枚扇贝的壳。

锡耶纳的城墙曲曲折折大约有7公里长，每个城门都连接一条狭窄而多弯的街，通向市政府广场。广场给它们开了11个口子。从阴暗拥挤的小街，转一个急弯，穿过一个门洞，忽然眼前一亮，展开了宽阔的广场空间，从早到晚，阳光灿烂。周边的房屋，高不过三五层，土黄色或

意大利锡耶纳市政广场平面及市政厅正立面

（1）水池（2）诺皮利府邸（3）市政厅（4）小教堂

赭色，随地形蜿蜒上坡又下坡。广场东南最低处的市政厅比别的房子长一点，并不特别显赫，侧翼略略向前折出，好像拥抱广场。但它东侧礼拜堂却有一座高达102米左右的钟塔，把市政厅也带着神气起来，共同构成广场的艺术焦点。其余三面的房子，排成张口的马蹄形，弦长大约146米，矢高大约90米。底层都是商店，店门前张着五颜六色的阳伞，伞下放置小巧的桌椅。有些人悠闲地坐着慢慢地品咖啡，有些人则脱光了膀子趁斜坡躺在地上晒太阳。广场高处正中，有小小一方水池叫“快活池”（Gaie Fountain，1400—1419造）。水从25公里外用输水道送来（1344造）。它三面围着雪白的大理石板，南面用矮栏杆挡着。石板墙上都有精美的雕像，东西两面各3尊，北面7尊，一共13尊，既有基督教题材，也有古典异教题材，圣母抱着圣子坐在北面正中的龛里。从钟塔顶上俯瞰广场，一片黄、赭的颜色中，碧绿的池水分外照眼。在塔顶还可以见到1347年铺就的广场地面，被石板条划分为9块，对应着1287年到1355年间的九人执政会。

锡耶纳初建于古罗马时期，12至14世纪成为共和国，因经营商业和银行业而繁荣富足，并且扩张领土，因此和佛罗伦萨发生尖锐的利益冲突，双方卷入教皇党和国王党的斗争，作战不辍。九人执政时期是锡耶纳建设的高潮期，城里重要的公共建筑物都在这近七十年的时间里造成，包括新的主教堂和广场上的市政厅（1288—1320）、大钟塔（1338—1348）、小教堂（1352—1378）等等，都是当地哥特式的。小教堂为感谢1348年的瘟疫结束而建，在15世纪重新装修成了文艺复兴式的。大钟塔叫马尼亚塔（Torre del Mangia），马尼亚是塔上第一个打钟工人，市民以他的名字称呼如此重要的建筑，见出共和时代的民主精神。

除了休闲和一般的公共活动之外，广场上每年举行两次盛大的庆典仪式，都和锡耶纳的历史有关。一次在7月2日，纪念1260年这一天圣母显灵打败了佛罗伦萨军队的入侵，一次在8月16日，庆祝圣母升天祭，因为那次战争中，锡耶纳人为祈求保佑，把城市献给了圣母。两次庆典大会都一样，由17个区分头准备，互相竞赛。每个区有自己传统的服装、旗帜和鼓手、喇叭手等等。队伍色彩艳丽，从市政厅前经过，做各种高难度的精彩表演。游行之后，举行赛马，只有10个区能参加，由抽签决定。骑手驭马，循广场边的跑道飞奔，得胜的获得一面画着圣母像的锦旗。阖城居民空巷而出，紧紧密密地挤在广场上观看仪式，古代剧场式的倾斜地面给予他们很大的便利。有许多人从外地甚至外国赶来参观，他们在锡耶纳的主要城门北门前，抬头望门洞上方，可以见到一块石匾，刻着一句亲切的话：“锡耶纳向您敞开心扉。”

罗马是一座多广场的城市，在大街小巷里走，往往会见到很有情趣的广场，有大有小，有开放有封闭；有的有雕像，有的有纪念柱；有的交通繁忙，有的在安静的居住区里；有的朴素，有的拥有庄严的或纤美的建筑。它们的艺术风格千变万化。罗马又是一座多水池的城市，14条输水道从几十公里外引来供上百万居民的生活用水，分送到城市各个角落，尽端总是一口水池，供妇女们顶着陶罐前来汲取。所以，大凡广场都有水池，有些小广场本来就专为水池而建。17世纪，巴洛克时代，罗马教宗致力于美化城市，给几百口水池筑了大理石栏杆，有许多装了雕像或者落水盘。艺术随泉水流进了居民的日常生活，最杰出的巴洛克大雕刻家贝尔尼尼就有许多作品装饰着居住区里小小广场上的小小水池，例如很著名的乌龟泉、蜜蜂泉和海神泉。

在这许许多多广场里，人们最爱去逗留的，是纳沃那广场（Piazza Navona）。它不但画意盎然，而且那里世俗的日常生活和宗教的节日庆典花样百出。小贩们在广场上兜售，从廉价肥皂到精巧的工艺品都有。流浪人拉手风琴或者小提琴卖艺，脚边放一顶朝天的帽子收钱。画家们给人画像，有很真实的，也有嘻嘻哈哈漫画化了的，收钱不多。孩子们在人缝里跑来跑去，年轻的父母站着跟朋友聊天，并不着急找他们。这是一个生活气息、平民气息最浓郁的广场。

纳沃那广场建在古罗马图密善跑马场（Stadium of Domitian，建于公元86）的遗址上，所以它南北向长长的，两端作半圆形。那跑马场原来可以容纳3万观众，中世纪时候还在这里举行节庆活动、马上比武和体育竞赛。至少到15世纪中叶，跑马场大体保持着原样，周边的看台依旧。8月份的每个周末，广场里灌满了水，表演海战，贵族们坐在马车上观看。从1477年到1864年，用它作市场，大约是这时候，小商店和饭铺兴起，拆掉了看台。

纳沃那广场更以它的喷泉和教堂闻名。喷泉有三个，都有许多雕像。南端的叫“摩尔人喷泉”，正中站着“摩尔人”，手提一条海豚，四周各种各样的海仙们从嘴里喷出水来。这是16世纪的作品，1653年贝尔尼尼改造过它，重新做了摩尔人像。北端的喷泉是19世纪下半叶的作品，表现海神尼普顿（Neptune）和海妖、海马们作战，是古典题材。

最重要的是广场中央的一个，叫作“四河喷泉”。它中央高高竖立一座方尖碑，是图密善皇帝从埃及劫来的。方尖碑下砌了仿天然岩石的高高的基座，基座四周四尊人像，分别代表多瑙河、恒河、尼罗河和普拉特（Plate）河，它们又是欧洲、亚洲、非洲和美洲的代表。雕像是贝尔尼尼设计的，由他的四位弟子完成，是典型的巴洛克式作品，动态很大，很剧烈。棕榈树被风吹得东倒西歪，仿佛飘满广场的水珠便是那里吹来的。建造这三座喷泉的费用来自在面包上征附加税。老百姓怨声载道。把方尖碑从城外慢慢运来的那些日子，每天晚上都有人在碑身刷上大字：“上帝呀，把这些石头变成面包多好呀！”

广场的西侧正中有一座巴洛克式教堂，叫圣阿涅斯教堂（St. Agnesse，1653—1657），设计人是著名的巴洛克建筑师普罗密尼。教堂内部很小，却把正面宽宽地展开，为的是和长长的广场配称。它中央高举着穹顶，左右各有一座钟塔向前凸出，从大门口到钟塔，墙面作弧形，作一个向广场伸臂拥抱的姿势。这座教堂的轮廓变化十分丰富，对比突兀，动态强劲有力，是巴洛克风格的代表作之一。这样的体形，在广场周围平实的建筑衬托下很突出，因此主导了这个建筑群，给它以艺术中心，使广场统一起来。

广场中央四河喷泉中的尼罗河，身体对着圣阿涅斯教堂，却背过脸去，举起的左臂刚好遮住他的目光。而普拉特河则紧张地举起手来，好像要扶住教堂，怕它倒下来。于是流传下来一个故事，说贝尔尼尼讨厌这座教堂，故意把尼罗河和普拉特河做成这副样子，羞辱它。不过这仅仅是好事者的附会，四河喷泉完成于1651年，那时教堂还没有建造。而且，虽然贝尔尼尼和普罗密尼是竞争对手，但两位大师私交不恶。

教堂的对面是玛达玛府邸（Palazzo Madama），现在是议会大厦。

纳沃那广场像一条流淌着历史的河，从古罗马一直到如今。

第十一讲 “伟大的风格”

16世纪60年代初，法国巴黎市中心的卢浮宫基本完成了，这是一座文艺复兴式的四合院，但这时候文化的风向已经大变，文艺复兴的式样不时兴了。卢浮宫的正面，也就是东立面，对着一座王室仪典性教堂，它们之间的广场，南端联系着塞纳河上的一座桥梁，过桥不远便是巴黎圣母院。这个东立面十分重要，因此宫廷决定重建。1663年，法国建筑师按照当时兴起的古典主义原则做了一批设计，送到意大利征求意见，被几位红极一时的巴洛克建筑大师们嘲笑了一顿，否定了。但那些大师们提出来的设计，也没有被法国宫廷看中。于是，1665年，用迎接友好国王的礼仪，铺上红地毯，把贝尔尼尼请到巴黎。他按照罗马巴洛克式府邸的样式做了个设计，柱式组合的节奏比较复杂，中央还用长长一段凹弧衬托出一个圆柱体。法国的建筑师一致抵制这个设计，在审查过程中不断使它“净化”，取消了一些巴洛克的装饰。勉强开工之后，贝尔尼尼回国，法国建筑师们借机说服了宫廷，放弃了他的设计。1667年，批准由勒·伏（Louis le Vau，1612—1670）、勒·布朗（Charles le Brun，1619—1690）和佩罗（Claude Perrault，1613—1688）重新设计。他们拿出了一个古典主义的方案，三年之后建成。这个事件标志着法国古典主义建筑的成熟，卢浮宫东立面成了法国古典主义建筑的里程碑式作品。

法国在中世纪末期产生过辉煌的哥特建筑。1337—1453年在法国土地上进行了英法之间的百年战争，破坏惨重，建筑的发展也几乎停滞了百年。16世纪初，法国成了统一的民族国家，意大利文艺复兴的影响来到法国，许多意大利艺术家和工匠被聘到法国宫廷，其中就有达·芬奇这样的大师。这时候，法国建筑开始使用古典柱式，不过并不严谨。柱式和法国中世纪随宜而得、自由活泼的建筑体形结合，赋予他们一点条理，产生了罗亚尔河（Loire）流域的一批王家和贵族的庄园府邸，非常可爱。但是，柱式渐渐反客为主，成了法国建筑构图的基本因素，而且也渐渐趋向严谨。法国建筑独特的传统终于被一般化的古典柱式取代了。

打退了意大利巴洛克的法国古典主义其实也来自意大利。意大利文艺复兴盛期和晚期，一方面有帕拉第奥规范化的柱式建筑，一方面有米开朗琪罗阔大不羁的自由变化的柱式建筑。到了晚期，建筑师的创造力有所衰退，历史机遇也不多了，建筑中就出现了两种倾向，一种是学院派，进一步把柱式教条化，一种是手法主义，企图挣脱柱式教条而趋向新奇。前者由法国人继承，在新的历史条件下发展为古典主义，后者由意大利人发展为巴洛克。意大利巴洛克形成在天主教会的反改革浪潮中，而法国古典主义则形成在民族国家的中央集权专制制度之下，是法国的宫廷文化。

15世纪中叶，百年战争结束，法国的城市重新发展，产生了新兴的中产阶级。中产阶级的经济利益要求消除封建领主纷立的混乱局面，要求国家统一和安全。15世纪末，在中产阶级支持下，国王统一了全国，建成了民族国家。王权逐渐加强，被百年战争延误了的文艺复兴运动一开始就遭遇王权，被王权利用，从16世纪下半叶起产生了早期的古典主义。到17世纪中叶，路易十四（Louis XIV，1643—1715在位）统治下，王权演化成绝对君权，早期古典主义也就演化成古典主义的宫廷文化。

古典主义又是唯理主义的。17世纪，正是自然科学大踏步前进，开始改变人类的认识和思想的时期。数学、物理学、化学、力学、天文学、生物学、解剖学都咬破了神学的厚茧，有了自己的基本方法和观念，着手建立体系。于是，哲学中产生了唯理主义和实证主义（经验论），它们各自反映着自然科学初期的一方面状态。在法国，笛卡尔（René Descartes，1596—1650）的唯理主义占了上风。笛卡尔认为，客观世界是可以认识的，强调理性在认识世界中的决定作用。但是，笛卡尔不承认感觉经验的真实性，认为只有天赋的理性才是"绝对可靠的"，只能以它作为方法论的唯一基石。他认为几何学和数学就是无所不包的、一成不变的、适用于一切知识领域的理性方法。

唯理主义成为宫廷文化的哲学基础，这是因为，中央集权的统一国家削平了封建领主几百年的割据，建立了在专制君主之下的秩序和有效的政府机器，扶植工业，建造道路系统，开拓殖民地，发展商业和海外贸易，保证了境内的治安，一度停止了对新教徒的迫害，因此，君主的中央集权政体赢得了中产阶级的支持。笛卡尔就是个君主主义者，他认为，君主专政的社会和政治制度是最有秩序的，体现了理性的力量，君主是普遍理性的最高体现者。唯理主义反映了国家当时的政治需要，它便顺理成章地成了宫廷文化的思想武器。

唯理主义的宫廷文化，这就是古典主义。

在建筑、文学和艺术创作上，笛卡尔主张制定一些牢靠的、系统的、能够严格地确定的艺术规则和标准。它们应该是理性的，完全不依赖于经验、感觉、习惯和口味。艺术中重要的是：结构要像数学一样清晰明确，合乎逻辑。笛卡尔反对艺术创作中的想象力。这些观念早在16世纪中叶就已经从意大利的学院派引进了，笛卡尔给这种潮流以哲学的基础，促进了它的发展。

路易十四的宫廷，作为法国最高的统治者和立法者，为了严密地控制国家和社会，正致力于在一切领域建立规则和标准。为了保证他的"伟大的时代"的文学艺术都具有"伟大的风格"，以彰显他的伟大、光荣和正确，路易十四设立了一批学院，有绘画与雕刻学院（1655）、舞蹈学院（1661）、科学院（1666）、音乐学院（1669）和建筑学院（1671）等，这些学院的主要任务之一，就是在文化的各个领域里制定严格的规范和相应的理论。

建筑学院的第一任教授布隆代尔（François Blondel，1617—1686）是古典主义主要的理论家，他编写的一本教材是古典主义建筑的经典。他倡导理性，主张建筑的真实，反对表现感情和情绪，因而他反对意大利文艺复兴时代建筑师们鲜明的创作个性，反对他们在建筑中表现出来的热情和理想，当然，更尖锐地反对巴洛克艺术。他写道："一个真实的建筑由于它合于建筑物的类型的义理而能取悦于所有的眼睛。义理不沾民族的偏见，不沾艺术家个人的见解，而在艺术的本质中显现出来。因此，它不容忍建筑师沉溺于装饰，沉湎于个人的习惯趣味，陶醉于繁冗的细节；总之，抛弃一切暧昧的东西，于条理中见美观，于布局中见方便，于结构中见坚固。"布隆代尔们致力于探求先验的、普遍的、永恒不变的、可以用语言说得明白的建筑艺术规则和标准。他们认为这种绝对的规则就是纯粹而简单的几何结构和数学关系。因此，布隆代尔把比例尊为建筑造型唯一的决定性因素。他说，"美产生于度量和比例"，只要比例恰当，连垃圾堆都会是美的。他们排斥了直接的、感性的审美经验，依靠两脚规来判断美，用数字来计算美。他重述维特鲁威在《建筑十书》中的话，建筑的美在于局部和整体间以及局部相互间的整数比例关系，它们应该有一个共同的量度单位。只要稍微偏离这个关系，建筑物就会混乱。这种唯理主义的美学观，早在古希腊时代就由毕达哥拉斯和柏拉图肇绪，断断续续传承到17世纪终于形成了系统而完备的理论。

最合乎古典主义基本要求的自然是古典柱式。第一，它在古代就有相当严密的、稳定的规则，维特鲁威给它初步制定了"度量和比例"，经过文艺复兴时期诸家的推敲，这些"度量和比例"更加细致精审了。柱式正是唯理主义者所需要的。第二，柱式建筑庄严端重，雄伟而精丽，表现了罗马帝国和它的皇帝们的伟大和光荣。而这时的路易十四以古罗马皇帝自比，把法兰西看作古罗马帝国的后继，所以柱式正是宫廷文化所需要的。

古典主义建筑是最严谨的柱式建筑，也就是最公式化的建筑。它讲究布局的逻辑条理、构图的几何性和统一性、风格的纯正，要简洁、含蓄、高雅，不做很多的装饰，不重视色彩甚至排斥色彩，认为色彩会扰乱对形体美的欣赏，形体美是真实的，而色彩的炫目则是虚假的。古典主义和巴洛克发生过形体和色彩的优劣之争，最后不了了之，不过促进了二者的相互渗透。

发生在卢浮宫东立面设计的故事，是法国古典主义原则战胜意大利巴洛克的最直接的例证。这个立面全长172米，高28米，上下分为三段，按一个完整的柱式构图，底层做成基座模样，顶上是檐部和女儿墙。二、三层是主段，立通高的巨柱式双柱。它左右分五段，也以中央一段为主。中央三开间凸出，上设山花，统领全局。两端各凸出一间，作为结束，比中央略低一级而不设山花。这种上下分三段，左右分五段，各以中央一段为主、等级层次分明的构图，是古典主义建筑的典型特征之一，不但在各种建筑中普遍应用，而且也成为城市规划和园林布局的基本原则。它图解着以君主为中心的封建等级制的社会秩序，同时也是对立统一法则的成功运用。

卢浮宫东立面的构图使用了一些简洁的几何结构。例如，中央凸出部分宽28米，正与高度相同，是个正方形。两端凸出部分宽24米，是柱廊宽度的一半。双柱与双柱间的中线相距6.69米，是柱子高度的一半。基座层的高度是总高度的三分之一，等等。整个立面因此十分简洁清晰。它形体简洁，装饰不多，色彩单纯，可以一目了然。但是，双柱不合结构逻辑，是非理性的，本来常用在巴洛克建筑中，显见出古典主义中巴洛克理念的渗透。然而双柱丰富了光影和节奏的变化，而且更加雄伟有力，正是王家宫殿所追求的威仪。

法国巴黎旺多姆广场和广场中央纪功柱

17世纪法国的古典主义建筑主要是国家性的大型建筑，这些建筑又是为路易十四服务的，有些直接供他使用，有些专为荣耀他本人或他的政权。前者如卢浮宫和凡尔赛宫，后者如一些城市广场和广场中的纪念物，最著名的是巴黎的旺多姆广场（Place Vendôme，1699—1701）和它中央的雕像。一些教堂也是王家宫廷的。它们都规模宏大，气象壮观。路易十四的首辅大臣高尔拜（J. B. Colbert，1619—1683）在一封上路易十四书里说："如陛下明鉴，除赫赫武功而外，惟建筑物最足表现君王之伟大与庄严气概。"路易十四不但为建造这些大型建筑花费大量的钱财，而且常常亲自过问它们的建造，同宫廷建筑师和造园家一起探讨。他亲自提高建筑师和艺术家的社会地位和经济收入，跟他们亲切友好。凡尔赛宫的造园家勒·诺特尔（André le Nôtre，1613—1700）是廷臣中唯一能跟路易十四拥抱的人。有一次，国王喜欢他的设计，短时间里接连几次赏赐他巨额的奖金。他开玩笑说："陛下，我怕您会破产。"路易十四赐爵位给画家勒·布朗和建筑师小孟萨特（J. H.-Mansart，1646—1708），引起宫廷贵族的不满，他很不屑地对那些人说："我在15分钟内可以册封20个公爵或贵族，但造就一个孟萨特却要几百年时间。"

小孟萨特的创作却是摇摆于巴洛克和古典主义之间的。它给凡尔赛宫建造的南北两翼，外立面上柱式相当严谨，但组合的节奏却有变化，显出一种主观的随意性。他设计的镜厅，内部装饰由勒·布朗完成，豪华壮丽，色彩缤纷灿烂，以17面大镜子正对着朝西的17个窗子，造成了空间和光影扑朔迷离的幻觉，充满了意大利巴洛克式的趣味。小孟萨特在凡尔赛园林里造了些小品建筑，都是纯净的古典主义作品。著名的环形柱廊，轻盈优雅，围着一座喷泉，但它的巴洛克式雕像动态十分剧烈，和柱廊形成很活泼的对比构图。另一座著名作品是大林园北部的大特里阿农宫（Grand Trianon，1687），简洁明快，充分表现出柱式建筑的高尚品味。但是他采用了彩色大理石做柱子和铺地面，还采用了镀金的铜栏杆。它的中部，敞廊洞开，也是一种巴洛克的新手法。

小孟萨特的最重要作品是恩瓦立德新教堂（Invalides，1680—1706），这是法国17世纪最典型的古典主义建筑。这教堂造在巴黎市中心的残废军人安养院，目的是表彰"为君主流血牺牲"的人。因此，小孟萨特摒弃了16世纪下半叶仿罗马耶稣会教堂和17世纪中叶仿哥特式教堂的陈习，而采用了正方形的希腊十字式平面，上面用有力的鼓座高高举起饱满有力的穹顶，构成了集中式的纪念碑形体。它高达105米，是安养院的垂直构图中心。恩瓦立德内部明亮、装饰很少，石料袒露着土黄本色，不外加面饰。柱式组合表现出严谨的逻辑性，脉络分明，庄严而高雅，没有宗教的神秘感和献身精神。但是它上面的直径27.7米的大穹顶却利用结构的两个层次和光线造成了天宇寥廓的幻象，正中画着耶

巴黎恩瓦立德新教堂

稣基督，尊贵而高远，引发人们的崇拜之忱。它把罗马耶稣教堂天顶画的意境用建筑手段空间化了，因而更显得真实。这教堂的外形主要的是古典主义的简洁、明确、和谐以及水平划分，但鼓座上以檐口的断折显出巴洛克的节奏跳动和强有力的垂直划分。穹顶面上12根肋之间铅制贴金的“战利品”浮雕，在绿色底子上托出，辉煌夺目。它们点出了建筑的主题：它其实不是一座宗教建筑，是为了炫耀路易十四的武功而造的。依附于宗教信仰而服务于现实的政治利益，这是君主专制下建筑经常担当的任务。

类似的情况也发生在城市的规划建设上。像同时的意大利一样，法国也在城市里开辟干道，修筑广场，建造成群的高档住宅。建设集中在首都巴黎，这些建设，都用来宣扬专制君主的伟大、光荣、正确。

比较重要的工程有两个。一个是确立杜伊勒里宫（Palais des Tuileries）的主轴线（1664定基），一个是建成旺多姆广场。它们对巴黎市的布局都起着控制作用。旺多姆广场也是小孟萨特设计的，原名伟大的路易广场（Place Louis le Grand），又叫“被征服者的广场”（Place des Conquêtes）。广场中央立着路易十四的骑马铜像，他是征服者，而广场四周却标志着被他征服的地区和国家，广场便是用它们的钱建造的。广场呈抹角方形，南北长213米，东西宽124米，一条南北向的王家大道穿过广场，向南通到杜伊勒里宫轴线。广场四周造一色的三层楼住宅，底层做成重块石的柱式基座模样，有券廊作骑街楼，开设店铺，二、三层用通高的爱奥尼亚式扁壁柱装饰，作住宅。广场东西两侧的正中，南北前后的入口和四角，二、三层也用通高的壁柱，稍稍加强一点，有点变化，免得过于单调。但它毕竟失于单调，构图死板，不设艺术焦点。它既没有住宅区应该有的安逸宁静的气氛，也没有意大利广场那种亲切活泼的生活场景。它是为歌颂路易十四的武功而造的纪念物。

造园家勒·诺特尔为杜伊勒里宫设计的园林的中轴线，长约3公里。巴黎公社烧毁了杜伊勒里宫之后，它渐渐变成了斜穿巴黎市区的主轴线商业大道，得名为香榭丽舍（Champs-Elysées）。

人们普遍认为，路易十四时代的代表性艺术，不是建筑，也不是绘画和雕刻，而是园林。路易十四的第一重臣高尔拜说：“我们这个时代，可不是汲汲于小东西的时代。”伏尔泰（Valtaire，1694—1778）说，路易十四时代文化的特点是“伟大的风格”，而这个伟大的风格最鲜明地表现在古典主义造园艺术上。法国古典主义造园艺术的最杰出大师是勒·诺特尔，他最杰出的作品是孚-勒-维贡府邸（Château de Vaux-le-Vicomte，1656—1660）和凡尔赛宫（Versailles，1668—？）的园林。

和同时期的意大利巴洛克园林一样，法国古典主义的园林也包括林园和花园两部分，花园的格局也是几何式，而且都喜欢用水来造景。但是，法国的园林远比意大利的大得多，多造在地势平缓的地段，不像意大利的那样造在陡峭山坡上。规模大了，必须增加更多的内容，所以法国园林大大加强了中轴线，在上面布置了精巧的植坛和各种各样的喷泉、雕像，远比意大利的复杂华丽。因为地势平坦，水体多是大面积宁静的池子和水渠，叫作“水镜”，重在欣赏明亮的倒影，而不是意大利式的故作急湍奔流或者玩弄戏剧化的水嬉。

孚-勒-维贡府邸是财政大臣富凯（N. Fouquet，1615—1680）的私产，建成之后，1661年，他得意忘形，请路易十四去参观。豪华的府邸，尤其是空前壮丽的花园，大大触怒了路易十四，于是找茬把富凯投入监狱，把建筑师勒·伏、造园家勒·诺特尔和画家勒·布朗召到凡尔赛，要把凡尔赛的宫殿和园林建设得超过孚-勒-维贡。凡尔赛本来是路易十三的一个荒凉的猎庄，在巴黎西南17公里。经过这几位艺术家和后来相继的几位建筑师的努力，终于建成了西方世界最大的宫殿和园林，古典主义艺术最集中的代表。

凡尔赛宫南北长400多米，正面朝东，园林在它的背面、也便是西面展开。几何格网式的道路，中轴线长达3公里，统领全局，在局部再形成些次要的轴线式布局。一层层的主次等级关系很明确，正好图解了中央集权的君主专制政体。贴近宫殿西墙的是花园，中央台地上有一对水池，映照着宫殿的壮丽。水池台地的南北布置图案式的植坛。北侧植坛之外是浓密林荫下的喷泉小径，通向海神湖，景色幽深。南侧植坛之外下二十几米宽的百步台阶是以橘树为主的花圃，再外侧是一个大湖，有682米长，134米宽，景色开阔，令人做烟波之想，和封闭的北侧形成强烈的对比。这湖叫瑞士兵湖，以纪念为建造这座园林的王家近卫瑞士兵团。

从水池台地西沿下大台阶，便是一座圆形的大水池，中央立着拉东纳（Latone）的像。她是太阳神阿波罗的母亲，一手护着幼小的阿波罗，一手似乎在遮挡四周向她喷来的水柱。水柱是从一些癞蛤蟆的嘴里喷出来的。据希腊神话，拉东纳为天神宙斯生下阿波罗之后，被天后驱逐流亡，不得已向农夫们乞食，而农夫竟向她吐唾沫。宙斯知道之后，大怒，把这些不知高低的农夫变成了癞蛤蟆。这座喷泉隐喻路易十四幼

凡尔赛园林内环形柱廊

年遭贵族围攻，在母后保护下渡过难关的往事。

从拉东纳喷泉向西，沿中轴线延伸一块草地，叫“绿毯”或者“王家大道”，有330米长，36米宽，两侧站着白色石像，都是神话中角色。石像之外是“小林园”，它分划成12区，被树木密密围住。每区有一个主题，或者是水剧场，或者是环廊，有一个是人造的假山洞，里面安置几组雕像，表现太阳神阿波罗巡天之后回来憩息时和仙女们嬉游的情况。小林园尺度适宜，很幽静，是凡尔赛花园中最惹人喜欢的地方，也是风流故事最多的地方。

“绿毯”的西端又是一个大水池，池中一组铜像：阿波罗驾着马车劈开池水奔突而出，向西开始他一天的巡行。水池前展开十字形的大水渠，东西向延伸的长1650米，宽62米，横向的长1070米。大水渠外围是浓密的树林，叫“大林园”。大水渠直指远处的一座不大的丘冈，太阳在那里落下。每逢日暮，红霞满天，水面上反射出灿烂的金光。19世纪的浪漫主义诗人雨果一次游历凡尔赛时看到这瑰丽的景色，十分感动，写了一首诗："见一双太阳，相亲又相爱；像两位君主，前后走过来。"一双太阳，指落日和它的倒影；两位君主，一位是阿波罗，另一位便是路易十四。路易十四自称为太阳王，以太阳为徽志。统率这座宏大园林的主轴线，从拉东纳喷泉到阿波罗驱车喷泉再到大水渠，表现了阿波罗从幼小到成长，然后巡天的全过程。这座凡尔赛园林，是对路易十四辉煌事业的礼赞。专制宫廷把文学、艺术、建筑和园林都调动起来制造王权崇拜了。路易十四在回忆录中说，他爱好荣耀"甚于其他任何事物"，荣耀"是对于生命本身的一种崇高的致敬"。他写道："我们对荣耀所感受到的热情，不是那种微弱的一旦得到它便会冷淡下来的热情。只有经过努力才会得到荣耀的宠爱，它永远不会使人厌倦。不再追求新的荣耀的人，他的一切都一文不值。"建筑是荣耀路易十四的最有力手段，但是，他为了建造凡尔赛，搞得国家财政枯竭。临终前，国势已经衰落，他有点后悔，对5岁的曾孙、后来的路易十五说："孩子，你将成为伟大的国王。不要模仿我对建筑和战争的嗜好，相反，你要努力和邻邦友好相处……努力使百姓幸福。"

凡尔赛宫的东面是凡尔赛市，规模不大。从凡尔赛宫正门放射出三条笔直的道路进入市区，中央的一条与后面的园林主轴遥遥相接。这是一个象征：宫殿在正中高地上，王权一方面统治城市，一方面统治乡村。城市和乡村在国王的统治下，井然有序。这种三岔式的城市道路在意大利也很流行，甚至用在巴洛克式的园林中。有些史家就把它作为巴洛克式城市建设的标志。

由于法国的古典主义建筑和意大利的巴洛克建筑都发生在17世纪，而且相互渗透，所以有许多史学家把它们混为一谈，统称为"巴洛克"。这种看法只从一部分表面现象着眼，而没有顾及它们的文化历史内涵，一个产生于天主教对宗教革命的反扑，一个产生于统一的民族国家的集权宫廷。

绝对君权的法国是欧洲陆续建立起来的民族国家的榜样，各国和诸侯国的专制君主纷纷模仿它的宫廷文化，包括语言、礼仪、生活方式，直到高雅的鞠躬和微笑。当然，也用法国的古典主义建筑艺术建造他们的宫殿和城市公共建筑。

作为宫廷文化的古典主义，越来越脱离人民，一味追求典雅、崇高、庄严，以致渐渐变得像王权一样冷峻、傲慢而凌人。它固有的学院式教条主义倾向也越来越僵化，建筑一味追求外表的比例、权衡，不再表达思想感情，古典主义终于进入了失语状态。18世纪和19世纪初，欧洲处于剧烈的动荡形势下，艺术和文学都追求思想和感情的强力抒发，古典主义便衰退了。到了19世纪中叶以后，欧洲和北美各国掌握了政权的资产阶级大事建造政府大厦和各种公共建筑，四平八稳、典重尊贵的古典主义模式又被普遍应用，这时称为新古典主义。法兰西美术学院的建筑观念和教学体系因此影响到了全世界，法国从意大利夺来了领导欧洲艺术潮流的荣耀。

第十二讲　摇摆与妥协

正当法国实施君主绝对统治的时期，相隔一条狭窄的海峡，英国发生了资产阶级革命。路易十四在1643年以冲龄登位，前一年，英国国会和国王之间的战争爆发了，六年之后，英国国王查理一世被革命者砍下了头颅。路易十四死于1715年，前一年，即1714年，英国的“光荣革命”建立的王朝结束。这个王朝完成了把政权从国王手里转交给国会建成君主立宪制度的历史任务，结束了英国的革命时期。

在这半个世纪的革命过程中，反反复复，交替上演着战争、共和、专政、复辟和妥协。这场革命爆发的时候，英国的资产阶级在政治上还很不成熟，革命的思想准备很不充分，社会危机也不够尖锐。因此，革命是不彻底的，而且革命与反革命的阵线模糊，一些人朝秦暮楚，本来高倡革命，转眼间又向国王效忠，一些人则摇摆于天主教、国教和新教之间，把信仰当作利益交换的筹码。自从查理二世于1660年被从法国接回来建立复辟王朝之后，国王的角色又很暧昧，并在很大程度上左右着国家的事务。因此，在这个历史的转折关头，英国的思想文化领域里很少听到高亢激越的战斗号角。连“护国主”克伦威尔和诗人弥尔顿都穿着宗教的外套。

相应，这个时期英国建筑的鲜明特点之一是没有创造出鲜明的历史潮流和鲜明的理论主张。这正是革命的妥协性的鲜明反映。市民们忙于在城市里建造商店、作坊、堆栈、交易所、行会大楼、旅馆等市场经济所需要的房屋，他们不理会这些房屋的样式风格，更不打算赋予它们具有社会思想意义的艺术形象。它们唯一遵守的原则是“功利”。新兴的农牧业资产阶级和转向资本主义经营的新贵族们是革命的主要力量，他们却只乐于在自己的庄园里建造大型的府邸，并没有利用大型公共建筑为这场革命创造历史纪念碑的热情。建筑领域中一个触目的现象倒是，国王们兴致勃勃地大规模建造宫殿和各种王家建筑。英国王室宫殿和王家建筑大部分是在这个资产阶级革命时期里建造的，而且它们竟仿照法国君主专制制度的表征，凡尔赛宫和杜伊勒里宫，数量既多，体量也大。例如白厅（White Hall），东西长200米，南北长390米，布局很复杂。复辟王朝的国王们还有充分的权力和兴致控制伦敦的重大建设，包括唯一真正可以作为这时期历史纪念物的圣保罗（St. Paul）大教堂。

建筑的风格五花八门。农村和庄园建筑沿用中世纪的半露木构式（half-timber）和都铎式（Tudor Style）。新兴阶级的大庄园府邸和王室宫殿则用意大利文艺复兴晚期大师帕拉第奥的式样，市民的建筑则常常汲取荷兰的古典主义，用红砖砌墙，用灰白色的石材做细部。荷兰这时候已经建成了资产阶级共和国，信仰新教，和英国的关系很密切，有许多荷兰工匠直接来到英国，也有一些先到法国，因为法国宗教政策改变，迫害新教徒，而转徙到英国。最能反映英国革命的摇摆性的，是仍然时时泛出哥特式教堂的一些传统样式。哥特式教堂建筑在中世纪晚期有过辉煌的成就，但是，早在文艺复兴时期，意大利和法国的人文主义者就把它当作愚昧的宗教统治的象征，坚决地摒弃掉了。这种做法不免偏激，却包含着一种思想的真诚。在英国资产阶级革命时期里，围绕着哥特式教堂风格，常常发生新旧势力的斗争和妥协。

就在国王们大建宫殿、新兴阶级大建庄园府邸的时候，曾经把查理一世送上断头台的市民们仍生活在很悲惨的建筑环境中。

这时伦敦已经是世界性的银行、公司和商业巨子的大本营，是欧洲

英国都铎式小屋

英国中世纪的半露木构民居

人口最多的城市。但城市杂乱无章，市民们为抢占地皮而把城市弄得拥挤不堪，街道狭窄而且曲折，坑洼不平，大都没有铺设硬地面。没有下水道，雨天满街泥泞。街边散置着露天厕所和粪坑。垃圾乱丢，空气污浊不堪，瘟疫时时发生。夜晚，每十户点一盏街灯，光照暗弱。白天，小贩们提着篮子，推着独轮车，沿街叫卖。小酒店里和小客栈里，聚集着酒鬼、妓女、流浪汉、小贩、乞丐、贼和亡命之徒，启发了19世纪小说大师狄更斯的灵感，给他提供了创作资料。

1661年，作家伊夫林（John Evelyn，1620—1706）出版了一个清除伦敦臭气的计划，叫《除烟谈》（*Fumifugium*）。里面写道："大量燃烧煤炭，使伦敦成为最脏最乱难以居住的地方……这些都来自酿酒厂、染坊、石灰窑、盐厂、肥皂厂等私营企业的烟囱。……伦敦已经不是一个理性动物的居住地了。"

1665年，伦敦爆发了一场瘟疫。作家佩皮斯（Samuel Pepys，1633—1703）在当年8月31日的日记里写道："本周死了7496人，其中6102人死于瘟疫。"这一年，死于瘟疫的伦敦人有7万，即七分之一的伦敦人口。

瘟疫刚刚过去，1666年9月21日凌晨，伦敦一家面包店起火，火势蔓延，烧了整整三天，把泰晤士河北岸城区几乎烧了个精光。伊夫林奔到河边，看见"整个城市都陷入恐怖的火海之中……大火烧毁了教堂、行会大厦、证券交易所、医院、纪念馆……住宅、家具及其他一切东西。"伦敦的商业中心几乎一扫而光，政治中心威斯敏斯特（Westminster）地区侥幸逃过劫难。三分之二的伦敦被焚为灰烬，包括1.32万户住宅，89座教堂。20万人无家可归。

1666年的伦敦大火，就像公元64年古罗马尼禄皇帝时的那场罗马城大火一样，给伦敦的改建提供了机遇。大火之后第6天，余烬未熄，在自然科学领域许多方面有杰出成就而于1661年投身建筑设计的克里斯多弗·仑（Sir Christopher Wren，1632—1723），向查理二世提出了重建

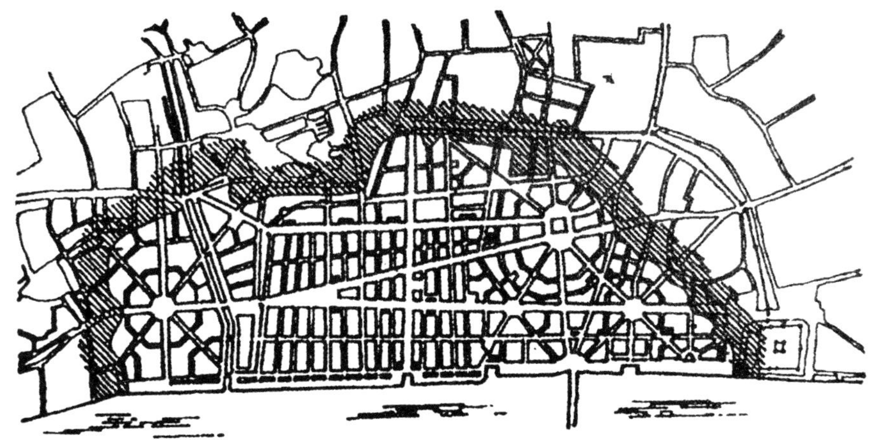

克里斯多弗·仑的伦敦规划总图

伦敦的规划。这个规划反映了资本主义城市经济发展的要求，也反映了资产阶级在政治上的初步胜利和觉醒。这个规划中，要开辟笔直的道路，设置几何形广场，划分方方正正的居住街坊，这是17世纪的古典主义和巴洛克城市建设里常见的。有三个广场的规划比较重要，一个是圆形的，在郊外，会聚八条大街。一个是三角形的，就是圣保罗教堂所在地，有两条道路斜向交会。最值得注意的是第三个广场，它的规划具有重大的历史意义。它是城市的中心，长圆形，正中建王家交易所，周围分布着邮局、税务署、造币厂和五金工匠保险公司等等。从这个广场有一条笔直的大路直通泰晤士河岸的船码头，从码头又有几条大街放射式地联系着大半个城市。就像凡尔赛宫和花园的布局图解着等级鲜明的中央集权制度一样，这个规划中的伦敦中心广场图解着资本主义经济和海外贸易的发展，资产阶级朦朦胧胧地要求代替君主和旧贵族成为国家和社会的主人。城市，尤其是首都，它的中心被什么样的建筑占领，最能反映国家的政治经济状况。在古希腊的民主城邦，城中心有守护神的庙宇、公民大会会场和集会广场。在古罗马帝国，城中心有皇帝的纪念性广场和凯旋门。在中世纪，有主教堂。在文艺复兴时期有市政厅、市场和豪门府邸。而在绝对君权的国家，占据市中心的是宫殿。克里斯多弗·仑的伦敦规划，预示着一个资产阶级市场经济时代来临了。

这个规划理所当然地被查理二世搁置在一边。为了重建伦敦，设立了专门的委员会，查理二世颁布了敕令，只要求汲取大火灾的教训：放宽街道，至少要使街道一侧的房屋燃烧时不致殃及对面；要求市民用耐火的材料如砖、石来建造房子，不要用木料；要按规划重新分配房基地；等等。但是，无论是普通市民还是房地产投机商都不打算遵从委员会和国王的意旨，伦敦又在混乱中建造起来了，只不过街道比过去的宽了一点，房屋质量比过去高了一点，多用砖石作材料。街道和房屋都更适合于商业。早在17世纪中叶，伦敦就有了房地产经营者，他们购买或者租赁大片土地，造了房子后出售或者出租。伦敦大火后的重建招来了大规模的房地产投机。有一个著名的房地产商人叫巴本（Nicolas Barbon，约1640—1698），他“不屑于做那些普通砖瓦匠能够做到的小事，他所策划的是做能够一下子发达起来的大事业”。他整条街整条街地投资造房子，例如1682年落成的埃赛克斯街（Essex Street）。更多的是小投资者，比较零散地造些联排的出租住宅或者店面。这些成批建造的房子没有个性，采用的是定型的标准设计，连楼梯扶手的花样都相同。它们大都采用荷兰的古典主义风格，经济实惠。

伦敦大小教堂的重建更深入地反映出英国资产阶级革命的妥协性和知识分子的摇摆。

1666年大火之后，立即重建了51座教区小教堂，都是克里斯多弗·仑和他的助手设计的。18世纪初，由于伦敦市区扩大，安妮女王（Queen Anne，1702—1714年在位）趁保王的托利党执政的时候，颁布诏书，要在新区再建造50座教区小教堂，仑和他的助手、学生设计了其中的一部分。

第一批重建的教堂都在火灾前的原址，规模也不能扩大。这时候，查理二世虽然恢复了英国国教，但还不敢明目张胆地恢复天主教，所以仑按照新教的仪式设计它们。在这些教堂里，每个信徒都能看得见牧

圣保罗大教堂（范路 摄）

克里斯多弗·仑建造的教堂钟塔

师，听清楚他的布道。新教徒认为，要紧的是领受“真理”，不是豪华的仪式。仑在1711年议论第二批教区小教堂的时候说：“不应该把教区小教堂造得大于教徒们能够听得清、看得明的程度。天主教徒们要造很大的教堂，对他们来说，只要弥撒时听见神父的嗡嗡之声和看见圣餐礼就足够了，但我们的教堂应该是个讲堂。”可是，早在设计第一批小教堂的时候，仑已经看到了查理二世要恢复天主教的企图，所以，他设计的小教堂，大部分都可以轻而易举地用屏风隔开圣坛和大厅而改造得适合于天主教的仪式。他给小教堂一个个都设计了体形垂直的钟塔，把它当作构图中心，虽然所用的是古典的柱式，却很有哥特式教堂的风韵。仑在表演一个进退自如的骑墙派角色。

圣保罗大教堂曲折的重建过程更细致地刻画了那个充满了暧昧和无原则的时期。圣保罗大教堂是英国国教的总堂，也在1666年9月的大火中焚毁。查理二世委托克里斯多弗·仑重新设计建造。

仑是一个科学家，一个工程师，他自然倾向当时流行于法国的唯理

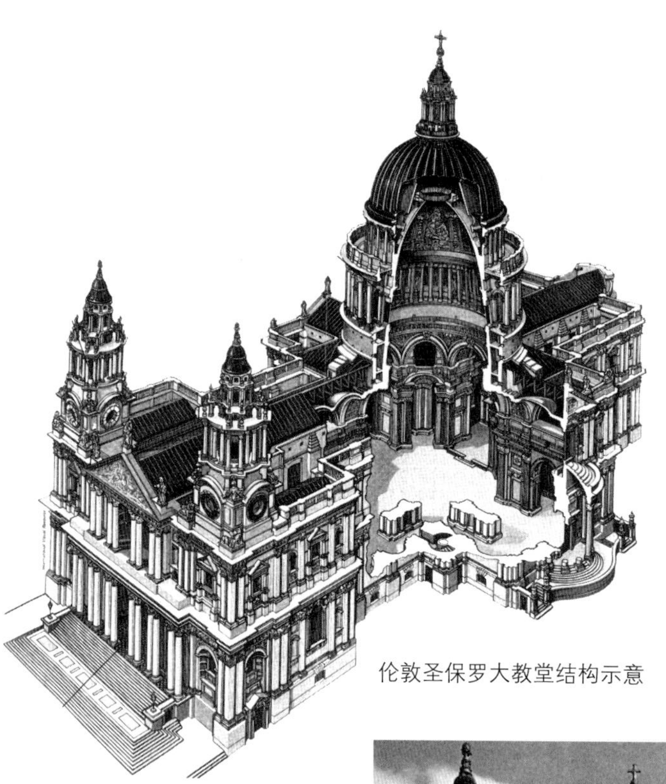

伦敦圣保罗大教堂结构示意

伦敦圣保罗大教堂西立面

主义哲学，也便倾向建筑中的古典主义。他写过："美是客体的和谐，由眼睛引起的喜悦。""美有两种来源：自然的和习惯的。自然的美来自几何性，包括统一（即一致）和比例。……几何形象当然比不规则的形象更美；在几何形象中一切都符合于自然的法则。正方形和圆形是最美的几何形象，其次是平行四边形和椭圆。直线比曲线美……而直线只有两个美丽的位置：铅直的和水平的；……"从这种美学理念出发，他偏爱圆形平面和穹顶，认为穹顶是"最几何的"，圆形平面是"最完整的"。他崇尚法国的古典主义建筑，主张"严格地追随"它的"榜样"。

仑设计的圣保罗教堂的第一个方案是集中式的，八角形的平面，四个斜边作内凹的圆弧，中央覆一个大穹顶，通体由单纯的几何形主宰。这是一个纪念碑式的构图，从意大利文艺复兴以来，为一切人文主义建筑师所乐于采用。

但是，查理二世，甚至国教会，暗中都企图恢复天主教。他们鼓动教士们反对这个设计，硬要中世纪天主教堂的拉丁十字式，查理二世顺水推舟，在仑的原方案上，前面加了一个巴西利卡大厅，后面加了歌坛和圣坛，形成了拉丁十字式平面，以便适合天主教的宗教仪式。克里斯多弗·仑接受了国王的旨意，修改了圣保罗的设计，形成了1675年的"钦定方案"。这个"钦定方案"，西立面参照罗马的耶稣教堂，甚至在穹顶之上再加一个六层的哥特式尖塔。仑的原设计遭到的破坏远比当年罗马的圣彼得大教堂严重。但他不是米开朗琪罗那样的"巨人"，可以回绝教皇的谕旨。仑写道："不论一个人已经怎样地把感情倾注于深思熟虑过的方案上，……他应该使他的设计适合他生活着的那个时代的口味，虽然这对他来说是不合理的。"对他来说，"那个时代的口味"，就是查理二世的口味，他只能去迎合。他曾经向查理二世进呈过一个月亮模型，上面刻着献词："敬献大不列颠、法兰西及苏格兰之王查理二世陛下，我王天威远播，寰宇不足容，臣克里斯多弗谨奉此明月以供御用。"他在政治上没有骨气，在建筑创作上也没有原则，虽然他偏好古典主义，但随君主、大贵族和教会的意图俯仰，设计过各色各样不同风格的建筑物，包括几座哥特式的教堂。而这时候，大陆上的古典主义者却把中世纪文明看作是野蛮愚昧的。

不过，仑毕竟是一个在古典主义的法国游学过的高水平的知识分子，心底还潜存着理性的光芒。1688年“光荣革命”推翻了复辟王朝，实施了君主立宪之后，他立即重新设计圣保罗大教堂，抛弃了穹顶上哥特式尖塔和罗马耶稣教堂式的立面。因为工程已经做了很多，平面不能再修改了，保持了拉丁十字式。但他提高穹顶，力求它能够统率全局，以增加教堂形体的纪念性。汲取了罗马圣彼得大教堂的教训，为改善从远处瞻仰大教堂时教堂的形象，在西立面增加了一对钟塔，以致隐约形成了哥特式主教堂的构图。

大教堂于1716年完成。最后完成的圣保罗大教堂基本上是古典主义的，以稳定的水平分划为主，柱式严谨，通体简洁而突出几何性。为了追求这种构图效果，仑把大教堂侧面外墙加高，在上部像屏风一样挡住大堂的屋面，并且改善了整体的比例。它的穹顶和鼓座采用伯拉孟特设计的罗马的坦比哀多样式，既宏伟又洋溢着理性的光辉，后来被美国国会大厦模仿。不过，它的风格也有些不协调的因素，例如西立面双塔的细部造型用了非古典的手法，有些史家把它们叫作巴洛克式的。另有一些史家因为混淆古典主义和巴洛克，也把圣保罗教堂叫作巴洛克式的。

无论如何，圣保罗大教堂是世界建筑史中的伟大杰作之一。它的穹顶直径34.2米，总高112米。仑是一位数学家、力学家和工程师，他巧妙地给穹顶设计了三层很轻巧的结构，中间一层是个圆锥形筒体，承担了尖顶上850吨重的采光亭。大教堂总长141.2米，巴西利卡拱顶宽30.8米，高65.3米，十分宏敞开阔。它是世界最大的教堂之一。仑说过：“建筑有它的政治效用……它使人民热爱他们的祖国，这种感情是推动一个国家的一切伟大事业的力量。”圣保罗大教堂就成了这样一幢建筑。

“光荣革命”给克里斯多弗·仑修正圣保罗大教堂设计的机会，也给了民权派的辉格党新贵族和农业资产阶级再一次掀起大造庄园府邸的机会。17世纪末和18世纪初，原来国王手里的大量土地转入辉格党的土地贵族和一部分银行家、商人手里，他们成了英国最大的土地所有者，把土地出租给经营资本主义式农牧业的人。18世纪初年，辉格党人组阁执政，王室的建设衰退下来了，只有安抚殖民战争伤残军人的格林尼治安养院（Greenich Hospital）的巨大工程还在进行，因为殖民事业是当时英国经济的重要支柱之一。同时，胜利的辉格党新贵们这时候却大兴土木，营造庄园府邸和城市豪宅。出色的建筑师过去是王室的供奉，现在依附于新的权贵。新贵们的府邸不仅规模赶上了国王的宫殿，风格也极其夸张，追求强烈的凯歌式的纪念性。君主立宪制的确立，是英国资产阶级革命的最大政治胜利，新贵们的府邸便是这个具有世界历史意义的胜利的凯歌和纪念碑。

早在16世纪末，新兴的从事农牧业的资产阶级和新贵族便在庄园里大规模地建造府邸。一个重要的新现象是，这些府邸的内容更加复杂多样，增加了图书室、舆图室、杂志室、瓷器和艺术品陈列室之类，显见得海外贸易和开拓殖民地的成功，使资产阶级和新贵族的生活领域比旧贵族扩大多了，眼界开阔多了，对新知识的追求也更殷切了。18世纪初这些府邸规模更大，常用的形制是"品"字形的大布局，正中为主楼，呈"凹"字形，前面有一个宽敞的三合院。它两侧各有一个很大的院子，一个是厨房、杂务房和仆役的住房，另一个是马厩等等。狩猎是贵族们最喜好的活动，有些府邸，马厩里养着两百多匹马。这种布局仍旧是帕拉第奥式的，甚至被称为帕拉第奥主义。还可能受到凡尔赛宫的影响，只为了造成气势，其实并不实用，需靠大量仆役的服务来弥补不便。稍晚一点的英国著名诗人蒲柏（Alexander Pope，1688—1744）曾经写过一首诗讽刺这类大府邸：

用一种美制造许多疏忽。

…………

会招惹狂风在长长的柱廊里怒吼。
意识到他们在造一座真正帕拉第奥主义的作品，
如果他们冻死，他们是被艺术规则冻死的。
他们会把在威尼斯式的门前伤风当作光荣。

这些府邸中最壮丽雄伟的是布莱尼姆府邸（Blenheim Palace，Oxfordshire，1705—？）。这是英国统帅马尔伯勒公爵（Duke of Marlborough，1650—1722）的府邸。它全长261米，主楼长97.6米。前面有一个很大的英国式园林，后面有一个法国式园林，靠后墙根则是一个很精致的意大利式园林。为了争夺殖民地，英国和法国不时发生战争，1704年8月，马尔伯勒率领军队在布莱尼姆打了一个很重要的大胜仗。诗人、作家艾迪生（Joseph Addison，1672—1719）写诗歌颂这位统帅道：

我仿佛听到战鼓声声如雷鸣，
胜利者的欢呼混和着濒死者的呻吟，
上空滚过大炮可怖的声音，
震天动地的战役已经来临。
此时此刻我们见到伟人马尔伯勒雄强的精神，
面对成千上万的敌军，处变不惊，气势大振。
…………
就像一位神托在身的使徒，
在八面狂飙中荡涤有罪的国土。
冷静而庄重，引来了罡风暴雨，
忠顺地执行全能上帝的意旨，
在旋风中驰骋，指挥那风雨。

布莱尼姆府邸站在高地上，威武雄壮，四周展开起伏的原野和湖泊，真像诗中描写的当年战场上的统帅。

正立面

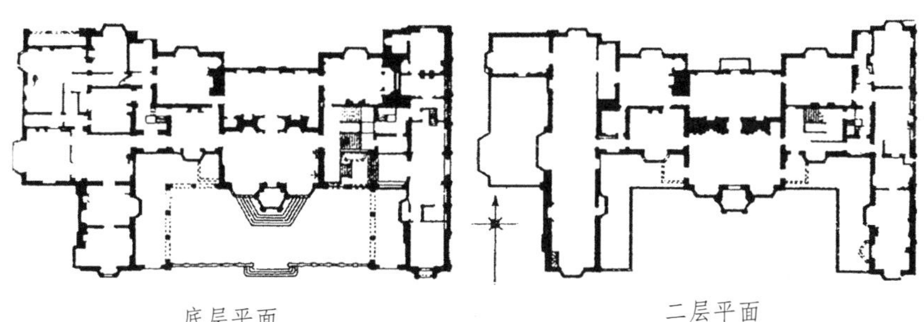

底层平面　　　　二层平面

门厅　　　　客厅壁炉

英国17世纪初的荷兰庄园府邸，为荷兰古典主义的。

为了表彰他，安女王下令用政府的钱给他造这所府邸，到1711年，工程才做了一半，已经用了13.4万镑，预计全部工程将要30万镑，政府就付了这笔预算的五分之四了结。

另一个霍华德府邸（Castle Howard，Yorkshire，1702—1714）长201.3米，主楼长91.5米。18世纪初年这一批新贵族和农业资产阶级的特大型府邸，气势之壮，装饰之豪华，使国王宫殿大为失色。标志着英国资产阶级革命的最终胜利，它们成了这场革命的纪念碑，革命终于有了纪念碑。但它们不是公共建筑，而是庄园里的私家府邸，它们的社会历史意义就有了很大的局限，这是英国革命固有的局限。

第十三讲　自由·平等·博爱

英国资产阶级革命的半个世纪里，法国正是路易十四君主专制的顶峰时期，号称“绝对君权”。由于封建关系非常稳固，法国的资产阶级革命需要更尖锐的社会矛盾、更成熟的社会危机、更普及更强烈的革命意识。因此，法国的革命到18世纪末才爆发，大半个18世纪是它的酝酿时期。因此，革命一旦发生，就特别激烈，特别彻底。

要推翻欧洲最强大的君主专制制度，首先必须做充分的思想舆论准备。随着革命风暴的逐渐临近，18世纪在法国出现了一大批思想家，人数之众多，理论之深刻，在世界上影响之大，空前未有。他们培育了资产阶级的革命意识，被称为启蒙学者，18世纪在法国历史上被称为启蒙时期。在这个时期里，已经建立了君主立宪制度的英国发生了另一场革命，工业革命，资本主义经济大发展，海外贸易和殖民事业一帆风顺。法国的资产阶级因此受到了刺激和鼓舞，他们的革命意识更加高涨。

启蒙运动主要有两个方面。一个以伏尔泰和狄德罗为代表，高倡理性，缔造和发扬科学精神，另一方面以卢梭和孟德斯鸠为代表，高倡人性，缔造和发扬民主精神。他们批判性地重新考察宗教信仰、道德风尚、政治制度、学术文化等等一切方面。科学和民主势不可挡地摧毁着封建主义意识形态的基础。

激烈而锋利的舆论酝酿，反映在思想文化的各个领域里，当然也反映在作为“石头的史书”的建筑里。建筑领域里产生了一些倾向性鲜明的理论、思潮和有强烈表现力的创作。这些情况与充满了动摇与妥协的英国革命时期形成鲜明的对照。

从1714年路易十四逝世到1815年拿破仑失败，这100年间，法国建筑活动的意义和前100年英国建筑活动一样，主要不在于创造了多少伟大作品，而在于它对历史反映的敏感和记录的忠实。那时英国建筑以平凡，以模棱两可，以没有自己的独特风格反映了那场反复无常的革命，而法国这时的建筑则以高扬的政治倾向性、热烈的追求甚至乌托邦式的理想反映了这场彻底的民主革命。

在太阳王路易十四统治的末期，君主政体已经走上了下坡路。到18世纪上半叶，“第三等级”壮大并且觉醒，政治关系越来越紧张。洪水即将泛滥，法国封建贵族已经普遍预感到了。但是继路易十四登上法国王座的路易十五，在谈论他荒淫放佚的生活时无耻地说：“我死后，哪怕洪水滔天。”

这时候，以歌颂君主的光荣伟大为主要任务的古典主义宫廷文化衰退了。贵族们从凡尔赛离散出来，回到自己的府邸里，一些府邸的沙龙成了思想界、文化界聚会的中心，它们取代宫廷领导了上层思想文化潮流。主持这些沙龙的几乎无例外地都是谈吐机智、举止娴雅、有点儿学识的夫人，过去以趋奉君主为荣的贵族，这时候赶来趋奉夫人们，以致沙龙文化，尤其是艺术，带有浓浓的一股脂粉气。影响最大的是路易十五的情妇蓬巴杜夫人（de Pompadour，1721—1764）的沙龙，情妇可没有什么宫廷气。

在路易十五因年幼而尚未亲自主政的“摄政时期”，贵族敏感到末日来临，生活中弥漫起恣情享乐的颓风。艺术上追求欢愉而摒弃崇高，追求亲切的舒适而摒弃夸张的尊贵，追求雅致优美而摒弃庄严宏伟，追求生活化而摒弃纪念性。到了蓬巴杜时期，国王和贵族一起更加沉溺于声色，这种艺术潮流达到圆熟的极致，渗透到所有领域，例如餐具、灯

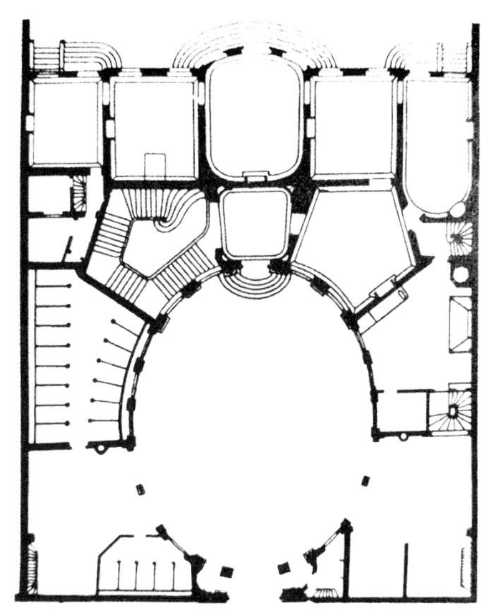

巴黎的阿默劳府邸平面，典型的洛可可式，1912年。

具、寝具、家具、文具等等一切可见可触的东西。它们精致纤巧的艺术特色得名为“洛可可”风格，也有人径直叫它蓬巴杜风格。

洛可可风格不大显现在建筑的外观上，这多半因为王家的建筑已经基本上不再营造，而贵族和新兴富裕阶层则还不想把府邸造得太显眼。府邸不大，不求排场气派而求安逸方便。平面布局因此灵活了一些，不死板对称，不好尚堂皇的连列厅而多使用内部走廊。功能性的房间多了，不再以豪华空阔的大厅为中心。有一些府邸的院落和厅堂采用椭圆形、圆形或者圆角多边形，显出女性文化柔媚的特点。生活设施受到重视，例如有了冲水的便器，过去，即使在凡尔赛宫里也没有卫生间，以致一身锦绣的贵夫人不得不在辉煌的大理石楼梯下随地方便。

洛可可风格主要表现在室内装饰上，它排斥古典主义的严肃和理性，也排斥巴洛克的放诞和强悍。它追求温雅细腻，软软的、轻轻的、细细的，千娇百媚，有点儿机巧的情趣，有点儿闺房的香艳。它不用古典主义和巴洛克惯用的柱式构件，而用纤弱柔和的线脚、壁板、画框等等来分划墙面。它不用有体积感的圆雕、高浮雕、壁龛等等，而用细巧的瓔珞、卷草和很薄的浅浮雕等等，它们的边缘悄悄地融进壁板的平面中，不留痕迹，避免造成硬性的光影变化。它不用寓意深刻的宗教题材或战史题材的大幅壁画，而用小幅的情爱和享乐题材的绘画，或者用画着山林乡野风景与农村人物生活场景的壁纸。它不用又硬又冷的大理石做墙面、地面和壁炉，而在墙面用花纸、纺织品和粉刷，地面铺木板，窗前挂绸帘，壁炉则用青花瓷砖贴面。纺织品和粉刷在色彩的选择和调配上有很大的自由，玫瑰红、苹果绿、象牙白和绛紫是最喜欢用的颜色，再点缀一些金色，很艳丽。墙上爱镶大块的玻璃镜子，镜台上点着蜡烛，摇曳的烛光，反照在镜子里，把绅士淑女们的倩影纷扰得迷离恍惚。烛光也闪烁在晶体珠子编织成的吊灯上，像千万颗流星。明灭变幻的光影，造成一种非常轻柔妖娆的气氛。

作为17世纪宫廷文化的反弹，崇尚自然，憎恶程式，是18世纪欧洲的一股强有力的文化思想潮流。同时，18世纪后半，英国文化中有一股先浪漫主义的潮流，主张艺术的个性化和情感化，影响到了法国。两种潮流和沙龙文化相汇合，都表现在洛可可艺术里，建筑装饰漾出一种清新的活力，不乏小巧的创造。装饰的母题主要是纤秀繁复的卷草，它们缠绕环曲，千姿百态，构思奇妙，生动而蓬勃，往往覆满了墙面和天花板。也常常用卷草形成壁板、镜子、画框的边缘，它们没有直线，没有方角，几何性是要刻意避免的，甚至一个镜框的左右上下都不对称。卷草通常贴金箔，底子则为象牙白色。连当时古典主义的第二代理论家，小布隆代尔（Jacques-François Blondel，1705—1774）也在他的《建筑学教程》里写道，建筑师不必拘泥于规则，建筑应该有性格，有表情，应该影响甚至震动人的心灵。这时候欧洲掀起了一场文化中的“中国热”，特别推崇中国文化与自然的亲和，因此有人把洛可可艺术称作“中国式”。

这样的室内装饰，配上精致的洛可可家具、寝具、灯具和各种陈设，表现出当时的贵族，既没落衰颓又精于鉴赏，他们的趣味娇弱侈靡又细入毫发。

洛可可艺术的取代古典主义，反映了绝对君权衰退后贵族文化的贫困，和市民阶层追求自由、追求安逸、喜好寻常家居生活化的奢靡化潮

凡尔赛小特里阿农宫客厅，洛可可风格。

流。这时候，海峡对岸的英国，胜利了的资产阶级和新贵族却正在大规模兴造气派恢宏的大府邸。

就在洛可可艺术流行的时候，启蒙思想也在澎湃发展，在它影响下产生了朝气蓬勃的建筑思想，以批判的理性作为武器。但这理性不是古典主义者的理性，在建筑上表现为先验的几何学比例以及清晰性、条理性等形式上的教条，启蒙主义者认为建筑的理性是功能，是真实，是自然合理。建筑上的一切都要辨明它存在的理由，否则就应该舍弃，不管它是古希腊人还是古罗马人采用过的。这是只有在历史的大变动关口才会有的冲决一切传统惰性的勇气。正像恩格斯说过的，启蒙思想家“不承认任何外界的权威……一切都受到了最无情的批判，一切都必须在理性的法庭面前为自己的存在做辩护或者放弃存在的权利”。在启蒙思想家批判宗教、自然观、社会、国家制度的同时，建筑上也以思维着的悟性当作衡量合理性的唯一尺度。

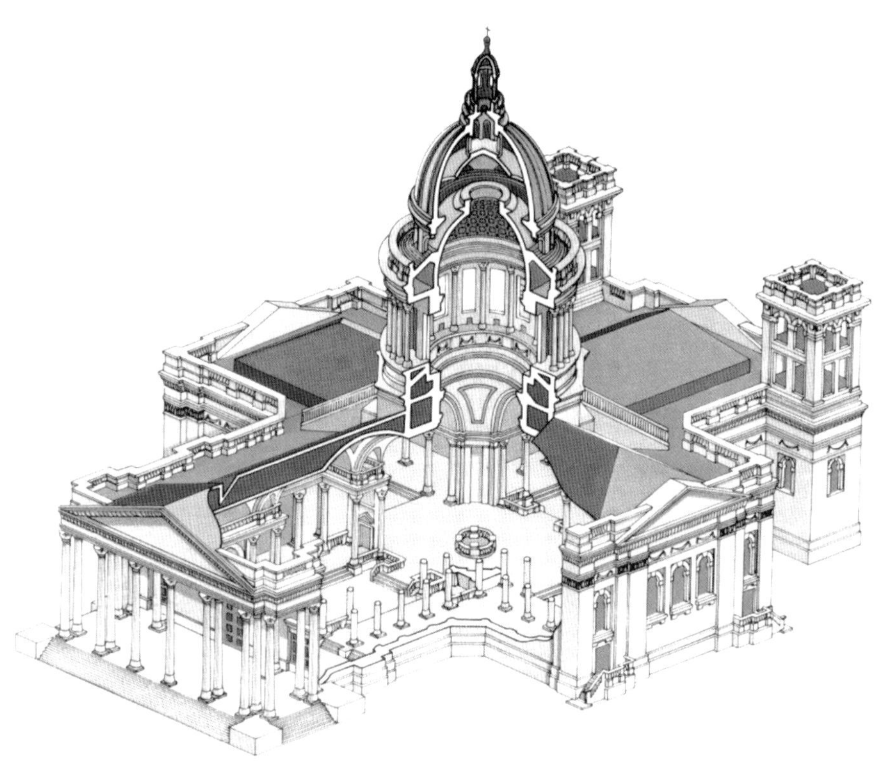

巴黎先贤祠建筑结构示意

早在1702年，路易十四统治的末期，科德穆瓦（Jean-Louis De Cordemoy）就用“功能”“使用”重新解释了文艺复兴以来被奉为经典的古罗马建筑师维特鲁威提出来的“方便、坚固、美观”三条建筑原则，开了风气之先。美观被他认为是多余的负面因素。18世纪接受启蒙思想的建筑理论家，大都以科德穆瓦为榜样。连古典主义的大本营，官方的建筑学院，在1734年出版的文集中也重新解释了它的基本观点。它首先提出了“高格调”作为评价建筑的首要原则，这就是全面的和谐。“配置”“比例”和“便利”是高格调的三要素。配置是里里外外各部分的大小和用途，比例是各部分相应于用途的合适尺寸，便利决定于用途。三个要素，每个都以用途为根本。形式语言和高格调要由美学原则决定，但这原则又要由功能决定。这对于一向以纯形式创造为主要任务的建筑学院来说，是理论观念的一次革命，这革命的思想基础是启蒙主义的理性和人道。

巴黎先贤祠内景

当时理论比较完备，影响最大的是陆吉埃长老（Pere Marc-Antoine Laugier，1713—1769）。他是一个卢梭主义者，卢梭在他的著名论文《论科学和艺术》（1750）中，批评了文明的负面作用，讴歌简单原始的生活，主张返回自然。陆吉埃也认为，建筑物应该像远古的茅屋，柱子、梁，简简单单，一切都是自然的、合理的、功能的，合乎结构逻辑。原始的茅屋是一切建筑形式的源头。他相信，只有严格地服从功能和合理，才能保证建筑物完善和自然，避免建筑艺术堕落。严格的需要会产生美，简单和自然会产生美，一切美的规则都来自自然，结构的合理是决定性因素。陆吉埃强调说："绝不应该把任何没有确实理由的东西放在建筑物上。"（均见 Essai *Sur L'Architecture*，1753）德国诗哲歌德说：陆吉埃是"面对必须而成为创造者的第一人。在地上打进四棵柱子，在上面搭四根横梁，盖上树枝和苔藓"。他称陆吉埃为"新的法国学派的哲学化的学者"。陆吉埃被后人叫作"功能主义者"。

和启蒙主义者张扬个性相关，建筑理论中也提出了建筑的“个性”。布弗朗（Germain Boffrand，1667—1754）首先主张，所有房屋，从外部的结构到内部的装饰，都应该清晰地表现建造者的个性，表现主人的个性。建筑要和看望它的人对话，要有心理学的特质。从此，“会说话的建筑”就成了“革命的建筑”的核心思想。

自从文艺复兴运动以来，欧洲人始终推崇古典文化。到18世纪中叶，在实证主义的科学精神推动之下，考古工作大大发达起来。古罗马遗址在建筑师眼前展开了动人的图景，使他们知道，学院派的古典主义教条原来同真正的古典作品有很大距离。稍迟一些，又开展了古希腊遗址的考古发掘，更使建筑师们知道，古罗马建筑原来同古希腊建筑有很大距离。于是，建筑师们趋向于直接从古罗马和古希腊的遗物学习，而批判学院派古典主义的教条主义。这种新倾向就叫“新古典主义”。这时革命已经临近，新古典主义染上了强烈的政治色彩。所以，学习古罗马文化遗产，主要向共和时期的罗马学习，向希腊文化学习，更是为了学习它的民主精神。德国美术史家温克尔曼在《论模仿希腊绘画和雕刻》（1755）中说，“古希腊艺术卓越成就的最主要原因在于自由”，在于希腊的民主制度，他说，对“公民美德”和“共和制美德”的描绘是古希腊艺术的精华，政治制度越民主，艺术的水平就越高。陆吉埃也说：“罗马人只对建筑做了些平庸的事……惟有希腊人给建筑以高贵和不朽。”这些话都并不完全正确，有很大的借题发挥的成分，当时，其实对希腊以及罗马共和时期的建筑的知识还十分贫乏。使理论家们激动的，是资产阶级的革命情绪。于是，在建筑创作实践中和建筑评论中，就以温克尔曼对古希腊建筑风格的概括为标准，追求“高贵的纯朴和壮穆的宏伟”。代表作品是先贤祠（Pantheon，1744—1789，建筑师苏夫洛J.-G. Soufflot，1713—1780），它本来是路易十五患病时许愿为巴黎的保护者、圣徒热内维埃夫（Ste. Genevieve）而造，1791年，革命的国民公会决定改它为先贤祠，作为对国家有贡献的公民的公墓。伏尔泰、卢梭和雨果的墓就在这里。

布雷的牛顿纪念馆设计图

总之，科学和民主，是18世纪中叶法国建筑理论的基本内容。建筑理论也汇入到革命的舆论准备中去了，它的影响超出国界，连意大利和德国都有追随者。

然而，不论功能、合理，还是典雅、简洁，还是个性、自然，都不足以表现18世纪晚期大革命爆发时激昂、亢奋的情绪和重塑崭新社会关系的高远理想。有两个建筑师横空出世，担当了表现这个伟大历史转折的任务，一个是布雷（Etienne-Louis Boullée，1728—1799），一个是勒杜（Claude-Nicolas Ledoux，1736—1806）。不过在那个大动荡的时代，他们的设计，尤其是布雷的，大都没有真的建造，甚至根本不可能用当时的技术水平建造，他们其实也并不期望他们的设计能建造，只是用超越性的建筑设计图来抒发奔腾高昂的革命激情。

布雷本是建筑学院的一级院士，1781年，也就是革命者攻陷巴士底狱前8年，他退出建筑业务，潜心作图。1793年，也就是最彻底的革命派雅各宾派专政的时候，他向国家献出了他的论文《论艺术》和大量设计图。在论文的前言里，他说“我也是一个画家”，他的设计图就是画。他又写道：“我认为，我们的建筑，尤其是公共建筑，应该是某种意义上的诗。”他的设计图就是诗。“诗情画意”，布雷认为就是它们形成了一座建筑物的个性。充溢在他的设计中的是豪情慷慨、大气磅礴的诗情画意。

他的重要设计之一是牛顿纪念馆（Cénotaphe to Newton，1784）。这是一个直径146米的纯几何的圆球体，下半部埋在直径更大的圆柱体基座里，基座上缘种两圈树。圆球体的壳上开一些孔洞，白昼它们对内部构成灿烂的星空，夜晚则由一盏大灯照亮内部，如同太阳一般。这个球形内部象征着宇宙。布雷在讲到建筑巨大的体量能给人以强烈的印象时说："我们的灵魂渴望着拥抱宇宙，在任何情况下，它都能激起我们的敬仰。"启蒙主义者崇拜牛顿，把他奉为北斗星和宇宙的发现者。1732年，英国诗人蒲柏有句：

自然和自然规律隐没在黑夜中，
上帝说，让牛顿降生罢，于是一切都明亮了！

布雷用颂体为牛顿纪念馆写了说明："庄严的精神！伟大而深邃的天才！神圣的生灵！牛顿……您确认了地球的形状，而我想到了把您包藏在您的发现之中。"

在牛顿纪念馆之前，布雷设计过另一件阔大不羁的伟人像陈列馆（1783），它的规模和想象力甚至超过牛顿纪念馆。大革命爆发之后，1792年，布雷画了国民公会大厦和巴黎市政厅的设计图。他力求在这些作为革命政权象征的建筑物上表现"公民的单纯美德"，很简洁。在国民公会大厦的女儿墙头飞驰着胜利的马车，正立面墙上刻着《人权宣言》的全文，那是资产阶级民主革命的圣经。

勒杜也是建筑学院的院士，和布雷一样，也把建筑和绘画相提并论。他说，"如果你想当一名建筑师，你首先要当一名画家"，而画家负有全面的社会责任，因此，他认为建筑师是一个教育工作者，建筑是他的工具。和布雷不同，他不是创作宏伟的纪念性形象来为革命唱赞歌，而是在建筑领域中表现大革命的社会理想："自由、平等、博爱。"他为第三等级的直接需要设计过许多平凡的城乡房屋，按照陆吉埃的主张，它们都是些简单之极的几何体，没有丝毫装饰。他写道：“一个真正的建筑师，绝不会因为给砍柴人造了房子而不成其为建筑师。”显然，受卢梭《社会契约论》的影响，他写道：“如果社会是建立在要求相互之爱的相互依赖上，我们为什么不把这种使人类崇高的感情和品味带到私人住宅里去呢？……纪念性建筑的个性，如同它们的本性一样，是服务于传播和净化道德的。”不过，勒杜所说的“平等”，并不是物质上的平等，而仅仅是社会等级秩序中的平等，所以，勒杜说，他为社会各阶层的人做设计，“穷人的房子，外观谦卑，更加反衬了富人府邸的豪华”。

勒杜最重要的作品是1774年设计、1775至1778年间开始建造的王家盐场。这个盐场的方案起初体现了绝对君权制度，在正中建造管理人住宅兼办公室，统领全局。1793年，勒杜被控保王而入狱，几乎上断头台。1795年获释之后，他成为后来因极端“革命”而被杀的巴贝夫（François-Noel Babeuf，约1764—1797）的信徒。巴贝夫憎恶城市，像卢梭一样，说它们是一切文明病的起因，造成了居民之间的实质性不平等。勒杜重新负责盐场的建造，力求摆脱社会的差异，他说在这盐场“人们将第一次见到，小客店和宫殿同样辉煌”。它把盐场规划成理想城，花园城，是第一个乌托邦城（Ville Idéale de Chaux）。

盐场城的中心是个椭圆形的广场，以长轴为主轴。广场中央已按初期的规划建造了场长的住宅，它左右两翼伸出厂房，把广场分为前后两半，后面是车库。广场长轴前端是大门。门的一侧建职员宿舍，另一侧建雇工宿舍，都沿圆周排列。长轴后端立着市政厅。短轴两端分别建法院和神父住宅。在外围，还有一圈木匠、伐木工人、箍桶匠、艺术家、作家、工程师和商人等等的独立型小住宅，一共一百五十多座。这些住宅的质量完全相等，没有社会地位的差异，都有小院和果园。在住宅外侧，又有大致排列成环状的公共福利建筑，如学校、俱乐部、体育馆、市场和浴室，还有公墓。勒杜说：“在这座新生的城里，要教人人都安乐。”盐场城里的所有建筑都异常简单，由精确清晰的几何形组成。有一些形式不免怪诞。

他的其他作品中，以一座“乡村公安队宿舍”最有特色，它是一个完完全全的球形，安置在一个方水池中央，要经过吊桥才能到它的门口。像布雷一样，勒杜也认为球形是最简洁、最完整也最富有变化的几何形，它是“自然本身的产物”。当然，这个宿舍远比牛顿纪念馆小得多。它不在盐场，并没有造起来。

布雷和勒杜并不孤立，与他们同时，或先或后，还有一些建筑师做过类似的规划和设计。这是一个重大历史时期的反映，不是个别人的奇思异想。

法国大革命的最后一幕，由拿破仑担当主角演出。推翻了君主政体之后，新生的共和政府虽然继续推进革命，但它既不成熟又不稳定，有些方面还很软弱，以致国事混乱。同时，几乎整个欧洲的君主国都与共和的法国为敌，连立宪的英国也因为经济利益的争夺而成为法国的主要敌人。对内对外，法国都需要强有力的铁腕来执政。拿破仑风云际会，于1799年建立了他的军事独裁，1804年正式称帝。他一方面保护市场，促进自由竞争，提倡科学技术，为法国资本主义经济的发展创造国内条件，一方面借着军事胜利在周围国家扫除封建制度，开拓海外贸易，为法国资本主义经济的发展创造国际条件。到后期，则个人野心扩张，把战争变成侵略性的了，到处掠夺，终于树敌八方，力不从心，1815年彻底失败。

像一切专制帝王一样，拿破仑调动艺术和建筑，不遗余力地颂扬他的统治。他恢复了1793年被革命政府解散的法兰西学院，作为他的御用工具。其中一所造型艺术学院里有8名建筑院士。他每次出征，都把艺术品作为重要的掠夺对象，以致在他短短的十几年统治时期内，巴黎取代罗马成了欧洲最大的艺术品收藏中心。有时候，他干脆把艺术家和考古学家带在军队里，以致他的掠夺显得很内行。由于掠夺和随军征战，法国艺术家和建筑师的眼界开阔多了，知识丰富多了。

拿破仑非常懂得建筑的政治作用。1807年，他在对俄战争前线，要求后方天天向他报告几座大型公共建筑的施工情况，不断发出谕旨。他审阅“军队光荣”教堂的设计图时说：“它和政治有很明显的关系，因此必须尽快建造。”拿破仑时期法国的建筑活动有三个突出的特点：第一个是以建造歌颂拿破仑武功的大型纪念性建筑为主。虽然名义上是献给军队的，实际上是献给皇帝的。第二，也建造了一些促进资本主义经济发展的建筑，如巴黎豪华的利沃里商业街（Rue de Rivoli，1811—？）和堂皇的证券交易所（La Bourse，1808—1827）。第三个特点是在这些大型建筑中形成了“帝国风格”，雄伟庄严，威风凛凛，对19世纪欧洲建筑影响很大。同时也开始了建筑艺术中的折衷主义，主要是把东方的传统建筑风格拿来杂糅在一起。这是殖民主义心理的表现，也是猎奇求异。

拿破仑坦白地说过：“我的权势建立在我的光荣上面，而我的光荣建立在战功上面，一旦我不能创造新的光荣、新的战功，我的权势就马上衰退了。征战使我得有今日，也只有征战才能维持我今日的地位。”（见Thomas Carlyle 著《法国革命》）所以，他十分重视用建筑物来表彰他的战功。这些建筑物占据巴黎市区最重要的地点，有卢浮宫西端跑马广场的卡路赛尔凯旋门（Arc de Triomphe du Carrousel，1806），香榭丽舍大街西端与杜伊勒里宫相对的“雄师”凯旋门（Arc de Triomphe de La Grand Armée，1806—1836，今戴高乐广场大凯旋门），位于这条大街中段北侧不远的“军队光荣”庙（Temple de La Gloire de L'Armée，1807—1842，今抹大拉教堂）和旺多姆广场（原路易十四广场）中央的雄师柱（Colonne de La Grand Armée，1805）等。他先后征召过261万法国青年入伍，牺牲了100万，所以，大凯旋门、纪功柱和庙就以纪念军队为名。诗人缪塞（Alfred de Musset，1810—1857）在巴黎写道：“在这万里无云的晴空下，到处闪烁着光荣的标志，到处闪烁着剑光，这个时代的青年便呼吸着这样的空气。……死亡看起来是何等美丽，何等高洁，何等荣耀啊！”这些帝国风格的建筑物就这样以它们的存在和形象为政治服务。

在欧洲历史上，最伟大的军事统帅是古罗马的恺撒，最伟大的帝国是古罗马帝国。为了演出历史的新场面，拿破仑必须穿上古罗马的衣服，说古罗马的语言，以便使自己的事业戴上古罗马神圣的光环。拿破仑以恺撒和罗马皇帝自比，因此他对古罗马的文化怀着浓厚的兴趣。他资助对公元76年被维苏威火山爆发而毁灭的埃尔科拉诺（Ercolano）和庞贝的发掘，从意大利掠回大量的古罗马艺术品。拿破仑的御用建筑师柏西埃（Charles Percier，1764—1838）和封丹纳（Pierre-François Léonard Fontaine，1762—1853）写道："无论在纯美术方面还是在装饰和工艺方面，人们都不可能找到比古代留下来的更美好的形式了。"又说："我们努力模仿古代，仿它的精神、它的原则和它的规矩，它们是永恒的。"比起阔大不羁的布雷和勒杜来，他们失去了革命高潮时期的浪漫精神。在这种形势下，卡路赛尔凯旋门是完全抄袭古罗马的塞维鲁凯旋门（Triumphal Arch of Septimius Severus，203）的；雄师柱是完全抄袭古罗马的图拉真纪功柱（Memorial Column to Trajan，113）的。军队光荣庙完全像一座古罗马的异教庙宇。其他的建筑，也力求达到古罗马建筑的威严、壮观，除了高大的体量外，尺度也很大。爱用巨柱式，柱间距相对显得小，教人感到压抑。通常装饰简单，线脚少，曲线形的细节少，裸露着大面积又硬又冷的石墙，墙上没有窗、没有分划，甚至不见砌缝，只偶尔有几个壁龛陈设着古气盎然的雕像。这种"帝国风格"矜夸而森严，甚至发出肃杀之气。所以巴黎人说，"军队光荣"教堂的柱列好像走过来一队拿破仑的大军。"帝国风格"也同样表现在民用的公共建筑上，巴黎的证券交易所大厦和议会大厦的正面柱廊都同样地高傲。在室内，帝国风格的特点是搬用刚刚从庞贝发掘出来的古罗马样式。这帝国风格正是拿破仑帝国忠实的写照，"自由、平等、博爱"的理想没有了，有的只是穷兵黩武的炫耀。

"军队光荣"庙，现在的圣马德莱娜教堂，位于巴黎市中心。它前面的一条不长的王家大道直通今香榭丽舍大街的起点，紧靠着杜伊勒里宫花园。1777年这里就开工建造一座马德莱娜教堂（L'église Sainte-Marie-Madeleine）。马德莱娜是《圣经》中传说的一个娼妇，后来成了基督教圣徒，被奉为巴黎的保护者和象征。1799年，刚刚完成基础工程，拿破仑一执政，就看上了它的重要位置，下令停建，在这个位置上建造"军队光荣"庙，用来陈列战利品，纪念他军队的胜绩。他任命建筑师维尼翁（Barthélemy Vignon，1762—1829）主持设计，指示说：这座建筑"应该是庙宇（temple，指古典的异教庙宇）而不应该是教堂"，"应该是可以在雅典见到的那种纪念物，而不是在巴黎可以见到的那种"。

维尼翁把它设计成了一座古罗马围廊式的大庙，正面8棵柱子，侧面18棵，都是科林斯式。它长101.5米，宽44.9米，柱子高19米，立在7米高的基座上，规模可以和古罗马最大的庙宇媲美。拿破仑失败后，工程又重新改为马德莱娜教堂，由余维（J.-J.-M. Huvé，1783—1852）继续主持，到1845年完成。这个建筑的屋顶采用前后联排三个扁平的穹顶，由拜占庭式的帆拱架起来。然而，它的穹顶却是铁框架结构，中央留一个采光口。这穹顶，从结构到材料，都是工业革命的产物，在19世纪初年非常先进，当时只有粮食交易所（L'Exchange de Blé，1802）也用铁架穹顶覆盖。可惜这穹顶还没有给建筑带来新的形式。建筑的艺术形式一般都落后于工程技术的发展，常常是新结构起初都束缚在旧形式里，等到一旦突破旧形式而找到了适合于它的新形式，建筑就会发生一次大革新。

雄师凯旋门也占据着极重要的位置，在香榭丽舍的最高点上，距今协和广场2700米。它东边一段路比较低凹，所以从卢浮宫这边看过去，尤其显得壮观。它高49.4米，宽44米，厚22.3米，中央券门高36.6米，宽14.6米，规模远远超过了古罗马任何一座凯旋门，是世界最大的。内部有梯道可以登上檐口女儿墙前，在上面俯眺香榭丽舍大街，一线通天，气派非常宏大。这座凯旋门的形式大不同于古罗马的，不用柱式装饰的巨大墩子，格外稳重有力，给人以永恒的印象。它的建筑师是夏格罕（Jean-François，Chagrin，1739—1811），直到1836年才完成。东立面上，左侧墙墩上的高浮雕题材是“拿破仑1810年的胜利”，作者为高道（Jean-Pierre Cortot），右侧是吕德（François Rude）作的“马赛曲”。西立面上的两方雕刻是后来人记述拿破仑的失败的。

拿破仑失败后，凯旋门于1836年完成，因为堵塞交通，所以绕它一周辟了环形道，有12条林荫道辐辏而来，因此这里就叫星形广场，而凯旋门也就改名为星形广场凯旋门了（现在则叫戴高乐广场）。

“军队光荣”庙和雄师凯旋门的改名固然是政治性事件，而由政治斗争导致的更富戏剧性的故事则由旺多姆广场中央的纪功柱来讲述。这广场是巴黎市中心最重要的广场，中央原来立着太阳王路易十四的骑马像。1805年，拿破仑在奥斯特立茨（Austerlitz）战役大胜俄奥联军之后，拆除了路易十四的像，仿照古罗马的图拉真柱式样，建造了他自己的纪功柱。柱高43.5米，上面立着拿破仑的铜像。柱子是石造的，却用战役中缴获的大约250门大炮熔铸成了它的一层外壳，壳上铸了一身仿图拉真柱样子的浮雕，刻画他的胜利。他没有料到，1814年他第一次被俘，保王党人就拆掉了他的像。到复辟时期（1815—1830），在柱子顶上装了一朵象征王室的莲花。1833年，路易·菲力普（Louis Philippe，1830—1848在位）恢复了拿破仑铜像。1871年4月12日，巴黎公社发布了一项命令，指出这棵铜柱是“野蛮行为的纪念物，暴力和虚荣的象征，对军国主义的炫耀，对国际法的否定，战胜者对战败者永久的侮辱，对法兰西共和国三大原则之一——博爱的永恒的伤害”，于是，推倒了这棵柱子。公社失败后，这次事件的带头人，画家库尔贝（Gustave Courbet，1819—1877）被判负担重建这棵纪功柱的费用，他不得不逃亡瑞士。柱子于1873—1874年间复原。

一棵柱子记录了七十年的法国历史。

第十四讲　古典与浪漫

自从18世纪中叶以后，欧洲的文化史就头绪纷杂，难以像以前那样，用“哥特”“文艺复兴”“巴洛克”“古典主义”来描绘几乎整个欧洲的一个时代、一种风格了，也难以用几座典型的建筑，几位杰出的建筑师来代表欧洲一个历史时期建筑的特点和成就了。

造成这种历史现象的原因很多，一是这时候统一的民族国家纷纷形成，各有各的利益，法国大革命又引发了许多国家的冲突，民族独立的意识大大加强，民族文化自觉的意识也随着加强了；二是资产阶级革命改变了社会结构，社会矛盾复杂化，每个国家内部的文化多元化；三是工业革命的成功，大大加快了经济发展的速度，也加快了文化发展的速度，不大能从容地形成一种稳定的主流建筑风格；四是由于海外市场的扩展，世界各地的文化交流发达，人们的思想开阔了，灵活了，更难“定于一尊”。

到19世纪中叶，欧洲建筑有了明显的变化，那时候工业革命和民主革命在欧洲大多数国家完成，于是需要建造大量新类型的建筑，它们的功能和规模史无前例，同时新的建筑材料和结构方法也更加普及，于是欧洲建筑真正有了新的历史内容，逐渐发展，终于成了历史的主流，到20世纪30年代形成了与新材料、新结构、新功能和市场经济相适应的建筑风格，欧洲的建筑在更大的程度上又重新统一了。

巴斯“马戏场”联排住宅

18世纪中叶到19世纪中叶，比较流行的是滥觞于法国的新古典主义。新古典主义主张直接向古希腊和古罗马共和时期的建筑实物学习，因此又叫古典复兴，或者分别叫希腊复兴和罗马复兴。新古典主义的思想背景是民主和科学。民主，就是厌弃古典主义的宫廷文化本质，而推崇古希腊和共和时期的罗马；科学，就是用实证方法研究古典建筑遗产，而厌弃学院派古典主义的抽象教条。不过，由于各国的历史背景和国家利益不同，所以，它们对新古典主义又各有自己的诠释。

18世纪中叶，古希腊和古罗马遗址的考古成果丰硕，欧洲各主要国家知识界发生了一场希腊与罗马文化哪一个更优秀的争论。崇尚古希腊文化的以德国的温克尔曼和法国的陆吉埃为旗帜。崇尚古罗马文化的以意大利人皮拉内西（Govanni Battista Piranesi，1720—1778）为旗帜。温克尔曼宣扬的是民主制度的优越性，陆吉埃和皮拉内西则强调实用功能和简洁合理，不过在启蒙主义影响下，也倾向于共和时

英国西昂府邸的前厅

代的罗马。他们理论的基调都是批判的理性，针对着路易十四宫廷建筑的凛凛威风和贵族府邸洛可可的奢靡。这样的争辩当然不可能有结论，但双方的主张都在争辩中扩大了影响。由于自文艺复兴以来三百年的传统，由于对古希腊遗产其实所知不多，更由于古罗马建筑的适应性远比古希腊的强，所以在创作实践中，还是以罗马复兴为多。不过，当时对罗马共和时期的建筑也所知不多，又受到维特鲁威的影响，因此大多以不用拱券作为共和时期建筑的特征，来和帝国时期划分界限。事实上古典复兴从根本说便不可能是一种“纯风格”，不但希腊复兴和罗马复兴的界限有模糊不清的时候，文艺复兴、古典主义、巴洛克甚至洛可可都或多或少掺杂进来。所谓罗马复兴和希腊复兴，局部可能达到考古学的精确度，但很少涉及建筑整体的构图。一些建筑师是两种都做，甚至把两种混用在一起。

18世纪中叶，英国主要的城市大型建筑中，流行罗马复兴建筑，它淘汰了帕拉第奥主义。罗马复兴的代表作是巴斯城（Bath）的一批住宅，设计人是伍德父子（John Wood I，1704—1754；John Wood II，1728—1782）。不但风格是罗马式的，广场的布局也仿古罗马的“马戏场”和“角斗场”。“马戏场”的立面构图作三层水平带，用双层叠柱划分开间。因为标榜罗马共和制度，建筑不用拱券，窗子都是方额的，所以和罗马剧场的构图在似与不似之间。

对古罗马建筑局部模仿得最接近的是亚当兄弟（Robert Adam，1728—1792；James Adam，1730—1774）。哥哥亲自测绘过古罗马的许多遗迹，出版过研究著作。他们不但在建筑物的立面上采用整个的凯旋门等等的构图，在内部，也常常使用公共浴场和万神庙的手法。例如西昂府邸的前厅（Syon House，Middlesex，约1761—1765）四壁设爱奥尼亚式的倚柱，柱顶上立着镀金的人像，也都是古罗马的仿制品。室内装饰屡屡仿造刚刚发掘出来的庞贝住宅中所见的题材和风格，纤丽而高雅。

到19世纪初，希腊复兴代替罗马复兴成为英国主要的建筑风格。因为这时候英国正和拿破仑的法国作战，抑制法国的扩张，后来终于彻底打败了拿破仑。拿破仑的“帝国式”建筑脱胎于古罗马帝国的建筑，为了对抗拿破仑，英国人转向了古希腊。20年代，希腊为摆脱信奉伊斯兰

英国伦敦大英博物馆

教的土耳其人的统治而进行了英勇的独立斗争，引起信奉基督教又推崇古希腊文化的欧洲人广泛的同情。这时候英国的资产阶级辉格党人正在为扩大民主权利而掀起改革宪章的运动，他们自然更倾向于民主的希腊文化。何况18世纪希腊考古工作主要是由英国人做的。

希腊复兴的代表作品是伦敦的坎伯兰联排住宅（Cumberland Terrace，1825）和卡尔顿联排住宅（Carlton Terrace，1827），设计人都是纳什（John Nash，1752—1835）。这两幢住宅很典雅，但都为了形式风格而大大牺牲了实用性。

伦敦的大英博物馆（British Museum，1825—1847）也是希腊复兴建筑的代表作之一。它的设计人斯默克（Robert Smirke，1780—1867）是个多产的建筑师，创作过大量的作品，但都小而不耐久，而这座博物馆却规模很大，建造考究。斯默克认为：古希腊建筑“无疑是最高贵的，具有纯净的简洁”。博物馆的正面全部采用爱奥尼亚式柱廊，两翼凸出，中央8棵柱子顶着一个山花。

希腊复兴建筑的集中地在苏格兰的首府爱丁堡，它被称为新雅典。代表性的建筑物是爱丁堡大学，它在卡尔顿山（Carlton Hill）的南坡，山上曾经造过一座国家纪念堂，完全仿帕特农，因此卡尔顿山被叫作雅典卫城。山脚下的广场叫滑铁卢广场，纪念对拿破仑的决定性胜利，它论证了希腊复兴建筑的历史意义。

就在古典复兴建筑流行的时候，18世纪中叶到19世纪中叶，英国人始终有一种对哥特建筑的爱好。当掀起了热爱大自然之美的时候，便论证中世纪哥特式建筑是最自然的，尤其是它的不对称的农舍完全适合于时兴的不对称的自然风致式园林。当掀起了对民主自由向往的时候，便论证哥特式教堂是自由的工匠在愉快心情下劳动的成果，是最道德的。当掀起对理性的崇尚的时候，便论证哥特式建筑结构有条不紊，也没有浮夸的装饰，是最理性的。由理性说到真实，由真实说到道德。即使希腊复兴的鼓吹者，也都要把哥特建筑和古希腊建筑并列。然而也有一些人从天主教的纯正来论证哥特式主教堂的正统。从什么角度来赞美哥特建筑，决定于当时的社会思潮。这些思潮很复杂，有被革命打倒的封建贵族的呻吟，有破产小农的悲怆，有失望工人的哀伤，也有新兴农牧场主的满足和觉醒知识分子对个性、情感和自然的追求。由于民族意识的加强，欧洲各国都有一些人注意到，新古典主义和古典主义一样，在古典文化的笼罩下，没有国界，而中世纪的哥特文化，是有鲜明的民族和地方特色的，于是也推崇哥特文化。这形形色色的思潮形成了18和19世纪建筑中的浪漫主义，与文学艺术中的浪漫主义相呼应。它的后期，思想退潮而徒具形式，就叫哥特复兴。

浪漫主义建筑在18世纪中叶由一些对建筑有兴趣的文人学者鼓吹起来，其中影响最大的是沃波尔（Horace Walpole，1717—1797），他迷恋充满了传奇色彩的中世纪生活，自己以中世纪故事为题材写小说。在小说中和文化人圈子里，他宣传哥特建筑是“迷人的、生气勃勃的”。他请人给他设计了一座庄园府邸，位置在草莓山（Strawberry Hill，1753—1776），完全模仿中世纪的寨堡。府邸建成之后，很轰动，引得许多人

英国伦敦国会大厦沿泰晤士河的立面展开

英国伦敦国会大厦大本钟

去参观。两百年来，英国的庄园府邸主要流行帕拉第奥式，很古板，为了形式的对称、端庄和典雅弄得既不实用，又很浪费。18世纪初年，纪念碑式的大庄园府邸更缺乏和谐的生活气息。罗马复兴式建筑改变不了这些缺点。而中世纪式的府邸，布局灵活，各部分的位置和相互关系合理适宜，外形又活泼如画，非常亲切有情致，不但自然而且有个性，于是很快就广泛流行开来。诱发柯勒律治（H. Coleridge，1796—1849）和华兹华斯（D. Wordsworth，1771—1855）写下那些教人心醉的诗歌的英国田野中，就点缀着不少这样的府邸。

浪漫主义也延伸到英国城市中大型公共建筑上，最重要的是伦敦的国会大厦（Houses of Parlement，1840—1865）。巴里爵士（Sir Charles Barry，1795—1860）做的原设计采用古典主义和意大利文艺复兴的混合手法，在建造过程中，英国女王为了对抗正在勃兴的社会主义运动而强化基督教，像17世纪末年的复辟王朝一样，提倡哥特式建筑，下令由小普金（A. W. N. Pugin，1812—1852）协助，把它修改成哥特式的了。国会大厦由11个院落组成，大致对称，但西南角有一个维多利亚塔，高102.4米，西北有一个大钟塔，高100.3米，挂着13吨重的“大本钟”。两座塔打破了原来古典主义立面的程式，造成了哥特式跳动的轮廓。它沿泰晤士河展开的立面虽然也哥特化了，但仍遗留着古典主义平稳的构图。

小普金是一个哥特建筑的热烈崇拜者，深受德国的施莱格尔（F. Schlegel，1772—1829）和法国的夏多布里昂（F.-A.-R. de Chateaubriand，1768—1848）的影响。他认为中世纪的建筑远远高于其他任何时期的建筑，具有不可挑战的权威性和永恒性，和它们相比，“当今的建筑品位简直是堕落的”（1836）。他说，哥特建筑“不是一种风格，而是一种原则”。哥特建筑“真实”，因为它是忠诚地使用材料的结果，它的结构是袒露的，功能一目了然。这个说法并不完全符合实际，因此遭到当时一些建筑师的抨击。普金对哥特建筑的推崇是和他虔敬的宗教信仰相联系的。19世纪初，英国国教兴过一阵“精神复兴”，向正统基督教靠拢，他认为，哥特建筑正好用作国教转向基督教正统的标志，“只有道德高尚的人才能创造得出来”。

普金显然影响到了英国19世纪最重要的建筑理论家、文学评论家、散文家罗斯金（John Ruskin，1819—1900）。罗斯金同样热烈推崇哥特建筑，专门写下了两部书：《建筑的七盏明灯》（*Seven Lamps on Architecture*，1849）和《威尼斯之石》（*Stone of Venice*，1851—1853）。在《建筑的七盏明灯》里，他提出了建筑创作的七项原则，其中包括“真实”“纪念性”和“顺从”。“真实”就是避免虚假地使用材料和隐藏支柱，也不要用机器加工而用手工；“纪念性”，就是建筑要为未来而建，因为建筑只有历经风霜饱含了历史联想之后才会伟大；“顺从”就是要忠诚于过去的形式，不要狂热地轻易求新。他所说的过去的形式，就是中世纪的形式，他认为中世纪的工匠是快乐的自由人，笃信宗教。罗斯金说：“一个笨蛋傻乎乎地建造，一个聪明人巧妙地建造，一个高尚的人造得美丽，而一个坏痞子造得下流。”（1869）只有虔诚的教徒才能成为高尚的人。不过，罗斯金毕竟是一位清醒的理论家，在《建筑的七盏明灯》里，他写道，建筑还有一个原则便是“让步”，建筑不是物质性问题的机械性答案，它需要艺术创造。他说：“我们对任何建筑物都要求它具有三种好品格：一，它服务得好，能够用最好的方式做它应该做的事；二，它说得好，能够用最恰当的字眼说它应该说的话；三，它很好看，不论它该做什么，该说什么，它都应该教我们看起来喜欢。”罗斯金明白，一座建筑物，不可能既是真实的，又是仿古的，他寻求新风格。不过，他认为新风格必须以哥特式为基础，结构“忠实”，平面和体形活泼自由，装饰应该写实。所以，有人把他当作现代建筑的先驱者之一。他偏好威尼斯的哥特建筑，赞赏它们的水平划分和彩色饰面。后来，英国流行了这种以威尼斯哥特为蓝本的建筑，叫“维多利亚哥特”。不过，威尼斯的哥特建筑却是不真实的，不理性的。到19世纪下半叶，以肖（R. N. Shaw，1831—1912）为代表的一批浪漫主义建筑师转向中世纪的乡土建筑。他们发现，前辈们真真假假地赋予哥特式建筑的种种“德行”，其实最完美地存在于乡土建筑之中，而不是在教堂里。于是他们直接向乡土建筑学习，创作了大量不拘一格、功能合理而又美如图画的大型农村住宅，它们曾经启发过现代建筑的先驱们。

一个拥有“德意志神圣罗马帝国”这样大称号的国家，在“三十年战争”（1618—1648）之后，竟分裂成296个诸侯国和一千多个骑士领地。因此，18世纪，德国的经济虽然也逐步发展了资本主义因素，毕竟落后于英国和法国很多，不过，它在文化上却屡屡做出重大的贡献。

诸侯国和封建领地逐渐兼并，18世纪时普鲁士、萨克森、巴伐利亚等已经相当富庶，还有一个强大的奥地利。它们互相竞争，一方面在它们的首府，柏林、德累斯顿、慕尼黑和维也纳，小朝廷也像在专制政体的国家里一样，忙于建造壮丽的建筑，以炫耀自己的强大繁荣。另一方面则努力罗致人才，包括建筑师。

德国的建筑当然不免受到意大利和法国的影响，先后有过哥特、文艺复兴和巴洛克建筑，成就都很高，而且有很强烈的民族特色。它把巴洛克建筑的特点发挥得淋漓尽致，后来又和洛可可风格相结合，建造了一些很活泼、很明朗、很艳丽的教堂。它的宫廷建筑和园林，则模仿凡尔赛，都是古典主义的，掺进些巴洛克手法，创造性不大。18世纪下半叶起，罗马复兴建筑虽然也有，但最值得注意的是希腊复兴建筑。

18世纪中叶，德国出了个美术考古家和美术史家温克尔曼，他对古希腊艺术的赞美，在欧洲影响极大，掀起了一股希腊复兴的建筑潮流。生活于英国资产阶级革命之后，法国资产阶级革命的前夕，温克尔曼并没有真正研究过古希腊艺术，便论断它的伟大成就源于古希腊的民主制度。他的理论也是借着欧洲风起云涌的民主运动而扩大影响。18世纪中叶，由于资本主义因素的发展，资产阶级逐渐壮大，德国的诸侯们，在法国启蒙主义影响下以普鲁士国王腓特烈大帝（Frederick the Great，1712—1786）为首，纷纷标榜“开明专制”，进行民主性的改革，因此，在德国最早出现了希腊复兴建筑，而且追摹古希腊真迹最逼真，有一些甚至近于照抄照搬。

第一个希腊复兴的建筑设计是腓特烈大帝去世第二年（1787）由意大利人设计的腓特烈大帝纪念堂。这是一座希腊式神庙，正立面完全和雅典卫城山门一样。1797年由吉利（F. Gilly，1772—1800）设计的一座，则大致仿造帕特农，不过侧面只有12棵柱子。两个设计都没有建造起来。

第一个成熟的希腊复兴建筑实体是柏林的勃兰登堡城门（Brandenburger Tor，1788—1791，建筑师K. G. Langhans，1733—1808），它模仿雅典卫城的山门，不过用罗马式的女儿墙代替了三角形山墙，为的是在上面安置铜铸的四驾马车。柏林最重要的建筑师叫申克尔（K. F. Schinkel，1781—1841），他设计了宫廷剧院（1818—1821）和老博物馆（1823—1833）等等。博物馆正面展开19间的希腊爱奥尼亚式柱廊，很像古希腊广场上常见的。不过内部在中央设了一个古罗马式的圆厅。申克尔竭力主张把宫廷剧院的观众席设计成不分等级的古希腊半圆形剧场的样子，但遭到宫廷反对，他们要维护严格的封建等级制，因此观众厅仍然采用5层包厢式的。申克尔很好地处理了剧院各种复杂的功能问题，使它在剧院发展史上占有一席之地。

巴伐利亚选帝侯路德维希一世（Ludwig I，1825—1848在位）在希腊独立战争时觊觎希腊的王位，表示同情希腊，1832年希腊独立，第一

柏林老博物馆

柏林宫廷剧院外景

奥地利维也纳国会大厦

位国王便是他的儿子，因此后来在巴伐利亚首府慕尼黑建造了一批希腊复兴建筑，包括雕刻陈列馆（Glyptothek，1816—1830）和城门（Propylea，1846）等。还有巴伐利亚光荣纪念堂（1843）和在雷根斯堡附近的伟人纪念堂（Walhalla near Regensburg，1821—1842）。伟人纪念堂完全仿造帕特农，正面8棵多立克柱，侧面17棵。它造在多瑙河畔90米高的小山上，前面从河边升起一层又一层重重叠叠的大台子，气势很雄壮。纪念堂里陈列着莱布尼茨、席勒、歌德、门格斯、莫扎特等杰出人物的雕像。檐部上则雕刻着日耳曼的历史。国王路德维希一世说："伟人纪念堂造起来，日耳曼人离开它的时候会更加像日耳曼人，而且比他来的时候更好。"他的政治目的很清楚。这几座建筑都是克仑泽（Leo von Klenze，1784—1864）设计的。

维也纳的国会大厦（Parlement House，1873—1883，设计人T. von Hansen，1813—1891）也是一幢典雅的希腊复兴建筑。

德累斯顿则流行巴洛克式建筑，因此被称为"巴洛克的珍珠"，但主要建筑师桑珀（G. Semper，1803—1879）却比较理性。他设计的德累斯顿歌剧院（Hoftheater，1838—1841，于1871—1879重建）在剧院发展史中也很有地位。观众厅是马蹄形五层包厢式的，剧院的正面随着呈弧形。桑珀主张，"建筑的外部形体应由内部的形体决定"，而内部形体则是由功能决定的。这主张到19世纪末渐渐在建筑界普遍起来。

在文学上，德国的浪漫主义潮流很强劲，18世纪下半叶，叫作狂飙运动。在它复杂的思想倾向里，荡漾着浓厚的民族主义情绪。歌德在1773年为斯特拉斯堡主教堂写下了激动的颂词，他写道："看呀，这座建筑牢固地屹立在大地上，却遨游太空。它们雕镂得多纤细呀，却又坚实耐久。……弟兄们，站住！细细地观看强有力的、豪迈的日耳曼精神所产生的最深刻的真理意识吧！……亲爱的年轻人，不要被当今软弱的、口齿不清的美学教条弄得在豪迈的伟大之前像姑娘家一样扭扭捏捏。"后来的人跟着他也把哥特主教堂看作日耳曼精神的体现。

不过，德国的"浪漫主义"建筑并没有重要的作品，只是完成了科隆主教堂（1842—1880），建造了维也纳的圣心教堂（Votivkirche，1853—1870）和市政厅。圣心教堂刻板地复制中世纪的哥特式主教堂，市政厅则折衷主义色彩很浓重。浪漫主义的成绩主要在于建造了一批仿中世纪的寨堡。它们都位于风景或秀丽或险峻的环境中，和风景融合成一体。尖尖的塔楼丛立，参参差差的轮廓在天空映衬下跳动，细节也很丰富，削弱了中世纪寨堡沉重的防御性。比较著名的有卡塞尔附近威廉索赫宫的一座洛文伯格堡（Castle of Löwenburg at Schloss Wilhelmshöhe，1793—1802），仿带有浓厚哥特遗意的法国早期文艺复兴建筑的什未林宫（Schweriner Schloss，1845—1858）和为巴伐利亚选帝侯路德维希二世造的新天鹅宫（Schloss Neuschwanstein，1869—1892）。这些新寨堡比起古典复兴建筑来，更富创造性。新天鹅宫位于天鹅湖畔陡峭的石山上，轮廓参差，活泼地上下跳跃，诗情画意，洋溢着浪漫情调。

总体来看，古典复兴建筑也好，哥特复兴建筑也好，都缺乏艺术风格的创新，虽然“复兴”建筑中有些作品使用铁架屋顶结构和铁柱子，个别建筑师有比较合理的主张，在类型形制上也有不小进步。

俄罗斯圣彼得堡的涅瓦河畔，青铜骑士跃马飞驰，奔向西方。为了摆脱长期落后封闭的局面，彼得大帝（Петер I，1682—1725在位）打败瑞典，获得波罗的海上的出海口，并毅然决定改革开放，全面向西方学习。他派青年人西去学习先进的技术，也从西方聘请各方面的人才到俄罗斯工作，其中包括建筑师。

俄罗斯的建筑，从11到17世纪，虽然在开始的时候属于拜占庭一脉，后来逐渐汲取民间木结构建筑的成就，形成了很鲜明的民族个性，完全不同于西欧的建筑，并产生了莫斯科华西里·伯拉仁内教堂这样辉煌的杰作。但是它们毕竟是中世纪纯农业社会的建筑，技术上难以获得宽敞、明亮而实用的内部空间，又难以充分展开，获得规模宏大能控制广阔的外部空间的体形。另一方面，当时世俗的民间建筑仍然是木质的，甚至是井干式的，比较简陋粗糙，还怕失火。于是彼得大帝痛下决心，彻底和俄罗斯中世纪建筑传统决裂，引进西欧的建筑。对俄罗斯文化来说，这是一个痛苦的抉择，但也是一个不可避免的进步的抉择。

1703年，彼得大帝下令在刚刚打开的北方出海口涅瓦河（Р. Нева）入芬兰湾之处，建设一座新城，就是圣彼得堡。给圣彼得堡做了城市规划，还做了三种不同等级的住宅的标准设计，都采用法国城市住宅样式。作为海口的标志，迎着从芬兰湾进来的船只，在涅瓦河右岸的彼得保罗堡垒里建造彼得保罗教堂（Петропавловский церквъ，1712—1733）。不但要求它的尖塔高过莫斯科克里姆林宫80多米高的伊凡大帝钟塔（Колокольня Великого，1505—1600），而且要先造尖塔，后造教堂本身。这个117米高的塔很像伦敦教区教堂的塔，但尖顶像剑一样，又有俄罗斯帐篷顶的影子。彼得大帝要求在华西里岛（О. Василия）东端和跟它相对的涅瓦河左岸再各造一座塔，与彼得保罗教堂鼎足而三，作为他决心把俄罗斯建成海上强国的标志。这样就定下了圣彼得堡建筑中心的位置。

像当时欧洲各国的大小宫廷一样，彼得大帝也把目光朝向凡尔赛。他亲自规划了芬兰湾口上的彼得洛夫宫（Петергоф，1714—1728）和它的园林。宫殿一字展开，和海岸平行，两者之间是几何式的园林。宫殿正中伸展出园林的主轴线，在宫殿前分几层安置了瀑布和喷泉，飞溅的水珠中昂立着以海神为首的镀金的群雕。它们脚下，一条水渠，在轴线正中向北一直流进了海湾，两岸的道路也倾斜地伸进海湾，这其实是个小小的船坞。路易十四自比为太阳神，在凡尔赛花园里用阿波罗巡天的过程作为中轴线的题材，而彼得大帝则用这条轴线表现俄罗斯进入海洋的强烈愿望。

彼得大帝去世后，贵族弄权，朝廷穷奢极欲，寻欢作乐。发生了几次政变，政局混乱已极。彼得大帝的改革遭到破坏，连辛苦建立的海军都荒废了。大型建筑又回到贵族阶级的趣味中。创作活动的范围缩小了，城市和市民迫切要求的民用公共建筑被忽略而忙于兴建宫殿和教堂。沙皇和贵族偏爱西欧矫揉造作的巴洛克和豪华柔媚的洛可可风格。

这时期，建造了沙皇村300米长的叶卡捷琳娜宫（Екатеринский Дворец，1752—1756）、圣彼得堡涅瓦河左岸220米长的冬宫（Зимний Дворец，1755—1762）和斯摩尔尼修道院（Смольный Монастыр，1746—1761），修道院中央穹顶上的十字架高达85米。这几幢建筑都是巴洛克式的，体形很夸张，叶卡捷琳娜宫和冬宫外墙都有巨大的负重的男性雕像。但外立面粉刷，色彩鲜亮，又有洛可可趣味。叶卡捷琳娜宫内部厅堂充满了洛可可式装修，最大的大厅有1000平方米，四壁和天花覆满了金色卷草叶，纤巧靡丽。还有几间中国式的小厅，回响着当时西欧流行的“中国热”，它们贴着中国风景画的墙纸，陈设着中国家具。这三座建筑物都由意大利建筑师拉斯特列里（B. B. Rastrelli，1700—1771）设计。

18世纪下半叶，叶卡捷琳娜二世（Екатерина II，1762—1796在位）是一位功业彪炳的女沙皇。她实行“开明专制”，与伏尔泰、狄德罗等人交好，被称为“启蒙思想家的朋友”。继彼得大帝打开了北方出海口之后，她打败土耳其，打开了地中海上的出海口，使俄罗斯成为欧洲的一等强国。她常住在莫斯科，那里建造了一批古典主义的建筑，重要的有巴什可夫大厦（Дом Пашкова，1784—1786），设计人为巴仁诺夫（В. И. Баженов，1737—1799）；克里姆林宫里的参议院大厦（Дом Сената，1776—1787，设计人М. Ф. Казаков，1738—1812）。在圣彼得堡，叶卡捷琳娜二世建造了艺术学院（1765，设计人Vallin de la Mothe，1729—1800）和达夫里契宫（Таврический Дворец，1783—1789，设计人И. Е. Старов，1743—1808）也都是法国古典主义式的。达夫里契宫是赠给波将金公爵（Киязь Потемкин，1739—1791）的礼物，奖励他打败土耳其夺得了黑海出海口。这幢建筑中轴线上的叶卡捷琳娜大厅和它后面的室内冬季花园构思比较新颖。巴仁诺夫给女沙皇做的莫斯科大克里姆林宫的总体设计（1767—1775），大胆创新，要把封闭的克里姆林宫变成向城市开放的公共建筑群，体现了当时先进的民主主义思想，可惜没有实现。

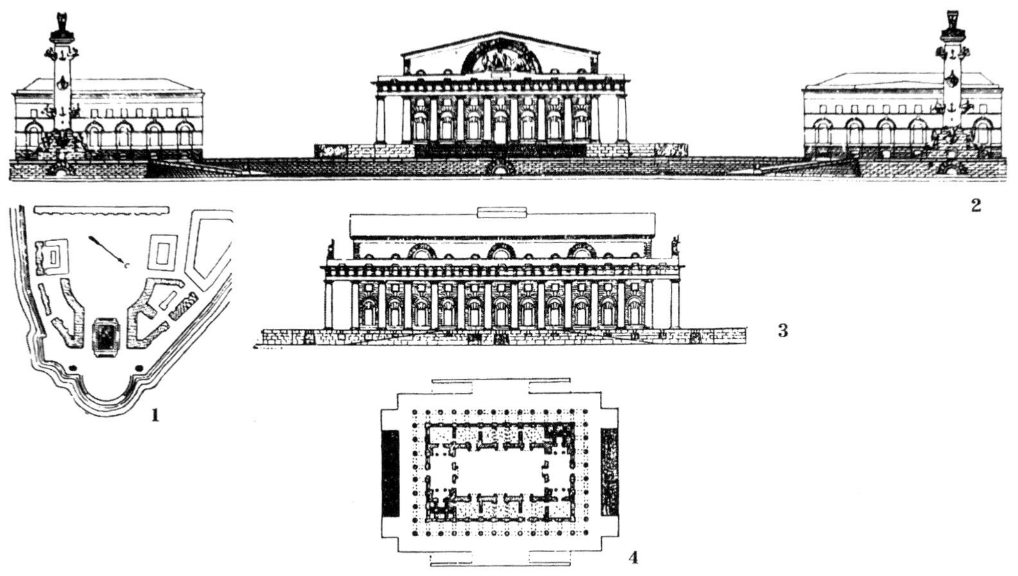

俄罗斯圣彼得堡交易所
（1）华西里岛前端总平面；（2）华西里岛前端总立面；
（3）交易所侧面；（4）交易所平面

19世纪初年，俄罗斯成了抑制拿破仑扩张的主要力量之一，1812年以巨大的民族牺牲打败了拿破仑的入侵，使拿破仑帝国从此走向下坡路。

这个重大历史事件大大激发了俄罗斯的民族感情，鼓舞他们以壮丽的凯歌式的建筑来建设首都。建筑风格又一次发生变化，比法国式学院派的古典主义更生动富有表情。有人根据它们的纪念性而称它们为“帝国式”的，但它们没有拿破仑帝国式的沉重夸张。也有人叫它们为“古典复兴”式的，但它们又并不死板追摹古典作品而有所创造。

圣彼得堡这时候形成了它的陆上中心建筑群，包括几幢大型的政府和宗教建筑，它们组成几个广场，相互沟通，又和整个城市紧密联系。

先在华西里岛东端造了交易所（Биржж，1804—1810，设计人Thomas de Thomon，1754—1813），这时海外贸易已成了俄罗斯经济的重要成分。它面向涅瓦河上游，遥应着彼得保罗教堂。彼得大帝本想在这位置上再造一座高塔，但是为避免过多的重复，交易所采用了水平展开的围廊式体形，像古希腊的庙宇。不久，在冬宫右侧原来造船厂的位置上重新造了海军部大厦（Адмиралтейство，1806—1823，设计人 А. Д. Захаров，1761—1811），它正面长达407米，侧面长163米。长长的立面分成几段，以柱廊形成节奏和虚实的变化。正中的塔的构图很有创造性，端庄而有变化，高72米，向上的动势强烈。海军部分前后两层，面向城市的前层是公务部分，后层即临涅瓦河的部分是造船厂。两层之间有一条运河，便是船坞，造成的船从运河可以驶入涅瓦河。圣彼得堡著名的涅瓦大街便从左侧斜向对着海军部的高塔，后来又造了另外两条街，与涅瓦大街一起，对称地从海军部放射出来，形成圣彼得堡城市结构的骨干。三岔式干道是巴洛克时代的城市布局手法，而有特殊意义的是这个结构骨干以海军部为中心，不以皇宫为中心，这又一次意味着沙皇们对海洋事业的向往。经过海洋，走向世界，这是俄罗斯发展的必由之路。

打败拿破仑之后，紧接着便在冬宫对面造了总司令部大厦（Главный Штаб，1819—1929，设计人K. E. Rossi，1775—1849），这是一座弧形建筑物，从东面包围着冬宫广场，它正中的穿街门做成凯旋门的形状。正对凯旋门，广场正中竖一棵47.4米高的纪功柱，以沙皇的名字命名（Александровская Колонна，1829—1834，设计人A. R. Montferrand，1786—1858）。这是一组庆祝胜利的建筑群。四面建筑都是水平展开的，而且广场宽阔，纪功柱给广场一个构图中心，使它统一，同时又在体形上与冬宫和总司令部对比，使建筑群生动有变化，避免了单调。

海军部右侧是元老院及宗教会议大厦（Здание Сенатаи Синода，1829—1834，设计K. E. Rossi），二者之间有一片元老院广场，后来得名为十二月党人广场。广场深处，雄踞着伊萨基辅斯基主教堂（Исаакиевский Собор，1818—1858，设计人A. R. Montferrand），形制

俄罗斯伊萨基辅斯基主教堂外景

取希腊十字，铁骨架的穹顶直径21.83米，顶点高102米。

这一组宏伟的建筑所形成的群体，给了圣彼得堡与一个大国首都相称的面貌。彼得大帝打开北方海口，与先进的西欧取得比较便捷的联系是俄国历史上一个极重要的转折点。圣彼得堡的建设，就是这个历史大转折的产物。站到伊萨基辅斯基主教堂顶上放眼望去，左侧远处是芬兰湾口的海港，右侧远处是作为航标的彼得保罗教堂，近处海军部、造船厂与交易所隔河对峙，它们显示出航海事业对首都以至国家的重要性。冬宫和元老院，分别是国家政权和政治改革的象征，主教堂则代表民族的信仰。交易所旁边的艺术馆和离总司令部不远的剧院（Александринский Театр，1828—1832，设计人K. E. Rossi）是文化机构，总司令部和纪功柱则是国家武装力量的显示。主教堂的跟前，涅瓦河边，名为青铜骑士的彼得大帝，率领着它们，刚毅而坚定地策马跃向西方。

这便是圣彼得堡的中心，俄罗斯历史走向现代的一章。

从16世纪起，欧洲殖民主义者侵入美洲，土著部落受到残酷的迫害和屠杀，他们的文化也被摧残殆尽。16世纪之后的美洲建筑基本上是欧洲移民的建筑。西班牙人在16世纪占领了中美和南美的大部分以及北美的南部。葡萄牙人占领了巴西。17世纪，英国人来到北美的东海岸，主要住在东北部，因此这里得名为新英格兰。在它之南，荷兰人建立了新尼德兰，瑞典人建立了特拉华（Delaware）。同时，法国人占领了加拿大，后来又来到俄亥俄（Ohio）和路易斯安那（Louisiana）。“七年战争”（1756—1763）之后，法国和西班牙在北美的殖民地让给了英国。殖民地的命运同宗主国息息相关，移民们仍然自认为英国人、西班牙人或者法国人。在各个殖民地里，流行着宗主国的文化和宗教，建筑风格也是这样，随宗主国内建筑潮流的变化而变化。移民远渡重洋，眷恋故国风物，一砖一瓦寄托着乡心，这种感情足以动人心弦。但是，由于材料和气候与欧洲不同，美洲殖民地的建筑渐渐有了一点自己的特色。

在西班牙殖民地里，比较讲究一点的建筑都在西班牙设计，从西班牙雇来工匠建造。教堂大多是哥特式和巴洛克式的混合。由于当地玛雅族和阿兹特克族工匠参与建设，把他们大面积的雕刻装饰手法、题材、纹样和粗犷的力量带到教堂中去，所以这些教堂比西班牙本土的装饰得更丰富，有些不免堆砌零乱。庄园府邸则大多采用西班牙的合院式，外墙比较封闭，常用抹灰面层，点缀些石刻的门窗边框。窗上罩一个盘花的铸铁护栅。偶然有阳台挑出，栏杆十分精巧。屋面用红泥瓦，出檐大，显得飘洒。这些府邸很适合当地炎热的气候，又比较朴素，造价不高，所以长期流传下来。

在荷兰的殖民地里，移民们建造荷兰式的红砖房屋，用白色石头做门窗边框、隅石链和檐部，楼层有水平线脚划分。纽约和费城就多这样的房子。

早期的英国移民大多是农民、小手工业者和小业主，他们熟悉民间的木构架房屋和简朴的砖房。到新英格兰之后，遍地密林，他们起初就建造故乡式的木构架房屋。由于当地寒风凛冽，便在外墙面钉上一层鱼

美国华盛顿的美国国会大厦外景

鳞板，木板在阳光下闪着银光，温暖而愉快，形成了新的风格，叫“鱼鳞板式”（Shingling Style）。18世纪，英国移民大幅度增加，并发生了社会分化，富裕人家采用当时英国的帕拉第奥主义式样建造府邸，但也多用木材建造。在木结构和本来产生于砖石材料的建筑形式之间存在着矛盾，不得不加以调适，它们的柱子细了，楼层低了，开间的比例宽了，线脚简单了，钉一块板条代替了隅石。终于形成了一种新的建筑风格，叫作“殖民地式”。到18世纪下半叶，移民中的种植园主、封建地主、大资产阶级，用砖石建造府邸和公共建筑的时候，也喜欢殖民地式比较轻快、比较简约、比较亲切的特点，形成“后殖民地式”。

北美英国殖民地资产阶级民主派在领导独立斗争的时候，引进了法国启蒙思想，同时也引进了相关的文化艺术潮流，在建筑中兴起了罗马复兴。独立成功之后，联邦政府当然支持这种潮流，新的政府建筑便都是罗马复兴式的。罗马复兴的第一个代表人物是《独立宣言》的起草人、美国第三位总统杰斐逊（Thomas Jefferson，1743—1826）。他是一位建筑家，做过很多设计。他致力于消灭一切殖民制度的遗迹，渴望创造一种不同于英国的、适合于自由独立的美国的建筑风格。他注意到殖民地式建筑是美国特有的，于是试图把殖民地式和罗马复兴式统一起来。他的代表作是弗吉尼亚州的议会大厦（State Capitol, Richmond, 1785），他的私宅（Monticello, 1771初建，1793—1809改建）和他自己创建的弗吉尼亚大学的校舍（1817—1826）。大学的图书馆明显地再现古罗马的万神庙，但明快而优雅。杰斐逊给自己拟的墓碑上写着："这里埋葬着托马斯·杰斐逊，美国独立宣言和弗吉尼亚宗教自由法的起草者及弗吉尼亚大学之父。"他不提曾任美国第三任总统，却不忘他创建了一座大学。这块墓碑体现着他对民主和科学的尊重。

美国波士顿三一教堂立面

罗马复兴的最重要作品是华盛顿的美国国会大厦。它于1792年初次设计建造，历经英美战争（1812—1814）和大火（1851）的摧残以及多次扩建改建，最后的面貌是19世纪60年代林肯总统任内完成的。这时候正逢南北战争，政府财政困难，建筑材料紧缺，但林肯坚决要完成这项大工程，他说："这是我们要把联邦保持下去的象征。"在民主主义高涨的情况下，国会大厦增加了一些希腊复兴的局部。

希腊复兴建筑在独立战争胜利之后就引进到美国。杰斐逊的朋友、建筑师拉特罗布（B. H. Latrobe, 1764—1820）写道，"我所认为的关于优美的原理包含在希腊建筑中"，但是他说"我们的宗教需要一种和（古希腊）庙宇完全不同的教堂，我们的立法会议，我们的法院，需要一种和巴里西卡完全不同的建筑物”。所以他所做的希腊复兴式建筑，并不是复制、仿造，而是追求一种典雅的风格，例如他参加设计了一部分的白宫（White House，1792—1829）。后来黑奴解放运动和南北战争，高扬起了“人权”和“自由”的旗帜，以致希腊复兴建筑成了一种象征，盛势超过任何一个欧洲国家。大体上说，希腊复兴可以分为三类：一类是照搬古希腊的某一座庙宇或者一座柱廊的外形，如费城的联邦银行分行和纽约的海关大厦。一类是使用古希腊的多立克和爱奥尼亚柱式，而体形则随题设计，如波士顿的海关大厦和俄亥俄州议会大厦。第三类是只以和谐、明净、雅致、节制作为古希腊建筑物典型特征，加以追求。

浪漫主义或“哥特复兴”潮流也从英国传了过来，不过在以新教徒为主的美国没有引起什么波澜，值得一提的是纽约的三一教堂（Trinity Church，1841—1846），设计人厄普约翰（Richard Upjohn，1802—1878）。但这位建筑师认为，“许多最动人心弦的基督教建筑并不是哥特式的”，罗曼式教堂也应受到重视。最著名的仿罗曼风格的建筑是波士顿的三一教堂（Trinity Church，1872—1877），它的建筑师理查森（H. H. Richardson，1838—1886）也设计过不少住宅，像英国的肖一样，从合理的功能布局出发，汲取了中世纪住宅的灵活自由的构图。他们对浪漫主义做了自己的诠释。理查森也用铸铁骨架造了些房子，因此被认为开创了芝加哥学派。

从18世纪中叶到19世纪中叶，在欧洲和北美的建筑历史中，理性主义、浪漫主义、帝国式、古典复兴、哥特复兴是几个亮眼的潮流。虽然它们在形式风格上多主张“复兴”，毕竟建筑师们还有理想和追求，相当敏锐地反映着社会的变化，尤其是社会的进步，一步步地走向独立、民主、发展，一步步远离专制、奴役、停滞。因此，它们还是创造了一些很动人的建筑形象，例如罗马市中心的爱默纽埃勒二世纪念碑（Monument to Victor Emmanuel II，1884，设计人C. G. Sacconi，1854—1905），热烈地表现意大利结束了被分割得血肉狼藉的痛苦，终于建立了独立、完整的民族国家的欢乐。

但是，这种情况到19世纪后半叶发生了变化。西欧和北美各国大体建成了资本主义经济和不同程度的民主政体，开始埋头于发财致富，甚至掠夺殖民地。资产阶级失去了有一定进步意义的理想和追求，建筑的时代风格也失去了方向，于是，走向了无原则的折衷主义，抄袭、拼凑历史上的各种样式风格，甚至模仿东方各国建筑。折衷主义早在18世纪就出现了，不过被各种强势的“主义”遮蔽着，到强势的“主义”退潮，折衷主义就成了主流。建筑师的业务市场化了，连建筑艺术都成了商品，就慢慢谈不上创作了。建筑界出版了许多样本、手册，供业主选择。业主一旦选定，建筑师就照本制图。于是，建筑师也不可能像当年米开朗琪罗受到教皇的尊重和孟萨特受到路易十四的尊重那样，得到一个创造者的地位了。

市场经济消灭了传统意义上的建筑师和建筑学。将要有一种新的建筑学诞生。

第十五讲　方生未死之际

19世纪，古典主义、新古典主义、浪漫主义一个个相继登台演出，各擅胜场，看起来异常热闹，其实这是建筑史作为一种风格史的最后一幕。风格史到了19世纪下半叶，已经续不下去了。上台的都是旧剧目、老角色。不论演员的扮相多么俊俏，嗓音多么嘹亮，都是老脸谱、旧唱腔，眼看着好景不长。1836年，法国诗人、剧作家、小说家德·缪塞愤愤地写道："我们这个世纪没有自己的形式。我们既没有把我们这个时代的印记留在我们的住宅上，也没有留在我们的花园里，什么地方也没有留下……我们拥有除我们自己世纪以外一切世纪的东西。"

当建筑的基本材料和结构方式大体不变的情况下，当建筑的功能还没有复杂到要突破旧的空间格局的情况下，风格史主要是社会史的反映。它不是建筑本身的发展史。欧洲的建筑在古希腊之后，19世纪之前，大致说来发生过两次具有根本意义的变化，一次是古罗马拱券结构的成熟，一次是哥特主教堂中拱券结构的框架化。古罗马建筑的变化，主要发生在世俗的为日常生活服务的建筑中，所以后来影响极其深远；哥特式建筑的变化，局限在宗教建筑里，和意识形态紧紧裹在一起，所以后来影响小得多。虽然屡屡也有过"哥特复兴"，仍然主要借宗教意识之力，在社会世俗化渐渐成了大气候的时代，注定成不了大潮。

19世纪的建筑史，说早一点可以上溯到18世纪中叶，最有意义的生气勃勃的内容不是各种风格的“复兴”，而是一种崭新建筑的孕育。这个新建筑到20世纪30年代，非常快速又非常干净地把传统建筑赶出了舞台，从此独步天下。建筑的这一次变化的深刻和彻底在历史上从来没有见到过。它是建筑本身的变化，它所取代的不是折衷主义，不是浪漫主义，不是古典主义，也不是巴洛克或者文艺复兴，而是整个几千年的建筑传统。它的意义或许只有石器时代人类第一次用树枝搭起一间窝棚可以相比。造成这场大变化的是资本主义市场制度的建成，工业革命的成功，各主要国家资产阶级民主革命或改革的胜利，经济、政治、文化、科学、技术、城市建设，公共生活以空前的规模迅猛发展。

社会历史的大变革，对建筑来说首先是出现了大量崭新的建筑类型。在19世纪以前，建筑师的职业舞台在宫殿、庙宇、教堂、府邸和陵墓这类建筑上。虽然平民百姓的住宅的数量远远超过那些具有纪念性的建筑，但由于平民百姓贫穷困苦，生活天地狭隘，不拥有充足的物质资料，他们的建筑只能在建筑师的视野之外。一部建筑风格史主要是纪念性建筑的风格演变史。尽管它波澜壮阔，在民间建筑上却很少回应。城市兴起之后，市民们的世俗建筑零零星星走上了历史舞台，毕竟还难以和大型纪念性建筑争光。

英国和法国的资产阶级革命时期，新形势有了些微的露头。克里斯多弗·仑做的伦敦重建规划里，码头、仓库、税署、行会大厦之类有了一席之地，勒杜则做了盐场、乡村保安队宿舍、厘卡等等的设计。这时候陆吉埃便将理论眼光转向建筑的功能、结构的合理和经济。当时这些建筑功能简单，规模很小，不要求特殊的内部空间，又根本用不上刚刚出现的铁框架结构，对建筑学本身并不能形成有力的挑战。而新的结构和新的功能又都只在大型纪念性建筑上，那种建筑是两三千年传统的载体，旧形式足以把新的挑战死死地压制住，波澜不兴。真正的变化发生在19世纪。

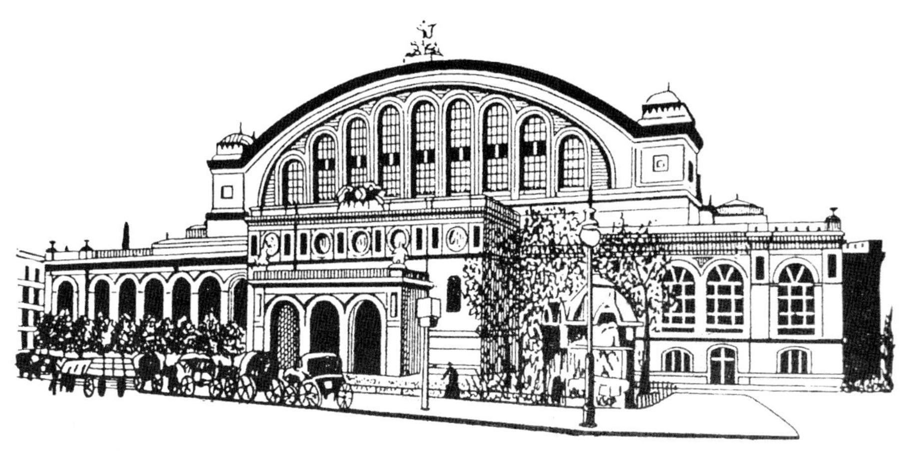

柏林安哈尔特（Anhalter）火车站，1880到1885年造，典型的早期钢铁结构火车站

1866年，英国建筑师勃仑特（Henry Van Brunt）写道：

（当今的）建筑师……被要求去建造想象不到的建筑，大多数都要满足史无前例的功能要求。……各种各样的铁路建筑，有客厅、厨房和社团活动室的教堂，那规模连做梦也没有想到过的旅馆，服务项目和方式根本与从前不同的公共图书馆，职业活动和商业活动都前所未见的办公楼和商场，设备远远不同于古色古香的牛津和剑桥的大学和学院的校舍，滑冰场，剧院，大型展览馆，娱乐场，监狱，市政厅，音乐厅，公寓以及其他为满足现代社会的复杂需求的房子。只要真实地从实事求是的平面设计产生出来立面，又从立面表现出基本的特征，那么，它们将肯定是建筑历史中从来没有见到过的。

这一段话包含三个意思，一是这时候社会需要许多新型建筑物，它们的功能都是空前的，非常复杂的；二是很好地满足这些功能要求的建筑物，它们的形式风格必定是前所未见的；三是建筑的平面决定建筑的特征，这点后来成为现代建筑设计的重要原则和方法。

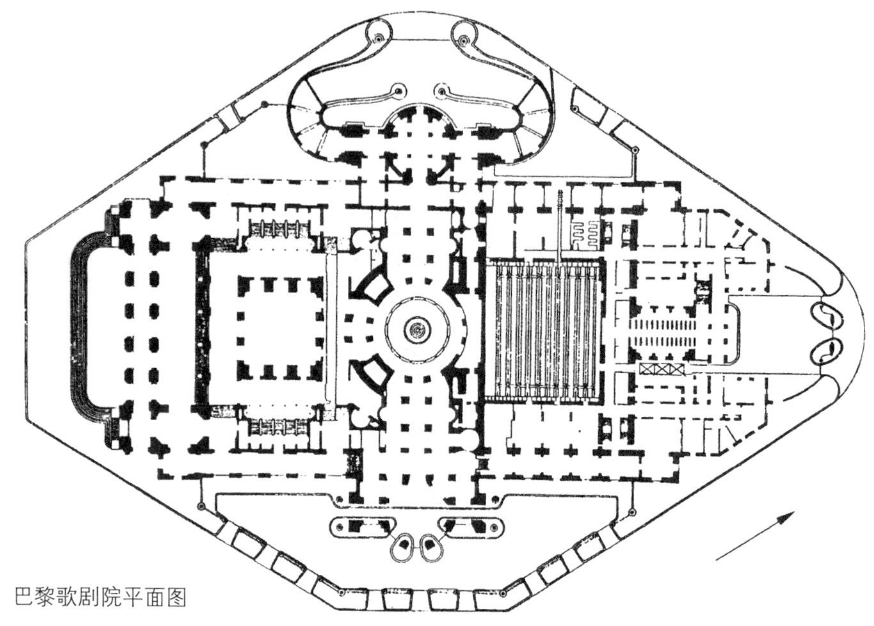

巴黎歌剧院平面图

设计了大英博物馆的英国建筑师斯默克，从1808年到1836年，还设计了邮政总局、铸币厂、教养监狱、证券交易所、税关、剧场、医学院、国王学院、银行、保险公司办公楼，还有几个俱乐部等等。在那个时代，所有这些由于民主革命和工业革命的成功而产生的建筑类型，它们的形制都在探索之中，没有可资借鉴的成熟先例，建筑师的创作生涯充满了挑战。

比较起来，当时以火车站、大型公共图书馆、剧院和议会大厦的功能为最复杂。其中只有剧院的历史最长，早在17世纪初，已经有了马蹄形多层包厢观众厅的剧院，两百年来主要在意大利、法国和德国逐渐改进。在这个过程中，路易（Victor Louis，1731—1800）设计的波尔多的歌剧院（1777—1730），申克尔设计的柏林的歌剧院（1818—1821），都起过重要的作用。申克尔说："建筑的特征应该充分地在外形上表现出来，一所剧院看上去只应该是剧院。"这是他著名的"会说话的建筑"的观点。后来的剧院设计都很重视它们的"说话"。到19世纪中叶的巴

巴黎歌剧院大楼梯

黎歌剧院（Opéra Garnier，1862—1875），不但马蹄形多层包厢式观众厅终于成熟，而且整体配置已经很完善。这座歌剧院的设计人是大受皇室宠爱的加尼埃（Charles Garnier，1825—1898）。他给舞台设置了不大的侧舞台和后舞台，虽狭窄，毕竟有了雏形。舞台上空吊硬景片的机械设备也已经齐全。为了运送布景、道具和大牌明星，马车道一直通进后台。后台有华丽的大厅，供演员们交谊之用，小化妆室设了专用的卫生间。为观众的出入、交谊和休息也考虑得很周到。加尼埃把观众分为两大类，坐车来的和步行来的，坐车来的入口在东面，步行来的入口在南面。两大类人里又分有票的和无票的两类，各有专设的门厅。拿破仑三世（1852—1870在位）的御用入口在西面，有一对长长的钳形车道。

加尼埃认为，歌剧院体现了人的最原始的本能，人们到这里来举行一种仪式，共享美梦和幻想。观众到歌剧院来，既为了看也为了被看，观众同时也是演员。所以演出并不是从舞台上开始，而是从门厅开始。门厅里镶满了镜子，太太们进门之后先对镜理妆，然后走上大楼梯。这大楼梯用雕像、树形灯、彩色大理石和券廊装饰得华丽无比，以烘托观众的盛装艳服和得意的气色。他们见到熟人，殷勤地微笑致礼，绅士们有点矜持，太太们则竭力做出优雅的姿态。大楼梯的左右前后都是开敞的走廊和厅堂，这些厅堂有各种各样的用途，包括绅士们吸烟室和太太们吃冰淇淋的休息室，从那里可以看到人们在大楼梯上上下下，在门厅进进出出。像这样富有生活气息的一直深入到使用者的心理中去的设计思维，以前是没有过的。

巴黎歌剧院全用钢铁框架结构，相当轻巧。但是，加尼埃小心翼翼地把它里里外外全都包装起来，不暴露一点点新结构、新材料。在建筑艺术上，当时它就极其保守落后。巴黎歌剧院主要的风格是新巴洛克的，新巴洛克当时正在欧洲各国盛行。但歌剧院又捏合了古典主义以及威尼斯和热那亚的地方特色等等，是一个折衷主义的作品。加尼埃远远没有创造新风格的自觉，却在歌剧院堆满了装饰和各种争奇斗艳的手法。1878年他写道："让你的眼睛为闪烁的金光感到愉快，让你的心灵为辉煌的色彩感到兴奋……使你喜欢得激动。"由于歌剧院一身珠光宝气，所以被人讥称为"巴黎的首饰盒"。首饰盒的中心是大楼梯，它称得上是建筑造型的杰作。加尼埃说，他追求的是把大楼梯造得最豪华、最有动感。但当时权威的建筑学者、建筑理性的倡导者维奥莱-勒-杜克则说："好像剧院是为了大楼梯造的，不是大楼梯为剧院造的。"言外之意，是说设计上有点本末倒置。

巴黎歌剧院观众厅的屋顶做成一顶王冠的模样，以表示它皇家歌剧院的身份。这也可以算是建筑在“说话”。

19世纪初法国人杜朗（J.-N.-L. Durand，1760—1834）在系列教学演讲（1802起）中说：“建筑的形式决定于材料……形式是材料的性质的产物（有些形式出于习惯，但那是第二位的）。”19世纪新建筑的孕育中，和新功能同样重要的，或许更重要的，是钢铁和玻璃越来越多地成为建筑材料。它们的合理使用必定会引起建筑的革新。

铸铁框架用于大型建筑大约开始于18世纪末，但得到一定程度成功的艺术表现，是在19世纪中叶，最突出的实例是拉布鲁斯特（P.-F.-H. Labrouste，1801—1875）设计的巴黎圣热内维埃夫图书馆（Bibliotheque Sainte Geneviève，1843—1850）和国家图书馆（Bibliotheque Nationale，1860—1867）。这是因为图书馆内部需要宽大的公众活动空间，如阅览室，并且要防火，如书库。空间大了，采光是一个重要问题。拉布鲁斯特把圣热内维埃夫图书馆设计成一个长方体，上部宽大的阅览室中央立一排铸铁柱子，柱头上向左右射出铸铁的半圆形券，另一头架在外墙上，外墙很厚，抵挡住券的侧推力。铁券之间铺屋面板，所以阅览室覆盖在平行的两道拱形屋顶之下。两侧外墙上开大窗。铁柱很细，铁券以盘花透空，非常轻盈灵巧。当时的结构理性主义者，从维奥莱-勒-杜克到杜朗都把哥特式主教堂当作结构理性的最完美代表，这个阅览室的结构依稀可以见到哥特式肋架拱的痕迹，但它是完完全全的创新。国家图书馆阅览室的基本部分是正方形的，被16棵铸铁柱分成九个方格，每个方格上用铸铁构件做成拜占庭式样的穹顶，屋面覆陶片，中央留一个采光圆洞，装上玻璃，照亮整个阅览室。没有侧光。这个结构有拜占庭建筑的痕迹，但它也同样轻盈灵巧，同样是个完完全全的创新。国家图书馆的书库连地下室一共五层，地板都用铁栅加玻璃板制作，既防火又透光。连一些功能空间的隔墙也如此做法。

拉布鲁斯特认为，房子是人类活动的外壳，而不是古典柱式的理想美的展陈。不过，这两座图书馆的阅览室，作为阅览活动的外壳，形式崭新，空前未有而仍然十分美。因此它们立即在欧洲引起了很大的轰动，建筑师们纷纷效尤。可惜，两个图书馆的外貌依然是老式的。圣热内维埃夫图书馆外墙上刻着从摩西到瑞典化学家贝采利乌斯（J. J. Berzelius，1779—1848）等810位著作者的名字，代表世界的文明史。把眼光从帝王和圣徒身上转到学者和科学家身上，这毕竟是个重大的历史转变。拉布鲁斯特曾经响应雨果在《巴黎圣母院》里写下的话，说过：建筑是一部书。圣热内维埃夫图书馆外墙的处理，便是一页一页的书，也是“会说话”的建筑。

另一种大量使用铁构件和玻璃的建筑是火车站。大型火车站是一种完全新型的建筑物，传统的束缚少，观念容易突破，功能也比较复杂，要求大跨度的空间，停车棚还需要防火。因此，各国建筑师往往在火车站建筑上勇于创新。铸铁框架有拱券式的，也有桁架式的，构件的排列疏密有致，很注意它们的外观，甚至还带着装饰性。伦敦的圣潘克瑞斯车站的车棚（St. Pancras Station，1868—1869，设计人W. H. Barlow），跨度达到74.1米，是有史以来最大的建筑跨度。它用的是铁杆组合的落地拱，屋面上铺几条玻璃带采光。不过，和拉布鲁斯特的图书馆的外形一样，这些火车站的外形还古色古香，新结构束缚在传统形式里。圣潘克瑞斯车站的沿街面是旅馆，全用哥特复兴式。有一些车站在正面中央开一个与拱顶相应的很大的半圆形玻璃窗，成了当时法国、英国的火车站的特征。巴黎的东站（1847—1852，设计人Françoise Duquesney）和北站（1861—1865，设计人J.-I. Hittorff）是它们的代表。

一些大型穹顶也使用了铁构架，例如圣彼得堡的伊萨基辅斯基主教堂21.83米直径的穹顶和华盛顿美国国会大厦直径28.7米的穹顶，后者可能学习了前者的做法。但它们外部和内部的形式都丝毫没有表现出新材料新结构巨大的造型潜力。美国国会大厦的穹顶和伦敦圣保罗大教堂的相似，也便是仿意大利文艺复兴盛期罗马的坦比哀多。教堂和议会大厦，由于宗教和政治的缘故，都是最保守的建筑类型。

伦敦圣潘克瑞斯车站的车棚

伦敦水晶宫内景

不过，新建筑的胚胎毕竟在一天天地长大。甚至，1843年，连折衷主义大本营的巴黎美术学院都发生了分裂，一派人举起哥特的理性主义旗帜，向古典主义和折衷主义发起攻击。这场风波被拿破仑三世亲自压下去了，美术学院恢复了折衷主义的一统天下。革新者在学院里遭到挫折，杜克因此气愤地辞去了学院教授的职位。但建筑的革新终究是阻挡不住的。

铁构架和玻璃作为主要材料的新的造型可能性，第一次完美地被伦敦的水晶宫（Crystal Palace，1850—1851，设计人 Joseph Paxton，1801—1865）表现出来，它是伦敦第一届世界工业博览会的英国展览馆。因为全用玻璃围护，晶莹透亮，所以被称为水晶宫。虽然它的建造时间早于巴黎国家图书馆，但它是下一个历史时期的第一颗星辰。

19世纪西方建筑又一个重大的进步是城市整体意识的增长，城市规划趋向科学化和民主化，重要的个体建筑大都与城市建设发生密切的关系。不过，作为一门独立的学科，城市规划在19世纪仍然是个胎儿，它的降生要到20世纪，和现代建筑同步。

城市规划早在古希腊就有了，在古罗马时期，一些卫戍城都是照严谨的规划建造的。以一两座纪念性建筑为核心而做的城市局部的改造和建设，历代都有。那大多是为了炫耀一种权威，不是宗教的便是专制的。

工业革命之后，城市产业集中、交通汇聚，大量破产了的农民拥到城市里来，塞满了阁楼和地下室。城市的各种功能质量都大幅度下降了。于是，急迫需要改造旧城市和建设新城市。这时候需要的城市规划与以前任何时期都不很相同，内容要复杂得多。

工业革命最早的英国，城市恶化也最早，改造城市的呼声也就最激烈。同时，工业革命的成功也给城市改造准备了物力和人力，准备了城市建设的新机制：大规模的房地产投资，投资者不仅是个人，主要是企业了。这种改造和新建的目的和方法与从前的大大不同。最早的大规模行动是在巴斯城建造一批高级的联排住宅，供工业城市里的上层阶

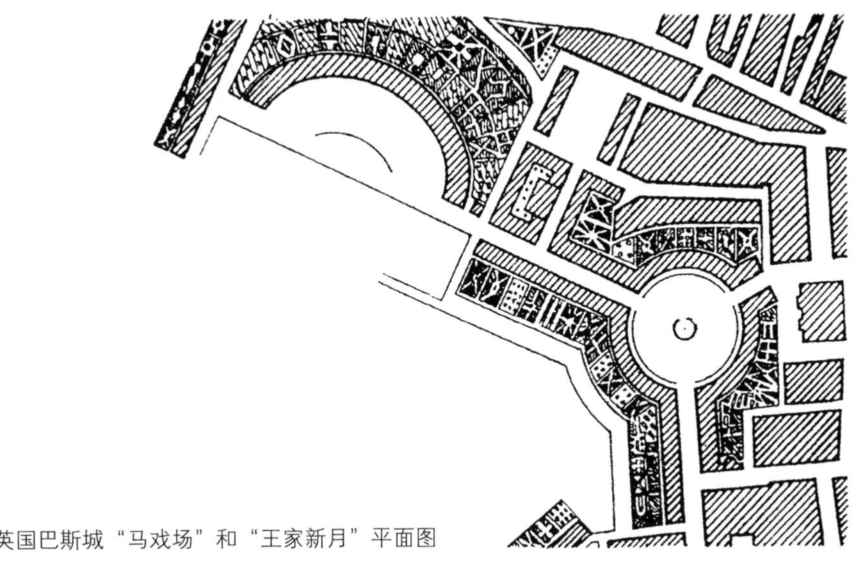

英国巴斯城“马戏场”和“王家新月”平面图

层逃避污秽和杂乱而来休闲度假，由房地产开发商投资。建造延续了50年（1725—1775），由伍德父子两代建筑师主持，包括女王广场、马戏场和王家新月以及连接两个广场的一条大街。这些房子基本上采用了罗马复兴式。马戏场是老伍德设计的，一圈33座联排住宅的立面模仿古罗马式样，就像是内外反转的一座角斗场。小伍德设计了王家新月，36座三层联排住宅，形成了一个半椭圆形，立面是意大利晚期文艺复兴式的。后来在英国造了不少新月形的街道，都起源于这里。这一组建筑落成之后，巴斯还造了一个兰斯唐纳新月（Lansdowne Crescent，1789—1793），设计人帕尔默（John Palmer，约1738—1817），位于王家新月后的小山高处。它是蛇形的，一长条住宅建筑在草地上、树丛间反复蜿蜒，空前大胆的想象力大大突破了传统的建筑群空间观念，是建筑构思的一次解放。

紧接着的便是伦敦市中心的改造，起初只涉及王室所有的202公顷丛林地。建筑师纳什从1811年开始工作，在该地段中央安置了一个自然风致式园林，周围散点式地自由安置了一些独立住宅和联排住宅。因为

摄政王大街

朝廷当时由摄政王主持，公园就叫摄政公园（Regent Park）。后来他又加以扩大，向南造了一条摄政大街直达圣詹姆士公园（St. James Park），把摄政王的卡尔顿府邸（Carlton House）和白金汉宫（Buckingham Palace）以及它们的广场、园林也都组织进来了。工程在1815年大致完成。这个建设是在和拿破仑作生死存亡的战争时期进行的，为了对抗法国的罗马复兴和帝国风格以及几何式园林，它们的建筑采用希腊复兴式而园林则是自然风致式。当时著名的造园家被纳什邀请来参加了设计。自然风致式园林汲取了中国园林艺术经验，18世纪初在英国产生，名为英中式园林（法国叫它中英式），一直流行到19世纪末。摄政公园和圣詹姆士公园是自然风致式园林在大城市中心的第一次尝试，很成功。

三十多年之后，在法国，拿破仑三世的政务大臣奥斯曼（G. E. Haussmann，1809—1891）1853年主持了巴黎旧城的改造，这是世界上最大的一次旧城改造。奥斯曼完全不顾旧城原有的布局结构，横冲直撞地开辟大马路、林荫道和节点广场。路旁一律建造折衷主义的四层带阁

报纸上讽刺奥斯曼大拆大改巴黎城的漫画，一手持泥灰铲，一手持镐

楼的住宅，檐口能连成一条条笔直的线。原来老巴黎尺度亲切、景观多变、充满了平民生活人情味的街巷都不见了，代替它们的是单调、刻板的街景，只在节点广场上才有一点变化，那里矗立着重要的公共建筑和教堂，歌剧院就是其中之一。虽然，毫无疑问，巴黎从此更适合现代化的发展要求了，但这种就地大规模改造的方法也使法国永远失去了一座充满了中世纪和文艺复兴时代魅力的城市。

拿破仑三世亲自审阅规划图纸，他的目的首先是缔造一个壮丽的帝国首都，其次是给越来越拥挤的城市提供大量比较舒适的住宅，消灭贫民窟，再次是促进商业、工业和便利交通。同时，他也企图借此摧毁自18世纪70年代以来在巴黎屡屡发生的平民起义，因为曲曲折折的贫民窟为起义者构筑街垒提供最好的屏障，而新建的街道网可以使镇压起义者的炮兵和骑兵及时赶到全城每一个角落。

改建时，建造了庞大的地下排水系统，把下水用水管引走而不就近排进塞纳河；建造了供水系统和景点喷泉，安装了燃气街灯。塞纳河上

巴黎城在奥斯曼改造计划中的拆迁

造了新的桥梁，开辟了几个大型的森林公园，还新建了一批市场，其中包括著名的离卢浮宫不远的中央市场。

奥斯曼的巴黎大改建，影响很大，引起不少欧洲城市的模仿。

巴斯、伦敦和巴黎的改造，也包括圣彼得堡和维也纳的，都还算不上是现代的城市规划，但它们是从新古典主义时代向现代的重要过渡环节。

19世纪的西方建筑，最有生命力的历史内容是新的功能复杂的建筑类型、新的材料和结构方法以及城市整体意识的发展，而不是各种历史风格的轮番登场。这些生机盎然的新发展到20世纪30年代终于引发了建筑的空前大革命。这场革命的主题是把现代建筑从两千多年的历史传统束缚中解放出来，走上全新的发展道路。诞生于新文化、新功能、新技术和新的市场经济的现代建筑在基本观念上和设计方法上都和过去大不相同，它们的形式风格也必须是全新的。这场革命是不可避免的，是历史进步的必然结果，它的进步意义没有什么可怀疑的。

西方的建筑传统非常稳固，传统建筑达到了很高的水平，要突破这个传统需要很清醒的历史判断力，很坚定的自觉性，很决绝的勇气和很出色的创造力，甚至要有义无反顾的献身精神。总之，需要有这样的斗士！20世纪初终于产生了这样的一批斗士，他们以大量建造的建筑，主要是平民住宅为突破口，取得了决定性的胜利。就像古罗马阿德良皇帝杀掉了看不起穹顶的阿波洛伯利斯一样，现代建筑的革命也是十分激烈的，甚至在某些事件上有点儿残酷。有人失业，有人被逐出祖国，流亡异乡。所不同的是阿波洛伯利斯是保守的，反对进步，而20世纪初，一度受到迫害的是革新者。保守派到现在还没有在世界上烟消云散，在一些意识落后的国家里，只要有一点风吹草动，还会有人跟在别人后面批判革新者，抓住他们的一言半句来否定他们伟大的历史功绩，并且要"夺回"被他们淘汰了的旧东西。前进，艰难啊！但是，合理的前进总是挡不住的，即使要付出高昂的代价。

胡夫金字塔

下篇

第十六讲　从自然神崇拜到皇帝崇拜

世界上最宏大、最庄严、最经得起岁月磨炼，仿佛像时间一样永恒的纪念性建筑，产生在古埃及。古埃及人是最伟大的纪念性建筑的创造者。他们最懂得什么叫建筑的纪念性。纪念性是一种心理效应，建筑给人一个视觉冲击，使人觉得和被纪念的人物之间有全面的差距，难以逾越。被纪念的人物精神的崇高、力量的强大、功业的显赫，都不是现实的人所能企及，甚至超过想象力的极限。产生这种效果的最简便的办法，便是使纪念物显得规模大，大到超乎想象，使纪念物显得能存在长久，久到超乎想象。这样的形象使人感到压抑，压抑之感正是崇拜的起点，而崇拜是纪念性必须的效应。

为了加强纪念性形象的震撼力，古埃及人在建筑中使用了行进中展开的序列，有前奏、有对比、有高潮，层次分明，逐步酝酿。因此时间因素被引了进来。同时，古埃及人也引进了雕刻和绘画，它们使建筑的纪念性更容易被体验，更富有感染力。古埃及人创造了建筑、雕刻和绘画相结合的丰富的经验。

古埃及人也非常成功地把纪念性建筑和尼罗河上下的自然景观结合起来，充分利用自然景观使纪念性建筑的艺术表现力达到极致，以至沙漠、长河、悬崖峭壁仿佛都成了纪念性建筑的一部分。这是因为，古埃及人中盛行的是原始的自然神崇拜，这种崇拜影响

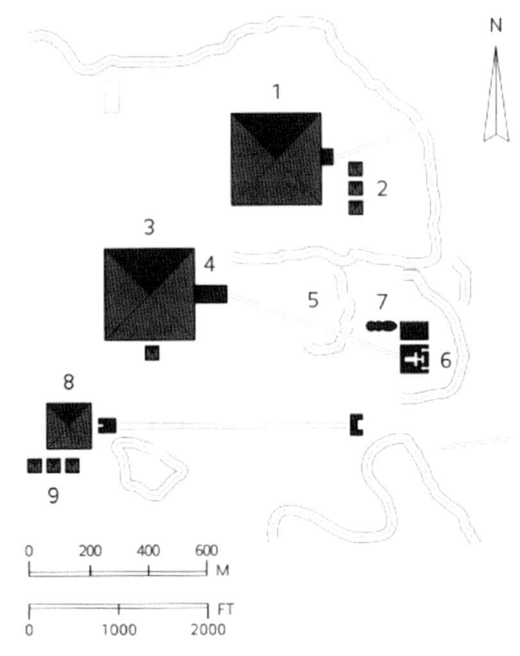

埃及吉萨高地上三座
金字塔平面位置图

了他们对形象意义的认识。

古埃及的纪念性建筑物，主要是陵墓和庙宇，它们都用来神化皇帝（Pharaoh，音译“法老”）。由于尼罗河的冲积层非常肥沃，古埃及居民很早就开始了锄耕农业和畜牧业，沿河产生了许多地域性的农村公社。大约公元前三千多年，埃及统一成为一个中央集权早期的奴隶制国家。促使埃及统一的主要原因之一，是需要在尼罗河上建设综合的、系统的水利灌溉工程。由于同样的原因，公社农民世代耕作着的土地一律被认为是属于皇帝的。作为全部土地的所有者，作为复杂的水利系统的总管，皇帝获得了至高无上的权力。

古埃及早期的奴隶占有制还不发达，基本上停留在家庭奴隶制阶段。为数不多的奴隶还没有普遍地用于各个生产领域。古老的农村公社顽强地保留下来，它的成员是社会的主要劳动力。所有的贫苦农民都必须按照一定的制度或者随时的征召为州贵族或者皇帝服役，他们的地位实际上与奴隶相差无几。对全体公社农民的残酷剥削，使古代埃及成为最暴虐的专制国家。

专制的国家需要神化皇帝来巩固。于是，逐渐产生了“皇帝崇拜”，随后就形成了把皇帝当作太阳神本身或者太阳神的化身的宗教。随着宗教的形成，也形成了强大的祭司阶层，他们有钱有势，极盛时期，甚至左右了皇帝。

为了神化皇帝，就得给他们建造宫殿和陵墓这类纪念性建筑，以建筑艺术颂扬他们的伟大、不朽的万能，使人们不论在他们生前或死后都无限忠诚地崇拜他，从而教育公社农民：皇帝和贵族的统治是不可动摇的。因此，古埃及的纪念性建筑直接服务于赤裸裸的镇压力量，它们在艺术上便有沉重、压抑、震慑人心的部分。

大规模地营造纪念性建筑物，需要大量的劳动力，动辄上十万人。如此多的人从事非生产性劳动，全靠尼罗河两岸肥沃的土地上收获的谷物以及从叙利亚、西奈半岛和努比亚掠夺来的财富。

尼罗河是埃及的生命之源。它不但使粮食丰产，而且为营造活动运输石材。在年年对尼罗河泛滥所做的斗争中，古埃及人学会了测量术、几何学，也学会了组织一二十万人的劳动，这是一件非常复杂困难的事。尼罗河峡谷和三角洲的自然景色，启发了古埃及人纪念性建筑的总体艺术构思，河边茂盛的芦苇、纸草、棕榈则向建筑提供了艺术素材。尼罗河是古埃及文明的母亲，古埃及的建筑也吮吸着她的乳汁。

金字塔是古埃及最古老、最恢宏的纪念性建筑，以吉萨（Giza）高地上的三座为代表，它们是第四王朝（大约公元前三千年之初）皇帝的陵墓，离位于尼罗河三角洲的首都孟斐斯（Memphis）不远。这三座金字塔从东北向西南排成一条斜线，依次是胡夫（Khufu）、哈夫拉（Khafra）和门卡乌拉（Menkaure）的墓。它们呈正方锥形，非常高大：胡夫塔底边长230.35米，高146.6米；哈夫拉塔底边长215.25米，高143.5米；最小的门卡乌拉塔底边也有108.04米长，66.4米高。作为人类建造的最高的建筑物，胡夫塔把纪录一直保持到19世纪末才被钢铁的巴黎埃菲尔塔打破。

这三座金字塔矗立在尼罗河西岸，大沙漠东缘，与自然景色结合成宏伟豪迈的图画。背靠浩瀚无垠的沙漠，只有金字塔那样稳定、沉重、简洁、高大的形象才有足够的力量站住，像金字塔这样的形象，也只有在平野漠漠的背景前才有大气概，才有“大漠孤烟直，长河落日圆”那样无比壮阔而永恒的意境。

金字塔的艺术构思反映着古埃及的自然和社会特色。那时古埃及人还保留着氏族制时代的原始拜物教。他们相信，高山、巉崖、大漠、长河都是神圣的，蕴含着神秘的力量。早期的皇帝崇拜融入了原始拜物教，皇帝被宣扬为一个自然神。于是，古埃及人的审美意识中，就萃取了高山、巉崖、大漠、长河的形象的典型特征赋予了皇权纪念碑。在埃及的自然界中，这些特征就是宏大、单纯。这样的艺术思维是直观的，金字塔便宛若天然生成的山峰，混沌未凿，和尼罗河三角洲的风光十分协调，因此而大大加强了它们的表现力。

这三座金字塔的艺术表现力主要在外部，在它纪念性形象对视觉直观的强大冲击力，阔大而雄伟，朴实而开朗。但是，古埃及人也给它设计了神秘的、压抑的、震慑性的和彼岸性的艺术处理。这就是它的祀庙。祀庙是举行崇拜仪式的地方。它分为两部分，一部分叫“上庙”，紧贴在金字塔的东面脚下，另一部分叫“下庙”，远在东方几百米之外的尼罗河边。上庙和下庙之间用石块砌一条全封闭的走廊，只容一个人通行。古埃及人从日出日落受到启示，认为人死就像夕阳西沉，所以墓葬区都在尼罗河西岸。皇帝死后，送殡的队伍把他们的木乃伊送过河，走进不大的塞满了粗壮石柱的下庙，鱼贯地走向上庙。几百米的黑暗走廊在送殡人心里造成一种幻觉，仿佛一步步离开现实世界，走向冥国。到了上庙，穿过又一个塞满了粗壮石柱的厅堂，进入一个小小的院子，猛然间看见灿烂的阳光中端坐着皇帝巨大的雕像，上面是耸入云际的金字塔尖，剧烈的变化使它们仿佛来到了另一个世界，皇帝将在那里享福的极乐世界。于是立即感到自己的渺小，被强烈的崇拜之忱控制住了。金字塔外部艺术表现力和内部的对比，反映着早期奴隶制的矛盾：皇帝

古埃及住宅模型

古埃及住宅模型

还是自然神，但皇帝和臣民之间已经产生了尖锐的矛盾。

在哈夫拉金字塔的下庙旁边，是一个巨大的狮身人面像，可能是哈夫拉的像。它高约20米，长约46米，大部分是就原地的岩石凿出来的，局部用石块补砌。它浑圆的躯体和头部，与远处金字塔的方锥形形成鲜明的对比，使整个建筑富有变化，更完整了。变化，或者说对比，才能使艺术群体统一。没有变化的重复，艺术群体是不能成为整体的。

金字塔通体用浅黄色石灰石块砌筑，外面贴一层磨光的灰白色石灰石板。所用的石块很大，有达到6米多长的。胡夫金字塔，如果全部折合成2.5吨重的石块，就要250万块。它中心有墓室，可以从北面的入口经过通道进去，墓室门口堵着一块重达50吨的大石块，墓室顶上还分层架着7块大石板，每块的重量都达几十吨。

金字塔方锥形的几何精确性几乎是没有误差的，它的正方位朝向也同样几乎没有误差。开采这样大量的石料，运输它们，把它们一块一块堆垒到那么高，而且精确度达到几乎没有误差的水平，这不能不说是一种奇迹。这奇迹的最奇处还在于当时没有金属工具，古埃及人用石头工具建造了金字塔。胡夫金字塔内部的通道两侧的石块，由于阴蔽而很少风化，石块之间至今严丝合缝，以至有些考古学者描述，用刮胡子刀片都插不进缝里去。金字塔表面一层磨光的石灰石板，也是由于后人们当石矿采挖才破坏掉的。

昭赛尔金字塔及其附属建筑

金字塔形制的形成有一个漫长的发展过程。古埃及人迷信人死之后，灵魂不灭，只要保存好尸体，三千年后就会在极乐世界里复活永生。因此他们不但发明了木乃伊的防腐技术，也特别重视坟墓。

坟墓的形制起初模仿住宅，人们只能依靠现世生活来想象彼岸生活。古埃及的住宅主要有两种，一种以木材为墙基，上面造木构架，以芦苇来编成墙垣，外表面抹泥，也有不抹泥的。屋顶微呈拱形，是用芦苇、纸草束密排而成的。它们比较轻快，多细节，有装饰。这一种在尼罗河三角洲比较多。另一种以卵石砌墙基，用土坯墙，密排圆木成屋顶，是平的，上面再铺一层土，外形像一座有收分的长方形土台，单纯而厚重。这一种流行在尼罗河中游峡谷。公元前三千多年建成了包括三角洲和峡谷的统一国家之后，皇帝建造宫殿，有意把两种建筑风格结合起来，建筑的样式有了政治的象征意义，皇帝建造陵墓，也企图糅合这两种建筑样式。

在早期的探索中，逐渐熟悉了两种建筑风格的特性，长方的土台形朴素、沉重、尺度大，容易获得纪念性，便拿它来造皇帝陵墓的主体。用轻巧而有装饰的一种样式建造祀庙，位置在土台形主体的顶上。后来，皇帝崇拜逐渐加强，陵墓主体越来越高大，祀庙就从顶上搬下来，造在高台脚下。大约公元前3000年，在吉萨南边不远的萨卡拉（Sakkara）造了昭赛尔（Zoser）皇帝的陵墓。这陵墓的主体由六层有收分的长方形石台叠成，上层石台小于下层的。底部东西长126米，南北长106米，总高度达到60米，总体外形已经近于金字塔。它单纯、明快、尺度大。昭赛尔陵墓周围还有祀庙和很多附属建筑。这些建筑虽然是石头造的，却全都采用了芦苇、纸草束建筑的轻快形式，不但在石头上刻出芦苇和纸草束形的柱子，甚至还有些刻成芦苇编的草帘子。经过精心的艺术加工，芦苇、纸草束和苇箔帘子都有很强的装饰效果，精巧而柔和，尺度小。虽然两种风格的对比更强化了陵墓主体的纪念性，但金字塔的最终形象还没有找到。

在昭赛尔陵墓之后，又有过几个过渡型的陵墓，有的简化为三层，有的近乎简单的方锥体，但上半段的坡度比下半段的缓一点。到了第四王朝的胡夫，终于造成了最成熟、最典型的古埃及金字塔。同时，祀庙建筑中也不再模仿不适合石材本性的芦苇和纸草束建筑的残迹，而采用了简洁的、完全适合于石材本性的方柱和方梁。它们比仿纸草和芦苇的形式更庄重、更厚实。纪念性建筑的风格彻底完成了。古埃及人终于认识到，用一种统一的纪念性建筑风格来神化皇帝，比两种风格混用的政治象征意义更重要，更深刻，更符合建筑艺术的特点。

氏族公社的农民是建造金字塔的主要劳动力，他们为这些工程受尽了苦难。据古希腊历史学家希罗多德的《历史》中记载，为了建造胡夫金字塔，从当时不过二三百万的居民中，强征徭役，每批10万人，轮番地工作了20年之久。传说，埃及人把建造第四五朝这三座大金字塔的106年看作是水深火热的时期，“人民想起这两个皇帝时恨到这样的程度，以致他们很不愿意提起皇帝们的名字而用牧人皮里提斯的名字来称呼这些金字塔，因为这个牧人当时曾在这个地方放牧他的畜群”（《历史》，第二卷，127—128节）。劳动者被迫建造与自己为敌的建筑物，这是专制时代的悲剧。

大约公元前2100年，古埃及的首都迁到了尼罗河中游峡谷中的底比斯（Thebes）。这时候皇帝的地位衰落，地方贵族跋扈。大型的金字塔不再建造了，这是因为，中游峡谷，最宽不过15公里左右，两侧的峭壁悬崖有几百米高，在这样的环境里，金字塔的艺术构思完全失去了表现力。同时，当地的贵族，一向在崖壁上凿窟为墓，窟内的空间类似长方土台式住宅的内部，洞口立一对柱子。受贵族挟制的皇帝的坟墓沿袭当地传统也采用了这种形制。

到公元前2000年左右，皇权重新加强，皇帝们又要建造大型的纪念性陵墓了。新的构思来自自然拜物教的巉崖崇拜，就用底比斯尼罗河西岸的巨大悬崖代替金字塔作为陵墓的主体。墓穴凿在峭壁里，在前面建造祀庙。这时候，祭司阶层已经把皇帝抬高为最主要的神，设计了一整套礼拜仪式，死后也不懈怠，所以祀庙的重要性大大加强了。建于大约公元前2000年的门图荷太普二世（Mentuhotep II）的祀庙，布局有两个主要的新特点，第一个是有两层高台，每层高台的前面和侧面全用向外开敞的柱廊包围，不像金字塔祀庙那样对外面是全封闭的。以柱廊向外的做法，脱胎于贵族的崖窟墓，但贵族墓只有两棵柱子，而门图荷太普二世皇帝的陵墓，每层台地有近百棵柱子。柱廊造成鲜明的虚实和光影的变化，在悬崖前非常夺目，从而把悬崖组织进了纪念物的构图中来。第二个特点是，用露天的神道代替了黑暗狭窄的走廊，神道两侧密密排列着石刻的狮身牛头像。门图荷太普陵前的神道长达1200米。神道也是在行进中展开层次来酝酿朝拜者心中的崇敬和畏惧之情的。有些历史学家认为，以外廊包围祀庙，以神道逐层酝酿高潮，这两种做法曾经以爱琴海岛屿为跳板，影响过地中海对岸的古希腊圣地建筑。甚至有人认为古埃及十六边形的柱子是多立克柱式的原型。

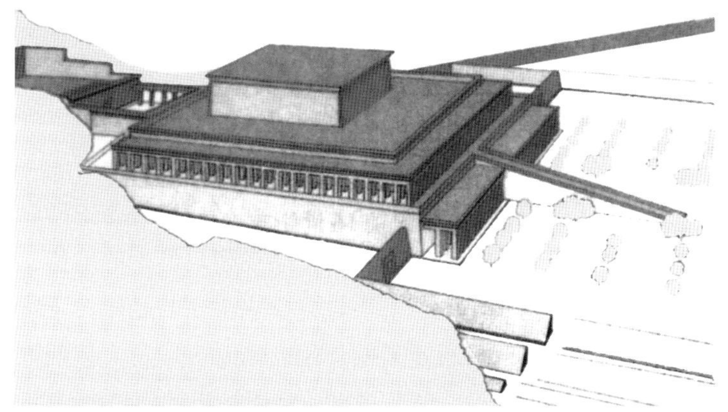

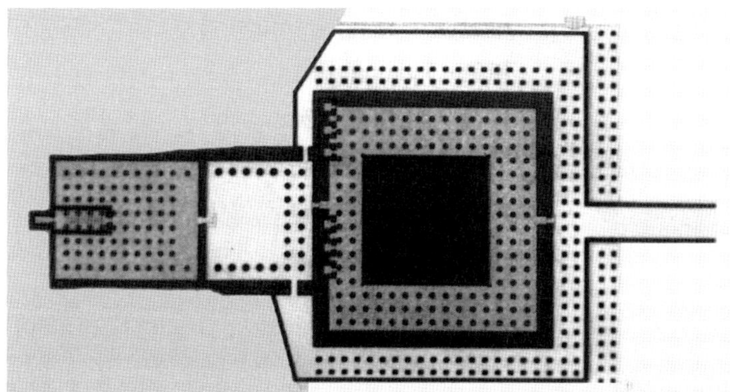

门图荷太普二世祀庙

女皇哈特谢普苏特陵墓

也有些考古家推定，这座陵墓祀庙中央本是实心的，上面造过一个不大的金字塔。建筑艺术形式的滞后现象是常见的，旧形式在新环境中完全不适用了，但一个不长的时期内仍然会有旧形式的残留，等待慢慢消逝。不过，也有些人认为并没有这座小金字塔。

门图荷太普二世陵墓是皇帝纪念物由以外部表现力为主向以内部表现力为主的过渡性环节，它大大提高了祀庙在建筑群中的地位，使祀庙有了独立的意义，主导了建筑群。不过，壁立千仞的悬崖对于陵墓的纪念性甚至神秘性，仍然起着极重要的作用。当时古埃及人依旧把皇帝的威力主要当作自然力来认识，陵墓自有一种浑朴粗犷的气度。

公元前16世纪末，在门图荷太普二世陵墓北边不远建造了女皇哈特谢普苏特（Hatshepsut，约前1503—前1482在位）的陵墓。它的艺术构思和门图荷太普二世的完全一样，但规模大得多，布局更复杂，和悬崖的结合更紧密。它的柱廊比例和谐，方形的柱子，柱高为柱宽的五倍以上，柱间净空将近柱宽的两倍，柱廊庄重而不沉重。哈特谢普苏特陵墓很华丽，布满了圆雕、浮雕和壁画，都染着鲜艳的色彩。第二层平台上，柱廊的每棵柱子前都立着一尊女皇的像，穿着彼岸之神俄赛里斯（Osiris）的服装。这种柱子叫俄赛里斯柱，是皇帝祀庙里特有的，古埃及人相信皇帝死后会在彼岸世界为神。

可是这时皇帝崇拜已经渐渐摆脱了原始拜物教，祀庙中神秘仪典的重要性超过了皇帝威力的象征性形象的重要性。随着一种比较复杂的宗教的形成，皇权纪念物的形制必将发生根本的变化。

经过国内的斗争和外敌入侵，到公元前16世纪，埃及重新建立了强大的皇权。为了缓和国内矛盾，不得不减轻对公社农民和手工业者的压迫，皇帝们力求通过战争来虏获大量的奴隶，作为苦役的劳动者。埃及成了军事帝国，疆域扩大到小亚细亚、巴勒斯坦、腓尼基、叙利亚和南方的努比亚。商业活动随着活跃了起来，埃及的财富迅速增长。皇帝专制制度因此空前强大。这时候，围绕着皇帝崇拜，一种新的宗教形成了。皇帝不再是一般的自然神，他是高出于其他神祇的“大神”。相应地，太

卡纳克阿蒙庙内景

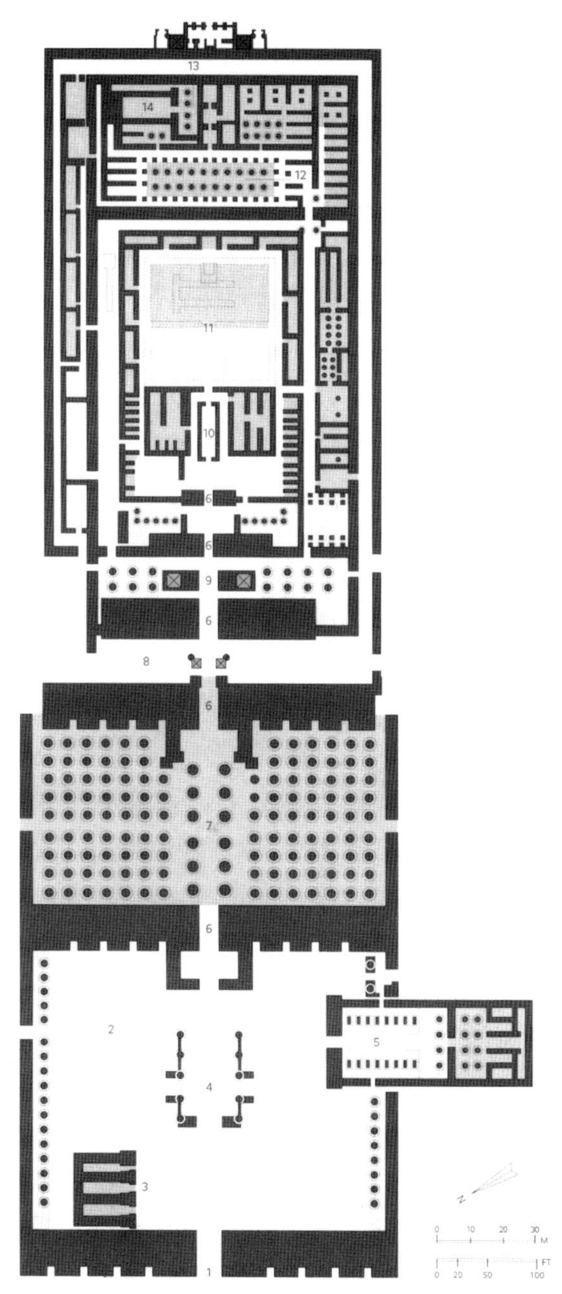

卡纳克阿蒙庙平面

阳神成了天上的最高神祇。于是，皇帝和太阳被联结到一起，皇帝是太阳的化身，是“统治着的太阳”。当皇帝是自然神的一员的时候，他的纪念物、金字塔，概括着埃及自然界的形象特性：阔大、庄严。当皇帝成了最高的神的时候，就需要把他神秘化，以便调动人们的想象力。祭司们为这个目的设计了成套的礼仪。礼仪要有场所，这便是庙宇，太阳神庙，这种庙宇必须能强化皇帝的神秘性，给人以精神上的压迫感。

太阳神庙有一个很合适的原型可以借鉴，这便是金字塔的祀庙，它在崖窟墓前已经进一步发展，它有神秘性，使人感到威压。不过，金字塔和崖窟墓，它们形象的主体是外部的在光天化日之下的塔和悬崖，和大自然融洽，有一种坦荡和开阔的气息，这是新的皇帝崇拜所不需要的。于是太阳神庙便完全抛开了陵墓而把祀庙独立了。皇帝的木乃伊埋葬在极秘密的石窟里，皇帝的纪念物只有庙宇。这些太阳神庙又叫阿蒙（Amon）庙。阿蒙庙可以造到尼罗河东岸，不一定避开居民区。它的典型形制是，一进一进的大殿包围在一圈封闭、沉重、厚实、高大的石墙里，正面一对高大的梯形石墙夹着一个小小的门道。进门之后，院落前方和左右都是石柱廊，每棵柱子前立着一尊俄赛里斯像，头脸是当朝皇帝的。从前方柱廊正中一个小门进去，便是大殿，大殿里密密拥挤着许多粗壮的石柱。中央两排石柱比两侧的高，形成了侧高窗。窗口装着石栅，光线透射进来，投到柱子上，成为奇形怪状的光斑。在阴暗的大殿里，只有它们显示出柱子上的浮雕，一块一块，颜色鲜艳而尺度很大。朝圣的人无法知道这大殿有多大，仿佛每棵柱子后面都还连通着更远的空间，于是心里受到强烈的压迫，甚至觉得恐惧，这时候他才能隐约见到正中的皇帝坐像，仪典时由火炬照亮。皇帝像身后又有一串厅堂，一个比一个矮，一个比一个小，进去的人受到空间的挤压。最后一个厅里放着一只木船，宗教节日的时候，木船载着皇帝的木雕像，被抬出去巡游，接受臣民的膜拜。皇帝乘船巡游，象征他是尼罗河的主宰，而尼罗河是埃及的命脉。

太阳神庙，或叫阿蒙庙，它的艺术表现力主要就在建筑内部了。从金字塔和崖窟墓的以外部表现力为主，转向内部，这是一个大变化。这变化固然是由皇帝崇拜观念的变化引起的，也得力于技术进步的支持，没有技术的支持，观念是不会转化为物质存在的。这些庙使用的还是原始的梁柱结构，但施工水平很高，例如，最大的卡纳克（Karnak）阿蒙神庙，它的大殿内部净宽103米，进深52米，密排着134棵石柱子，中央两排柱子高度竟达21米，直径3.57米，上面架设的石梁有9.21米长，65吨重。把这样大的石梁架到21米高的石柱上去，需要很高的施工技术，其余的柱子也有12.6米高，直径2.74米。另一座在卢克索（Luxor）的阿蒙庙，中央柱子也有20米高。这样高的柱子和这样长的梁，造就了阿蒙庙宏大的内部空间，卡纳克阿蒙庙最大的百柱厅面积竟有5000平方米。这就使纪念性建筑物的艺术表现力的重点由外部转向内部成为可能。

阿蒙庙和太阳庙合一之后，庙门巨大的一对梯形石墙之前竖立起一对或两对方尖碑。它们是太阳神的标志，通常一二十米高，少数高达三十米以上。它们是方的，向上收分，顶端作方锥形。细瘦的形体衬托出梯形墙的高大和沉重。在门前，有一条长长的神路，两侧密排着狮身羊头像，一人半高。卡纳克的阿蒙庙和卢克索的阿蒙庙之间的神路有一公里多长。狮身羊头像的行列使神路看上去显得更长，也使方尖碑显得更高，从而更加夸张了庙门的壮伟。卡纳克的阿蒙庙的第一道大门石墙高43米，宽113米，庙门上飘扬着旗帜，石墙上大尺度的浮雕涂着鲜艳的颜色，阿蒙庙依然有它的外部艺术焦点。门洞是从外部向内部的转折点。

大厅内部墙面和柱身甚至梁上也都布满浮雕，大多记述皇帝的战功，不是征服便是受降，也有些日常生活的场面，如巡游和狩猎之类，掺进些自然景色、动物、植物。它们尺度大，上颜色。构图、造型都平面化，非常适合建筑的特点。例如人体的表现方法，脸部是侧面的，眼睛却是正面的，肢体是侧面的，肩膀却是正面的。陵墓里多壁画，构图、风格也和这些浮雕一致。圆雕则多为皇帝像和俄赛里斯柱。

雕刻、绘画和建筑的和谐融合是古埃及纪念性建筑物的重要特点，它大大加强了纪念物的艺术感染力。

建造金字塔的人大多是公社农民，而建造大庙的人里则有大量战争奴隶，他们像牲口一样被迫在鞭子下劳动，有的甚至戴着脚镣。由于皇帝的赏赐，庙宇拥有许多奴隶，祭司们成了奴隶主贵族，他们不但占有全国六分之一的耕地，还占有金矿和大部分手工作坊，甚至有航海商船队。底比斯阿蒙神庙的一个作坊有150个工匠，包括五金匠、木匠、皮匠、建筑工匠和雕刻工匠。工匠中也有奴隶。

古埃及有专职的建筑师，他们受到优渥的待遇，有权把名字镌刻在建筑物上。昭赛尔金字塔的设计人伊姆霍特普（Imhotep）是宰相，“皇帝之下的第一人”。十八王朝建筑师阿孟霍特普（Amenhotep）是“皇家工程首长”，皇帝的亲信。他们甚至都被神化了。享有很高地位的专职建筑师的出现，是一种进步的现象，他们得以摆脱生产力极低情况下体力劳动者的狭隘性，大大加速了建筑创作经验的探索和积累，加速了建筑的发展。

但是，体力劳动者却是十分艰苦的。古希腊历史学家希罗多德在《历史》中记述，拉美西斯三世（Ramesses III，公元前1230在世）统治时期，底比斯陵墓工地上工匠们爆发过起义。他们饿了18天，对官吏们说：“我们没有衣服，没有油，没有鱼，没有青菜。请告诉皇帝——我们善良的统治者，并请通知宰相——我们的长官，请把吃的带给我们。”古埃及巨大纪念性建筑物所以能够建成，原因之一便是劳动者的生活水平很低，因而被榨取的剩余劳动极多。

第十七讲　四达之地

幼发拉底河（Euphrates）和底格里斯河（Tigris）流域是亚、非、欧三洲文化交汇的地域，在这里形成的一些文化特点，也向亚、非、欧三洲传播。由于洪水经常泛滥，战争频繁，这里的古代建筑留存很少，它们的影响主要通过周边的拜占庭、波斯和北非而起作用。

这个地区的建筑大体可分为两个类型，即两河上游和两河下游。伊朗高原的建筑与上游关系密切。两河下游的文化发展最早，约略与古埃及同时。公元前四千纪，在这里建立了一批规模较小的早期奴隶制国家。公元前19世纪之初，巴比伦（Babylon）王国统一了两河下游，一度征服上游。公元前16世纪初，巴比伦王国灭亡，两河下游先后沦为埃及帝国和上游的亚述（Assyria）帝国的附庸。公元前7世纪后半叶建立了后巴比伦王国，这是两河下游文化最灿烂的时期。到公元前6世纪后半叶，它又被波斯帝国（Persia）灭亡。上游的亚述在公元前14世纪成为独立的国家，公元前8世纪征服巴比伦、叙利亚、巴勒斯坦、腓尼基和小亚细亚，直到阿拉伯半岛和埃及。公元前7世纪末被后巴比伦灭亡。公元前6世纪中叶，在伊朗高原建立了波斯帝国，向西扩展，征服了整个西亚和埃及，向东到了中亚和印度河流域。公元前4世纪后半叶，被希腊的马其顿帝国灭亡。

这个纷乱复杂的历史促进了文化的交流，但也限制了文化的发展。

这里没有形成稳定的、有直接而长远影响的建筑传统，外来的各种建筑文化常常杂糅在一起。

两河下游缺乏质地良好的石材和木材，人们主要用土坯建造墙垣，上面架芦苇束为平顶。于是，形成了早期房屋的几个重要的特点。第一，墙厚、开间狭窄，所以室内空间成长条形。第二，河水经常泛滥，土坯墙被浸泡酥解，房子倒塌，形成一堆土，水退之后，再在土堆上造房子，经过几次反复，房子下面一般都有几层土台，由此引发了高台上的纪念性建筑形制。第三，为了加固墙垣，延缓倒坍，宫殿和庙宇等重要建筑物的外墙间隔着造凸堡，同时产生了一对凸堡夹着大门道的相当固定的形制。它们的外观显得厚重有力，曾经传到古埃及。第四，同样为了延缓土坯墙酥解，寻求各种加强土坯墙或夯土墙外表面的方法，因而衍生了多种表面装饰手法，对后世影响很大。

因为长期流行的是原始的拜物教，所以这个地区里没有神秘的、威压人的建筑形制和风格，世俗建筑占着主导地位。下游的高台建筑、亚述和波斯的王宫以及新巴比伦城，是这个地区里代表性的建筑成就。当地居民崇拜天体。从东部山地迁来的部族崇拜山岳，他们认为山岳支承着天地，神住在山里，山是人与神交往的阶梯；山里蕴藏着生命的源泉，雨从山里来，山水注满河流，给大地带来生机。这种信仰，自然使他们易于受到由坍塌的土坯堆所形成的高台的启发，把庙宇造在几层土台上，叫作“山的住宅”。这是一种集中式高耸构图的纪念性形象。崇拜天体的当地居民也很自然地接受了这种形制来建造他们的庙宇，因为高台是人最接近日月星辰的场所，他们可以在上面祈祷，和天体沟通。这种高高的山岳台或天体台大体呈正方形，四角朝正方位。它们由土坯和夯土构成，有坡道逐层登临，直达台顶的神堂。坡道的形式很多，有和台边垂直的，有贴着台边的，也有螺旋般绕过四边而上去的。公元前三千纪，几乎每个城市都有几个高台。它们和庙宇、商场、仓库等造在一起，形成城市的宗教、商业和社会活动中心。早期奴隶制国家成立之后，皇帝崇拜和山岳崇拜、天体崇拜结合，宫殿也往往和高台结合。

乌尔城月神台想象

一个古老城邦的首都乌尔（Ur）城有个月神台，建于公元前22世纪，用生土夯筑而成，外表面衬砌一层砖，做薄薄的凸出体。第一层的基底面积为65米×45米，高9.75米，黑色，象征冥界，第二层的基底面积为37米×23米，高2.5米，红色，象征人间世界，以上残毁。传说说第三层青色，象征天堂，第四层白色，象征明月。据估算，总高大约21米左右。这白色的第四层便是月神庙，夜深时刻，月神会乘风降临，与敬神的人相会，第二天清晨回到天上去。

山岳台或天体台开启了两河流域下游的建筑传统之一，高塔成了纪念性建筑物的常用形制。在后巴比伦王朝建造的新巴比伦城里，有一座极高大的塔，叫马尔杜克（Marduk）塔。马尔杜克是两河流域流传的神话里的最高神祇，他开辟了天地，创造了日月星辰，培育了动物植物，又用黏土和着神血塑出了有智慧的人类。在公元前7世纪建造新巴比伦城的时候，建造了马尔杜克塔，塔顶有敬拜这位神祇的庙宇。塔已经完全没有了踪迹，据铭文推断，它的基底是正方形的，每边长90米，分7层，逐层缩小。塔用砖砌筑，大约面上又粘贴了琉璃砖，所以每层一种颜色，自下而上为黑、红、橙、黄、蓝、银、金。庙也是金色的。这座塔被称为“通天塔”。《旧约·创世记》里说：“耶和华降临要看看世人所建造的城和塔。耶和华说：看哪，……如今既做起这事来，以后他们所要做的事，就没有不成就的了。”于是，他下到尘世，变乱了工匠们的言语，使他们彼此不通。“耶和华使他们从那里分散在全地上，他们就停工不造那城了。”这座城就是新巴比伦，这座塔就是马尔杜克塔。新巴比伦人民的创造力，竟引起了“万能的上帝”耶和华的嫉妒，怕他们“没有不成就的了”。而他采取的阻挠办法也很有意思，便是教人们不能沟通信息，信息不灵，人就会成为一盘散沙，失去创造力。

两河下游多暴雨洪水，为了保护土坯墙，减弱浸蚀，公元前四千纪，一些重要建筑物的重要部位，趁土坯还潮软的时候，把大约12厘米长的陶质圆锥形钉子楔进去，密密排在一起，形成保护层。圆形的底面好像一层镶嵌。于是，人们在上面涂红、白、黑三种颜色，组成图案。起初是编织纹，模仿当地盛产而且常用于建筑上的苇席。后来，艺术构思进步了，把陶钉底面做成多种形式，有花朵形的，有动物形的，自由创作，不再模仿编织而有了适合于自己工艺特点的做法。

两河下游富有石油矿藏，公元前三千纪，采用沥青保护土坯墙面，防潮效果比陶钉好多了，而且施工方便。陶钉被淘汰了。为了保护沥青以防当地烈日暴晒，又在它表面贴各色石子、石片和贝壳，它们组成色彩丰富的图案，在新技术条件下继承了陶钉的艺术手法。建筑的装饰，总是要和材料以及工艺做法相适应，这既是技术法则，也是经济法则。最终，合理性是建筑艺术的法则。

因为墙垣的下部最容易受潮，所以常用石板和砖做墙裙，石板和砖容易雕饰，就产生了在墙脚做长条装饰带的传统。石板墙裙上，刻浮雕；砖的，则在制坯之时先用泥做好高浮雕带，切割成砖坯，烧成砖之后再到墙裙上按原设计装配。由于泥坯容易采用模制法生产，这种砖雕多重复有限的题材。

公元前三千纪中叶，在奥贝德（Tel-el-Obeid）的一座庙上，综合了各种装饰题材和手法。土坯的墙体、墙裙上等距离地砌着薄薄的凸出体，表面由玫瑰花形的陶钉底面组成红、白、黑三色的图案。墙裙之上

新巴比伦琉璃墙面浮雕

尼姆鲁德王宫大殿的叙利亚石头浅浮雕

有一排小小的浅龛，里面安置着木胎而外色铜皮的雄牛像。浅龛之上有三道水平装饰带，下面一道嵌着铜牛像，上面两道刷沥青，在沥青上用贝壳粘贴成牛、鸟、人物和神祇等。它的门廊外有一对木柱和一对石柱。木柱外包着一层铜皮，石柱上镶着红宝石和贝壳。门前左右一对狮子，木胎铜皮，眼睛用彩色石子镶嵌。这座庙体现了两河下游人们对彩色的强烈爱好，或许，当地冲积平原单调的景色和无边的灰黄促使他们追求新鲜的视觉刺激。

这种爱好追求，终于导致了琉璃的产生和大量使用，琉璃也使土坯的保护有了更好的办法。大约公元前三千纪，两河下游的人们在生产砖的过程中创造了琉璃。它的防水性能很好，色泽美丽，又不必像彩色石子和贝壳那样全靠在自然界中采集，因此，逐渐成了这地区最重要的饰面材料。公元前6世纪前半叶建设起来的新巴比伦城，重要的建筑物都以琉璃砖贴面。横贯全城的仪典大道两侧，建筑物大都贴琉璃面砖，色彩极其辉煌。

琉璃饰面上有浮雕，预先分成片断做在小块的琉璃砖上，在贴面时再拼装起来构成预定的图案。浮雕题材大多动物、植物或者几何纹样，都是程式化的，既合于建筑的特性，又合于琉璃砖的制造工艺。图案的底色是深蓝，浮雕是白色或金黄色，轮廓分明，衬托强烈，很有装饰性。构图有两种，一种以整面墙为一幅画，上下分几段处理，题材横向重复而上下各段不同。例如后巴比伦国王尼布甲尼撒（Nebuchadnezzar，公元前605—前562）宝座后的墙上，用琉璃砖在墙裙排一列狮子，墙面正中立四棵柱子，各自托着两层重叠的花卷。再上面是一列草花。另一种构图是在大墙面上均匀地散点式地排列一两种动物像，简单地不断重复。例如新巴比伦城伊什塔尔（Ishtar）门的墙上装饰。两种构图都没有表现空间深度，都是平面化的，也没有背景，很合于建筑的特性，同时，也合于琉璃砖大量模制的生产特点。

从陶钉到沥青石子到琉璃面砖，饰面的技术和艺术手法都起源于土坯墙的实际需要，合于饰面材料本身的制备和施工工艺，反映建筑主体的结构逻辑，又富有建筑所需要的艺术表现力。因此，这种饰面的最成熟阶段，琉璃面砖，有很强的生命力，它造就了后来波斯和中亚伊斯兰建筑的辉煌，传到中国之后，又大放异彩。

两河下游的统治者们很重视建筑，尤其对宗教建筑抱有很浓的敬意。他们乐于把自己表现为一个庙宇的虔诚的建设者。公元前三千纪，有一块浮雕石板上，拉格什（Lagash）的国王乌尔-南歇（Ur-Nanshe）

尼姆鲁德王宫大殿的叙利亚石头浅浮雕

在头上顶着一筐砖，参加神庙的奠基。而另一位拉格什国王古地亚（Gudea）有好几个雕像，都是一个在膝盖上展开设计图的建筑师。设计图的出现，证明当时已经有了相当专业的建筑师。

公元前二千纪之初，古巴比伦国王汉谟拉比（Hammurabi，约公元前1955—前1913）在法典里规定：对建筑场地上的每一幢建筑物，建筑师都有权得到法律所规定的报酬。但是，如果房屋坍塌压死了房子的主人，建筑师就要被处死。如果压死了房主的儿子，那就要杀死建筑师的儿子抵命。这个法律条文当然只会在营造企业已经相当发达的情况下才会制定。

亚述在底格里斯河上游。公元前9至前7世纪，是它的极盛时期，这时期农业和园艺业发达，手工业在许多领域发展起来，冶金业已经有了相当大的规模。西亚各国和各地区间的商道都在亚述领土上交会，底格里斯河就是一条商运大干线。亚美尼亚、叙利亚、地中海诸岛、埃及和阿拉伯，都和亚述有密切的商业联系。而亚述不断对邻国进行大规模的军事侵略，一方面攻占城池，一方面虏获俘虏，把他们沦为奴隶。在这个过程中，国内也发生了剧烈的社会分化，自由民的数量大大减少。为了侵略战争、镇压被征服的人民和贫民，都要求高度集中的权力，亚述因此建立了君主专制制度，并且依靠宗教力量把君主神圣化，国王是最高的祭司长。显贵人物在觐见国王的时候必须跪拜，"吻他面前的土地"或他的脚。

如此强大的专制制度自然需要壮丽的都城和宫殿。公元前9至前7世纪，亚述的几位统治者大兴土木。但都城屡屡迁移，宫殿几番废弃。至今遗址大体清晰可辨的，是萨艮二世（Sargon II，公元前722—前705）在豪尔萨巴德（Khorsabad，曾名Dur Sharrukin）的都城和宫殿。萨艮二世是亚述最强悍的国王，东征西讨，占领了从小亚细亚边界到阿拉伯与埃及边界的全部叙利亚，"在欢呼声中进入了巴比伦"。东边则巩固了波

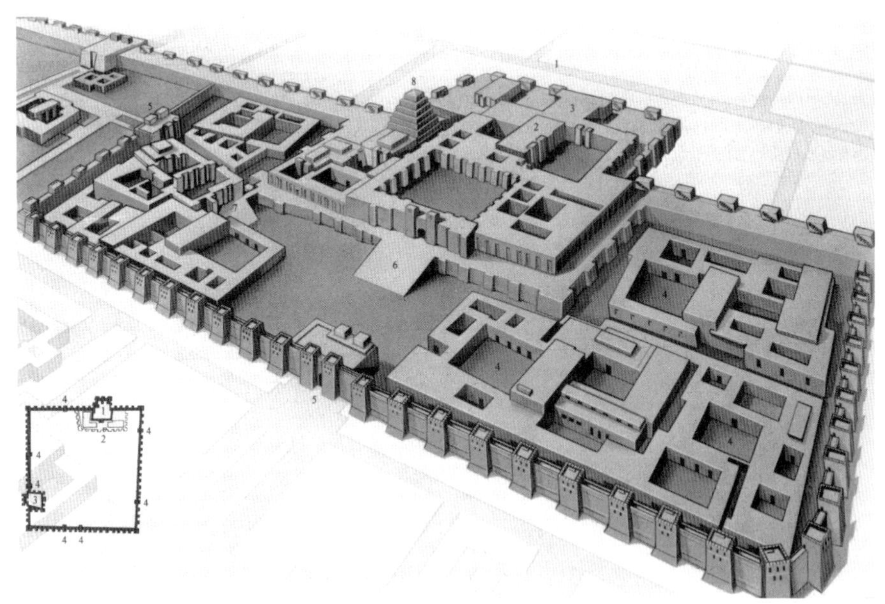

豪尔萨巴德的都城和宫殿复原想象

斯边疆。萨艮二世深入乌拉尔图（Urartu）领土，攻取了穆萨西尔城，掠夺了“宫殿的宝库及其全部收藏物，两万零一百七十人及他们的财产”。乌拉尔图国王听说之后，“亲手用短剑结束了自己的生命”。

豪尔萨巴德位于亚述东北丘陵地带，造在一个高地上。高地的西北，有一个由村庄累世废墟堆积成的18米高的台地，经过修整加固，在这个台地上造了宫殿。都城的面积大约2平方公里，围一圈土坯砌的城墙，厚达6米，有7座城门。宫殿的前半在城内，后半凸出在城外，城墙是连续的。宫殿前有卫城，也被城墙保卫着，正前方和西南方有城门。宫殿对内对外两面都有防御，也就是说，它两面都可能有敌人。卫城里有一些小宫殿和庙宇，还有军械库之类。

宫殿占地17公顷左右，有210个房间围绕在30个院落周边。从东南方的大坡道走上台地，便进入第一个92米见方的大院，这大院其实是个瓮城，四面都是设防的高墙。大院的东北是朝政部分，西南是几个院落群，至少有6座庙宇和一座高耸的天体塔。君主的正殿和后宫在第一个大院的西北方，这部分大致对称，轴线朝向东北方，前半又是一个大院子，也是四面设防。后半才是正殿和后宫的各种厅堂房间。院子和厅堂之间有一个正宗的大门。

所有房子的墙，主体都是土坯砌的，厚度在3米以上。有几个大厅的跨度超过10米，屋顶很可能是拱券结构。两河上下的拱券技术产生得很早。为了防潮，保护土坯墙，墙的下部大约1.1米左右高的一段用石块砌，重要的位置竖立石板作墙裙，一般的位置贴砖。很有意义的是已经有了琉璃砖，用来贴在墙裙上。石质的墙裙提供了做雕饰的恰当位置。院子的墙裙和从第二道大门通向正殿的甬道的墙裙，浮雕着君主率领廷臣鱼贯走向正殿的场景，这题材很符合墙裙的形状和它所在的位置。人物形象动势不大，神情庄肃，体形稳重，烘托出对君主无限敬畏的气氛。它们的构图、风格和建筑十分协调。

大门是两河流域典型的式样，但更大，更隆重，有四座方形凸碉夹着三孔拱门，中央的一个宽4.3米，墙面贴满蓝色琉璃砖。3米高的墙裙上做浮雕，在门洞两侧和凸碉转角处，雕辟邪的人首翼牛像。由于它们的正面和侧面同时展示给出入大门的人，为求两面形象都完整，所以每个人首翼牛像都有五条腿，正面是立雕，有两条腿，侧面浮雕四条，角上一条在两面共用。因为它们巧妙地符合观赏条件，所以并不显得荒诞。五腿像是两河流域最有特色的建筑装饰雕刻。第二道门的做法一样，不过只有一对凸碉夹一个门洞。两处一共有不少于28个人首翼牛像。人首翼牛像象征睿智和健壮，它们的构思体现了艺术家勇敢的独创精神，他们不受雕刻的体裁限制，把立雕和浮雕结合起来，他们不受自然物象的束缚，不但把人首、牛身和羽翼理想地组合在一起，而且给了它们5条腿。考虑特定的观赏条件，这是建筑装饰雕刻的重要原则。

宫殿西南的庙宇和庙塔，反映出君权和神权的合流。庙塔的基底大约43米见方，有四层，第一层刷黑色，代表阴间，第二层红色，代表人世，第三层蓝色，代表天堂，第四层代表太阳，刷白色。

有一些亚述的图画和浮雕描绘建筑工地上的奴隶劳动。他们带着锁链或脚镣。有一些被铁索成串地系在一起。奴隶制实现了人类文明的第一次飞跃，而奴隶们的处境惨于牛马。

伊朗高原上的波斯在短期内兴起，征服整个西亚、小亚细亚、埃及等地区。公元前8世纪中叶，建成了强大的波斯帝国。贪婪的皇帝们除了战争掠夺之外，还从国际贸易中取利，也用重税聚敛。他们掌握了巨额的财富，过着最豪华奢侈的生活，极其放荡。波斯人信奉拜火教，露天设祭，不建庙宇。但征战和压榨需要高度集中的权力，于是皇帝也被神化。按照游牧民族的传统，一个人的权威建立在他所拥有的财富上。于是，神化皇帝，就要炫耀他的财富。皇帝们一个又一个地建造宫殿，并用成套的宫廷仪礼、繁文缛节来颂扬他们的伟大崇高。波斯帝国所征服的地方和国家，都有远比当时波斯高得多的文化，掠夺成性的皇帝们自然也掠夺那些文化成果，包括建筑。它从希腊、埃及、叙利亚、巴比伦虏来工匠，使他们沦为奴隶，用他们建造宫殿。当时波斯自己的文化

亚述聂姆鲁德王宫五腿兽

水平远不足以消化这些掠夺来的文化，因此，波斯的宫殿就几乎直接把各地的建筑杂糅在一起，没有自己统一的风格。

最强大的波斯皇帝大流士（Darius，约公元前558—约前486）在新都波斯波利斯（Persepolis）建设的宫殿是波斯最辉煌的宫殿。它造在波斯西南都拉赫马特山下的高地上。高台高约12米，面积大约450米×300米，前部用人工填筑过。建筑群大体分为三区，靠北的是两座大殿，东南角上是财库，西南一大片是后宫。三部分之间以一座“三门厅”作为联系的枢纽。高台的总入口，大宫门，在西北角，面向西。

两座大殿都是正方形的大柱厅，形制来自叙利亚的米地亚（Media）。西边的一座是朝觐厅，面积62.5米见方，厅内36棵石柱子，纵横各6棵。柱子高18.6米，柱径只有柱高的十二分之一，柱间距8.74米，结构面积

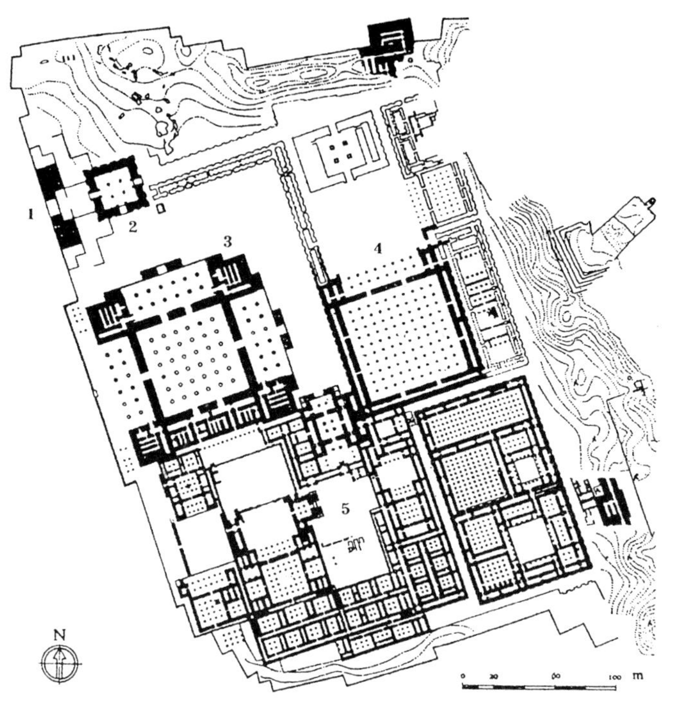

波斯波利斯宫平面
（1）入口大台阶（2）入口大门厅（薛西斯厅）（3）朝觐厅（4）百柱厅（5）后宫

只占大厅的5%。显然，它上面的梁枋是木质的，所以结构才能这样疏朗，这样轻。朝觐厅的墙厚达5.6米，也用土坯砌筑，四角是凸出的塔楼，它们之间，北、东、西三面都是两跨深的柱廊，高度只及大厅的一半。柱廊柱子是深灰色大理石做的，上面的木枋包着金箔。塔楼和柱廊上部的墙面都贴着彩色琉璃面砖和黑白两色的大理石板。琉璃砖从两河流域传来，上作浮雕，题材多用人物。有一些柱子是木质的，表面抹一层石灰浆，再绘红、蓝、白三色图案。大厅内部的梁枋也包着金箔，墙上满布壁画，灿烂庄严。这座朝觐厅的空间艺术构思和古埃及的截然相反，它明亮而不幽暗，轻快而不沉重，敞朗而不堵塞，没有神秘的气氛。这不但是建筑技术的重大成就，也反映了还没有形成宗教的出身游猎民族的波斯皇帝的世俗性。他东征西讨，权威靠金银财宝、靠描金绣

波斯波利斯宫主入口前台阶遗址

红的侍卫、靠壮观的仪仗和豪华的舞乐来表现。

朝觐厅东侧的方厅更大一点，边长68.6米，纵横各10棵柱子，一共100棵。因为这大厅的用途很多，不确定，所以后人只叫它百柱厅。柱子高11.3米，低于朝觐厅的，装饰则和朝觐厅一样奢侈。最复杂华丽的是它的柱子。柱础作高高的覆钟形，浅刻着花瓣，覆钟之上箍一圈半圆线脚。柱身有40—48个凹槽。柱头自下而上由覆钟、仰钵、几对竖着的重叠涡卷和一对背对背跪着的雄牛组成。柱头的总高度几乎占整个柱子高度的40%。雕刻很精巧，富于细节，覆钟和仰钵上都浅刷花瓣。虽然艺术很精致，但过于纤巧，不合乎承重构件应有的性格，有悖结构的理性逻辑，不是建筑的当行本色。这柱头的形式明显是从两河下游古代建筑中的柱子演变而来的。

宫殿西侧高台之下，展开一片旷野。旷野里密密麻麻搭着帐篷，暂居着前来朝觐的附庸小国的君主、贵族、外国使节和驻防边塞的总督们。皇帝就在朝觐厅西面的柱廊里检阅他们。

朝觐者们走向朝觐厅，要从宫殿西北角的大宫门鱼贯进去。大宫门前一对蟹钳式大台阶，两边大台基的石墙上刻着两层浮雕，一层是帝国卫士威武雄壮的队伍，一层是正在台阶上行进着的朝贡队伍的形象，臣属们毕恭毕敬，谨慎小心，一脸的谦卑神情。大宫门叫“万邦之门”，高达18米，门洞前两侧有一对五腿兽，门洞内侧刻着波斯皇帝薛西斯（Xerxes，？—公元前465）的像，庄重威严，接受来人的朝拜。这组雕像是大流士宫殿的主题性雕像，它们的构思来自亚述的萨艮王宫。萨艮王宫的石板墙裙和五腿兽都用在这座宫殿里了。

后宫全由埃及战俘奴隶建造，是埃及式的。大流士皇帝的上朝理政之地也在这里。

这座辉煌的宫殿只剩下废墟，百柱厅还存13棵断柱供人凭吊。毁坏它的是马其顿的亚历山大大帝。公元前330年大举东征时，雅典名妓泰伊斯随侍在侧。攻占了波斯波利斯，亚历山大设盛宴狂欢。泰伊斯冲着亚历山大叫道：使国王所有的辉煌历史永垂不朽的时机到了，国王应该把波斯人的王宫付之一炬，以报复他们所犯的罪行，因为薛西斯一世时，波斯人曾经焚毁雅典卫城上的庙宇和圣坛。一群喝得醉醺醺的年轻人附和泰伊斯。于是，在歌声、笛声和箫声中，他们冲向波斯波利斯的王宫。亚历山大第一个投出了火把，泰伊斯接着投，人们一拥而上，投掷火炬，这王宫便烧成了一片火海。另一些史书叙述了不同的故事：亚历山大占领了波斯波利斯之后，大摆庆功宴，喝得酩酊大醉。他的雅典侍妓泰伊斯趁机进谗，说：“这座宫殿如此漂亮豪华，如今归陛下所有，实在值得庆贺，——大帝，您舍得放一把火烧掉这座宫殿么？”亚历山大神态狂乱，冲动地说：“怎么舍不得，我立刻烧给你看！”于是下令取柴，亲自点燃熊熊大火。第二天一早，亚历山大起床，宿醉已醒，看到余烬未消，禁不住痛悔万分。然而宫殿已经大半成灰，无法挽回了。

两河流域下游后来被阿拉伯人占领，成为伊斯兰世界的中心地区，

百柱厅内景复原图

波斯波利斯大台阶浮雕

它的建筑也由伊斯兰国家继承，成为伊斯兰建筑风格的重要成分。随着伊斯兰世界的扩张，这些成分也东到印度，西到比利牛斯半岛，有一些甚至远远达到了中国。从乌尔某地的山岳台和星象台，到萨迈拉（Samara，在伊拉克境内）大清真寺55米高的螺旋形授时塔，再到新疆各地清真寺的授时塔和广州市的花塔，传承的轨迹历历可见。在山西省的云冈石窟里，可以清晰地看到波斯波利斯式的柱子，虽然那是佛教建筑，不同的宗教信仰，并没有完全窒息人类文化成就的传播。

然而，在两河流域和伊朗高原，却连一座完整的古代建筑物都没有留下。耶和华对亚当说："因为你是从土而来的，你本是尘土，仍要归于尘土。"（《旧约·创世记》）两河流域和波斯的建筑，主要的筑墙材料是土，所以终于归于土了。新巴比伦城的辉煌，现在只有在德国柏林的博物馆里才能见到伊什塔尔门和仪典大街的一角，而雄伟的狮身翼牛像，最完整的标本却在伦敦的大英博物馆里。"文化属于全人类"，是这个意思吗？

创造文明是值得骄傲的，而不能保护自己的文明成果则是可悲的。

第十八讲　宗教的象征

讲古代印度建筑，往往从信奉佛教的摩揭陀王国孔雀王朝（公元前322—前185）的阿育王（Asoka，公元前273—前237在位）石柱开始。这种柱子，纯纪念性的，独立地站着，并不支承什么东西。它们的形式，显然从波斯的波斯波利斯的大流士宫里传过来，因此有人把它们叫作“波斯波利斯柱式”。公元前4世纪中叶，希腊的马其顿王亚历山大征服了波斯，一直进军到印度西北边境。这次进军，把古希腊的一些文化成就带到了阿富汗地区，也带来一些波斯的因素。摩揭陀王国建立在印度西北部，大约就因此收获了波斯波利斯柱式。

幸好亚历山大大帝没有渡过印度河就死了，印度古代文化才得以十分独立地发展，走了自己的道路。它的建筑与世界上任何其他国家都大不相同，直到11世纪伊斯兰教徒在整个北部建立了穆斯林国家，到16世纪，信仰伊斯兰教的蒙古人建立了莫卧儿王朝之后，印度的建筑才发生了根本性的变化，融入到伊斯兰世界的建筑中去，不过，仍然有印度强烈的特色，而与其他伊斯兰国家明显区别。

印度是一个宗教大国，宗教在精神领域里起着支配作用，也支配世俗的生活。大约在公元前两千年左右，从北方来的雅利安人部落征服了印度河流域文化已经很发达的达罗毗荼人，建立了许多小小的国家。雅利安人一方面为了巩固对被征服者的统治，一方面为了固定自己民族内部的分化，确立了严格的种姓制度，把人划分为贵贱不同的四等。他们的宗教，大约形成于公元前一千年左右的婆罗门教，认为种姓制度是神的意志，用超自然的力量来辩护人间的不平等，以业报轮回之说解脱人们对现实的不满。公元前5世纪之末，又产生了佛教和耆那教，佛教提倡慈悲仁爱，普度众生。又提倡寂灭无为，以否定人生来摆脱人生的痛苦烦恼。耆那教主张以苦修净化心灵。孔雀王朝的阿育王皈依佛教，推行佛教，排斥了婆罗门教。佛教教义显然不合统治阶级的需要，公元前2世纪末，兴起于恒河流域的巽伽王朝（公元前185—前73）重新信奉婆罗门教，破坏佛教寺院，毁除阿育王建造的佛塔84000座。同时，南方的王朝也崇奉婆罗门教。佛教衰退了，但婆罗门教汲收它的一部分教义之后，演变成印度教，佛教便融合进印度教之中。印度教统治了几百年，到11世纪印度北部和中部大部分被从中亚来的伊斯兰教徒征服，建立了一些小国家，伊斯兰教便成了这些小国家的国教。1526年建立的莫卧儿王朝虽然信奉伊斯兰教，但大多统治者对印度教采取宽容的态度，允许被迫改宗的印度教徒恢复原来的信仰。印度南部没有被伊斯兰国家征服，印度教在那里仍然占主导地位，非常发达。西部也仍然保持着古代的传统。

古代印度的宗教繁多，教派林立，除伊斯兰教之外，都有一个共同的特点，便是否定现实人生，追求来世。所以古代印度的世俗建筑很不发达，宗教建筑却很发达。而宗教建筑又各色各样，除了宗教原因之外，还因为在封建时代各地闭塞，建筑的地方特色很强。

古老的婆罗门教，尽管历史很早，势力很大，但主要的宗教活动是大规模的露天祭祀仪典，并不需要永久性的设施。早期婆罗门教还继承着自然崇拜的原始信仰，认为神祇存在于农村的任何地方，每个村子都有圣树、圣蚁冢或者以大块砾石为标志的圣地，精灵们在这些圣地出没。所以，早期婆罗门教并没有真正的宗教建筑。

最早的宗教建筑是佛教的。但佛教在古时不拜偶像，不信灵魂，

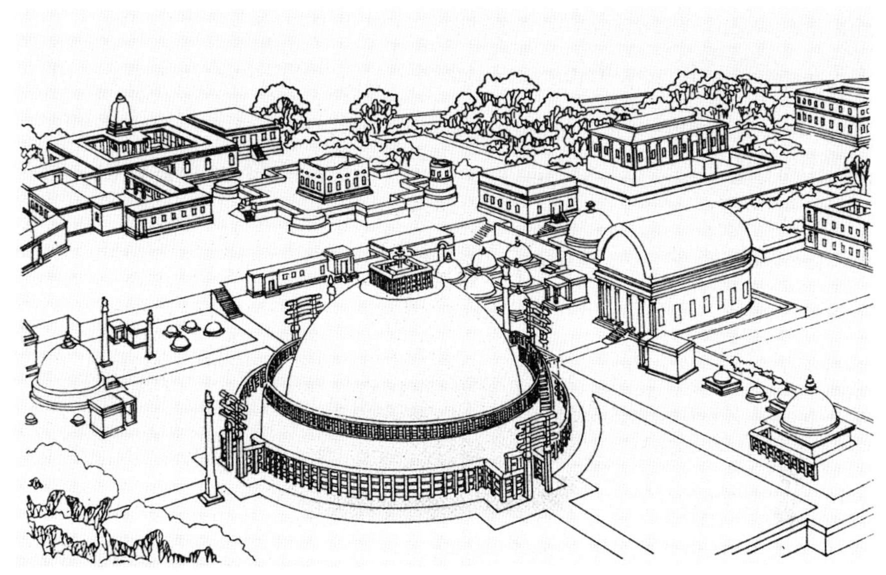

桑吉宗教建筑群

不举行盛大的仪式，所以它的宗教建筑也很简单，并没有庙宇。阿育王时代，大量建造佛教建筑，最重要的是瘗埋佛陀或圣徒骸骨的窣堵波（Stupa）。窣堵波是半球形的，圣骸，如牙、指骨、头发之类，埋在塔顶的一个叫佛邸的小亭子里。半球形可能起源于民间坟墓的土堆，也可能起源于北方竹编抹泥的住宅，这两种起源的学说依据的是人类的创造都离不开现实的经验。另一种起源的学说则认为，半球是古印度人天宇观的体现。他们相信天宇是完美的球形，所以，佛邸顶上以圆盘串联而成的相轮轴便是天宇的中轴。佛又是天宇的本体。相轮轴四周围着一圈方形的栏杆，以四角朝正方位。初期的窣堵波以土制，表面用火焙烤过。后来则用砖或石砌表面。栏杆也用石材做，但忠实地保持着木栏杆结构和节点的特色。

最大也最重要的一座窣堵波在桑吉（Sanchi）高地上。大约公元前250年，阿育王亲自选桑吉为隐修地，从波斯召来匠人在它的高处建造波斯波利斯式的纪念柱，这里便成了圣地。桑吉窣堵波的半球体直径32

米，高12.8米，立在4.3米高的圆形台基上，台基的直径是36.6米。顶上方栏杆里佛邸有三层相轮。公元前2世纪，以桑吉窣堵波为中心，形成了一个庞大的僧院建筑群，造了些庙宇、僧舍、经堂之类。大窣堵波本来是用砖砌的，这时候，外面包了一层红砂石，外围一圈栏杆也是那时用红砂石造的。

公元前1世纪，外围栏杆上在正方位造了四座门。把门开在正方位上，或许有些宗教上的原因，或许仅仅因为这是一种最简单最原始的定位方法，以取得建筑群的有序。这四座门高10米，也都仿木结构，雕饰非常华丽，有浮雕也有立雕，题材大多是佛祖的本生故事。

窣堵波的半球体象征天宇，构思比较原始，但天宇是人们可能观察到的最宏伟的形象，它的基本特征是单纯浑朴、完整统一、尺度很大，所以窣堵波有很壮穆的纪念性。和平而安宁，体现出佛教的哲理。四周的栏杆和它的门，分划细密，轮廓活泼而玲珑轻快，把半球体烘托得更加庄严、宏大。

盗宝人几乎把桑吉窣堵波挖烂了，直到发现它是实心的才罢手，后来又把它修复。

窣堵波不但在印度造了很多，还随佛教远远传到东南亚。缅甸仰光的大金塔（13—18世纪）和中国的喇嘛塔就是窣堵波演变而来的。它的相轮，后来多用在中国的佛塔顶上。

古老的佛教法规，要求僧侣们完全过游方的生活，避免受任何人和任何地方的影响，这些影响可能妨碍他们的修行。但是，这种法规渐渐松动了，公元前3世纪，大建窣堵波的同时，僧侣们开始聚集在窣堵波周围，造起了经堂，稳定地在里面诵经，宣讲教义。在火山岩地带，人迹难到之处，僧侣们傍岩凿窟，定居下来隐修。石窟有两大类，一类叫毗诃罗（Vihara），是僧侣们居住修行的地方。它们大多以一间方厅为核心，四周有一圈凿出来的柱子，除入口一面外，三面都在柱子外侧再凿几间方方的小禅室。显然，这形制模仿民居的三合院。在几个毗诃罗旁边，会有一座石窟叫支提（Chaitya），是举行宗教仪式用的。支提是一

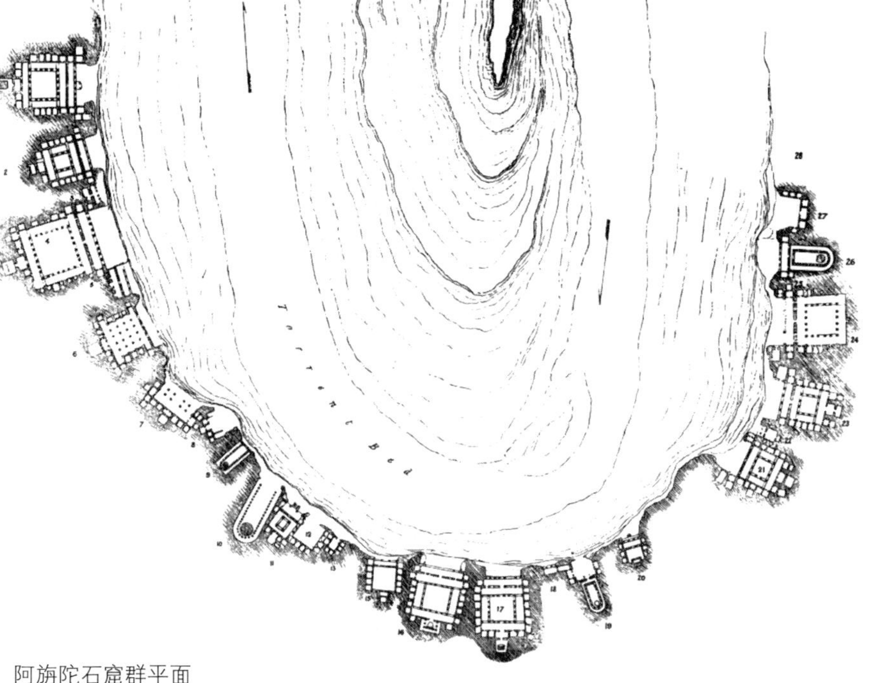
阿旃陀石窟群平面

个深度远大于宽度的大厅，沿边也有一圈柱子。里端的中央立着一个就地凿出来的窣堵波。这时期佛教还不拜偶像，做佛事的时候，僧侣们列队围着这窣堵波绕圈子。为了增加支提内部的光亮，大门洞的上方再凿一个采光洞口，轮廓呈火焰形，很富有装饰性。

支提窟内部逼真地模仿竹木结构的建筑物，凿出竹木结构的各种构件和它们的架构关系。窟门外观也同样模仿竹木结构。可以推断，在支提窟开凿之前，早已经流行竹木结构的经堂了。

从公元前3世纪到公元9世纪，印度北部大约开凿了1200个以上的石窟。著名的阿旃陀（Ajanta）修院石窟群有26个石窟，4个是支提，其余都是毗诃罗，愈晚的愈大，到最后一个竟可容纳600—700位僧侣修行，这时佛教徒的个人苦修已经被建立教育机构、聚众讲经传道代替。最大的支提在卡尔里（Karli，公元前1世纪），它位于一座山顶上，深37.8米，宽14.2米，高13.7米，非常宏敞。沿边的柱子，都是波斯波利斯式的。拱形的顶子上，雕出一个个的肋架券，作马蹄形。

毗诃罗和支提窟经过犍陀罗向东，越葱岭，到塔里木盆地南北，再过河西走廊，传到中国内地，在中国产生了一批雕刻艺术和壁画艺术都十分辉煌的石窟。

三个串联的厅堂，外部表现为三个相连接的高耸的体积。庙宇既是神的居所，又是神的本体。第三，庙宇几乎纯粹是一个造型，外观不反映内部的实际功能和结构逻辑，屋顶和墙垣没有明显的区别。第四，庙宇用石材建造，结构技术不高，模仿竹木的梁柱。不会发拱券，只会用叠涩。第五，从台基到屋顶，整个庙宇覆满了雕刻，仿佛庙宇是由雕刻堆成的。雕刻的题材除了神的本生故事之外，有一些，主要是性力派的庙宇，充斥了性爱的场面。印度教认为，天堂是一所淫乐园，神们享受着最无拘无束的欢畅。和佛教的窣堵波不同，印度教庙宇表现出对神的敬畏甚至恐惧。

印度教庙宇经常在圣地成群建造。在奥里萨（Orrisa，即羯陵伽，Kalinga），从8世纪中叶以来建造了大量庙宇，现在还存二百余座；在卡杰拉霍（Khajuraho），围绕着一个湖，原来有八十多座庙宇，现在还存25座，都建于950—1050的一百年间。布巴内斯瓦尔（Bhubaneswar）也有一个圣河汇流的湖，相传湖边有过七千座庙宇，其中林伽拉吉庙（Lingaraja）的塔高55米，大约在公元1000年左右兴建。

由于严重的封建分裂，中世纪印度教庙宇的地方色彩非常强烈，大体可以分为北方的、南方的和中部的三大类。

北方印度教庙宇起步最早，但因为11世纪就有伊斯兰教势力侵入，所以很快就不再继续发展。北方庙宇的典型布局是没有院落，独立在旷野中。它们一般包括三个主要部分：大厅、神堂和由神堂屋顶演化而成的塔。大厅和神堂前后按轴线对称地立在高高的台基上。大厅是方的，顶子作比较平缓的方锥形，是死亡和再生之神湿婆的本体。湿婆是初升的和将没的太阳，用地平线代表，所以顶子是密檐式的。神堂也呈方形，顶上的塔是护持神毗湿奴的本体，他是正午的太阳，用垂直线代表，因此塔身满布垂直的凸棱。神堂里有一间圣坛，得名为“子宫”，向四个正方位开门。是创造神梵天的本体。整个庙宇便是印度教三位一体神的本身。

神堂上的塔，轮廓呈柔和的、富有弹性的曲线，形式可能起源于民间住宅编竹抹泥的屋顶。当地雨量大，屋顶偏高而陡峭，由于以竹为构架，比较软，便产生了弧形的轮廓线。塔顶有一个扁球，象征法轮，显然脱胎于总绾竹竿的结。

北方最著名的印度教庙宇是卡杰拉霍的康达立耶–玛哈迪瓦庙（Kandariya Mahadeva Temple，约1000），它的塔高35.5米，收分明显，塔顶比较尖。塔身上层层叠叠附着凸出体，造成丛丛簇簇的垂直线。在它的神堂和大厅之间加了一间祈祷厅，顶子在大厅和塔之间接应过渡，造成一浪高一浪涌动着的轮廓线，把力量集中到塔上，活泼泼地向上升去。高高的基座上作密密的水平线，反衬着塔的垂直。几个敞廊点缀在“庙山”山腰，显得空透一些，轻松一些。卡杰拉霍的庙宇是性力派的，满布性爱题材的雕刻。

中部的印度教庙宇往往在四周围着一圈柱廊的大院子里，柱廊里面是僧舍或圣物库。院子中央铺展开庞大的台基。上了台基，正中是一间柱厅，作为举行宗教仪式之用。柱厅后连接一个神堂，顶上有塔。和北方的庙宇一样，这个柱厅和神堂正是三位一体神的本体。在这个部分左右，又各有一个或者两个神堂，顶上有塔，形式和中央的神堂相似。于是就形成了三个或者五个塔一簇。塔不高，外形有点臃肿，轮廓也呈柔和的弧线。柱厅平面大致是方的，但有折角。神堂平面星形放射而多角，所以塔的外表有尖棱，从地面一直延伸到相轮宝顶。柱厅和神堂有了明显的垂直划分，雕塑感很强。在墙头与屋顶之间的一道水平线，把二者略略区分开来，又把柱厅和几个神堂联系成一体。

外表面覆满了雕刻，由于所使用的石材初开掘出来的时候比较软，后来在空气中才慢慢变硬，所以雕刻得很细致，棱角锋利，并且往往在窗洞上装透雕的石板。

最完整的中部印度教庙宇是索纳特浦尔的卡撒瓦庙（Kesava Temple，Somnathpur，1268建）。虽然它的五座屋顶塔高只有10米，但神话传说，建成之日，众神认为它太美轮美奂了，人间不配享有它，便打算把它搬到天上去。于是一时间庙宇摇晃起来。主雕刻师慌忙抢救雕像。

后来庙宇重建了，但神像却没有归正位，乱了位置。

印度南部从7世纪起就建造庙宇，初期的平面形制和北方的庙宇相似，不过塔是方锥形的，轮廓不呈曲线。这些塔显然由多层楼阁演变而来，檐口层层挑出很多，檐下深凹，点缀一些雕刻成建筑模型式的装饰。塔顶上做“象背”形脊，是一种圆形的脊。或者以一个圆帽形的顶子结束。这种层级明显的塔被看作神降临世间时的梯子。著名的例子是玛玛拉普兰的海滨庙（Shore Temple，Mamallapuram，约建于700），这庙的大厅上和神堂上都是方锥形的塔，后面的大大高于前面的。庙前有一条由圣羊夹道的神路，很像埃及阿蒙神前的，不过羊的朝向迎着来人。

11—17世纪，南部先后建立过几个强大的王朝，抵抗住了伊斯兰教王国从北方来的扩张。这期间手工业和航海贸易很发达，并向东南亚移民开拓。不少城市都建筑了规模极其宏大的印度教庙宇，它们气势壮盛，体现了邦国的富强。

索纳特浦尔的卡撒瓦庙

庙宇的主体和北方的庙一样，也是大厅、神堂和它顶上的塔所组成的三位一体神的本体。从11世纪起，在佛教影响之下，聚众讲经成了重要的宗教活动，庙宇被长方形的围墙圈起来，形成范围很大的寺院，院里有僧舍之类的建筑物。围墙四边各有一座门，门上有塔，相对连接成纵横的轴线，中央主体的大厅正在这两条轴线的交点上，突出它作为“世界轴心”的地位。后来，大门上的塔越造越高大，而神堂上的塔却渐渐退缩。到13世纪，门塔的高度和体量就超过了神堂上的塔，成了寺院的外部标志。整个寺院充溢着蓬勃的向上动势。这个变化显示，南方大邦经济繁荣，世俗文化随着发达，寺院建筑也世俗化了，把外部的观瞻放到第一位，而把宗教的神圣象征意义放到第二位去了。这时候的寺院里，除了庙宇、僧舍，供讲经和辩论经学的柱廊之外，还有教育机构、旅馆、驿站、公共浴场之类，形成很大一个建筑群。

寺院甚至兼作城市的堡垒，高高耸起的寺院大门便兼作瞭望塔。有些城市的寺院经过几次扩建，每次都要再造一圈围墙，每圈围墙都有东南西北四座门塔，后建的门塔都力争比原先的更高更大。有些寺院某一层围墙圈地很大，里面在原来的庙宇一边再增建一个庙宇和它的围墙。因此一座寺院竟会有十几个高塔，其中有好几个高度在60米上下。这样的大型寺院建筑群，在印度南方不下30个，其中比较完整的有提路凡纳马雷（Tiruvannamalai）的一座和马杜赖（Madurai）的一座，都是在17世纪才最终建成的。马杜赖的米纳克希·阿曼（Meenakshi Amman）寺院有6.5公顷，造于15—16世纪，三层围墙，最外一层宽220米，长260米，一共12座高塔，最高的49米。经统计，它有三千万个装饰雕像。这座庙的东门前有一个很长而壮观的入口柱廊，6排石柱，每排30棵柱子，刻着狮身象首的神兽像。它们沿着纵深轴线布列，给朝拜者很深的印象。斯里兰格姆的拉玛寺院（Temple of Rama，Srirangam，12—16世纪）在一个面积为600公顷的河中岛上，有四道围墙，最外一道宽920米，长758米，南北向的主轴上有7座塔，东墙上还有一座。到1987年，有7圈围墙，22个门塔，最高的72米。东北角上的千柱厅，有936棵柱

古印度菩提伽耶佛塔，19世纪重建之前的版画

荣誉塔

子，都是整块花岗石做的。柱子上刻着骑士像。拉梅什沃勒姆的一座寺院（Temple of Rameswaram，17—18世纪）有两圈柱廊，共长4公里，柱子各不相同，每棵都是复杂的雕刻品。

门塔平面大多为长方形，向下略作外放的曲线，轮廓很优美。顶部则多用“象背”脊。虽然覆满了动态强烈的圆雕，但都是小型的，能够保持总体单纯的几何性，因此形象相当简洁，不失庄严雄伟的纪念性。

所有的建筑都用红砂石建筑，工程之浩大，在世界上不多见。

公元1000年至1300年间，印度造了大量耆那教的庙宇，主要在北部。耆那教是印度很古老的宗教，提倡苦修、禁欲，甚至提倡残酷地自我折磨肉体以祈求净化灵魂。耆那教的庙宇形制与印度教的很相似，不过比较开敞一些，大厅的外墙不像印度教的那样完全封闭。平面通常是十字形的，在十字交点上方，有一个藻井，八角形或圆形，叠涩而成。

一圈柱子，柱头上伸出长长的斜撑，支承着藻井。庙宇内外一切部位都精雕细琢，满铺满盖。雕刻一般很深，甚至做透雕和圆雕。虽然在总体上看，雕饰过于烦琐、累赘，但有许多局部和片断极其精彩，工艺之精巧，几乎像可以随心所欲地加工石材。这藻井是用整块大理石雕的。北印度1220米高的阿布山（Mt. Abu）是一个圣地，有几座耆那教的庙宇，其中最著名的有迪尔瓦拉庙（Dilwarra Temple，1032）和泰加巴拉庙（Tejahpala Temple，1232），都用大理石造。它们的圆形藻井是同类中的绝品。据说雕工工资是与凿去的石头同等重量的金子。为了多赚金子，匠师们尽力把藻井雕刻得玲珑剔透。

1440至1448年间，在奇图尔（Chittoor）造了一座荣誉塔（Tower of Fame），9层，总高36.6米，通体用微黄的大理石造，完全模仿多层的木构楼阁式塔。玄奘在《大唐西域记》里叙述，佛教圣地那烂陀（Nalanda）在公元7世纪之前有多层木构的塔，并且有一座仿木构的石塔遗留下来。荣誉塔或许是那些塔的后裔。

印度教的外轮廓呈柔和曲线的高塔，一身紧密的水平线，可能和中国以嵩山嵩岳寺塔为代表的密檐砖塔有渊源关系，而荣誉塔则可能和中国楼阁式塔有渊源关系。但中国早在西汉初年便有多层木构楼阁，至迟在东汉已经有木构楼阁式塔，所以，如果有关系的话，传播的方向究竟如何？青牛白马，西去东来，文化的传播向来是有来有往的。

印度的佛教早在阿育王时代就传播到了东南亚，当佛教在印度遭到印度教的压迫并被吸收进印度教去之后，在泰国、缅甸、柬埔寨和南洋各国都还保持着比较纯净的大乘佛教。在这些国家建造了不少佛教建筑，虽然有印度的影响，但各有各的民族特色，并不雷同。在这些建筑中，柬埔寨的吴哥城（Angkor Thom）和吴哥窟（Angkor Wat）所占的地位尤其突出。

公元1861年，一位法国生物学家到柬埔寨采集动植物标本。他到好像从来没有人到过的热带丛林里跋涉，不意间，透过古树茂密的枝叶，他见到了一幅奇丽的景象，五座高耸的石塔，像一朵莲花，亭亭开放。

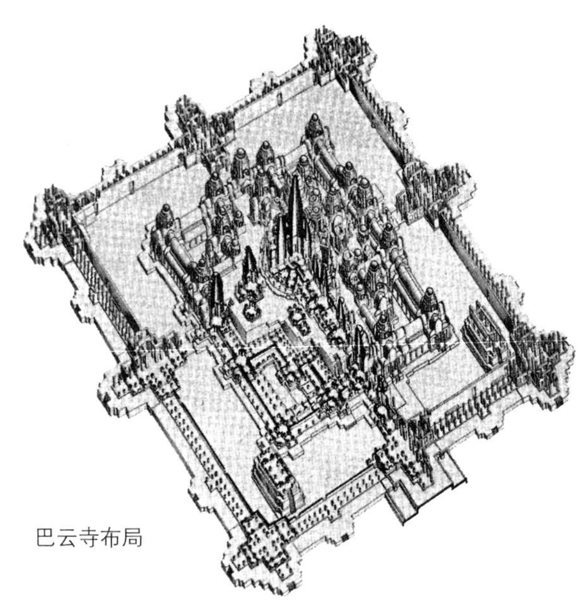

巴云寺布局

这是一座神奇的庙宇，宏大而壮丽。生物学家写道：“世界上再也没有别的东西可以和它媲美了。”这就是吴哥窟的残迹，被遗忘在密林中已经四百年。

公元1世纪，柬埔寨的一位女王叫柳叶，嫁给了一位叫“混填”的印度人，他属于最高种姓，掌握了大权之后，从印度招来亲党，形成了柬埔寨的统治阶层。公元5世纪，又有一位属于最高种姓的印度人，叫“幡陈如”，当了柬埔寨国王，大量引进印度文化，其中也包含佛教。柬埔寨文化从此受到印度文化的很大影响，人们普遍信仰佛教。公元7世纪，本地人打败了幡陈如的王朝，建立起高棉王国，在吴哥建都。9至14世纪，高棉人以极高的智慧创造出了吴哥艺术。公元1431年泰国入侵占吴哥，高棉迁都金边，吴哥被荒弃，湮没在浓密森林中，直到被法国的生物学家偶然发现。

吴哥艺术残存至今的主要是建筑和雕刻，大约还有六百多件，集中在吴哥城和吴哥窟。吴哥城是国王居住的都城，但在很大程度上是一座佛教建筑群。公元9—10世纪的老吴哥城早已看不到了，现在还可以大致看清全貌的是公元12世纪建造的吴哥城，从老城往北移了几公里。中国元代人周达观于1295年出使柬埔寨，写了一本《真腊风土记》，对吴哥城和吴哥窟都有记述。他说："州城周围可二十里，有五门，门各两重。惟东向开二门，余向开一门。"新城平面为正方形，边长3公里。城墙用石块砌筑，高约7米。城门上都有一尊20米高的四面神像，便是一个石砌的立方体，四面都浮雕着神的头像，兼有印度教湿婆神和佛教释迦的特色。四面神像是柬埔寨独有的艺术品。城四角有角楼。有十字形的笔直街道连接四个城门，在它们的交会点上造了巴云寺（The Bayon，12世纪末—13世纪初）。按照佛教的说法，吴哥城象征宇宙，巴云寺是宇宙中心须弥山。巴云寺中央有石塔高45米，周身贴金，叫大金塔，便是"光明之巅"。塔内建4米高的国王雕像。大塔四周又有20余座小一点的石塔，每座塔下部都有四面神像。它们可能象征"四谛十六相"，佛教徒修行的全部内容。再往下的两层台基上又排列38座四面神像。塔下有石屋百余间。这样重重叠叠、参差错落，充满了蓬勃的生气，便是须弥山的气象。城墙外有护城河，宽达100米，每座城门前都有大桥，宽15米，桥上两侧各有27尊石像，高2米。周达观说，"桥之阑皆石为之，凿为蛇形，蛇皆九头。五十四神皆以手拔蛇，有不容其走逸之势"。

在金塔之北半里许，有王宫，由于是木结构，早已焚为废墟。《真腊风土记》描述这座王宫道："国宫在金塔、金桥之北，近北门，周围可五六里。其正室之瓦以铅为之，余皆土瓦，黄色。梁柱甚巨，皆雕画佛形。屋颇壮观，修廊复道，突兀参差，稍有规模。"可以想见王宫装饰得很华丽。城里还有两个大建筑群，一个是建造在十几米高的三层高台上的空中宫殿（即金塔），可能是原王宫的一部分，另一个是巴普昂寺（Baphuon，铜塔寺），更高出一倍。它也分三层，回廊上的浮雕以印度的《摩诃婆罗多》和《罗摩衍那》两大史诗故事为题材。南城门外有巴肯寺（Phnom Bakheng），也叫石塔山。石塔山原是老吴哥城中心的建筑，有大小塔一共101座，建于公元889年。周达观记载："石塔山在南门外半里余，俗传鲁班一夜造成。鲁班墓在南门外一里许，周围可十里，石屋数百间。"随着中国文化的传播，鲁班祖师也成了柬埔寨的神话人物。

吴哥窟是一座完整的佛教寺庙，位于吴哥城南门外不远。它是世界建筑史上的奇珍之一，是东南亚最宏伟壮丽的建筑群。

柬埔寨佛塔普遍采用金刚宝座式，在三层或五层台基上建造五座塔，中央一座，四角各一座，形成须弥山，象征意义和印度菩提伽耶的佛陀塔相同。12世纪上半叶造的吴哥窟是最大的一座金刚宝座塔，本来是它的创建人苏耶跋摩二世的陵墓。金刚宝座塔75米见方，中央的塔高25米，四角的略小一点，它们相距比较远，形成一个整体却又疏朗舒展。塔身像印度北方婆罗门教庙宇，轮廓呈弧线，柔和而饱满。每座塔底下都是一间神堂。它们互相间用廊子和长方形过厅连接成一个“田”字形的格局。塔下的第一层平台115米长，100米宽，四角也有塔和金刚宝座塔相呼应，使整体更加丰富多变化。它们也由廊子连接。最下面一层平台长211米，宽184米，周围有一圈廊子。平台阔大，把塔稳稳托定在大平原上，气势非常宏伟庄严而又雍容大方。连两层大平台一起，则中央塔高度达到65米。吴哥窟正面朝西。《旧唐书·真腊传》说“其俗东向开户，以东为上”，吴哥城里的宫殿和庙宇都是东向，吴哥窟朝西是个孤例。

在这座建筑的外面，有一圈围墙，东西长约1480米，南北约1280米。城墙外有一圈人工河，宽190米。宽阔的水面上倒映着金刚宝座塔，四野里芳草如茵，森林郁郁勃勃，宗教的崇高气息浓重地充塞在天地间。

整个吴哥窟都是用石头建造的，回廊里刻满了浮雕。第一层回廊内壁有800米长、2米高的浮雕带，表现印度史诗《摩诃婆罗多》和《罗摩衍那》中的故事。东墙刻毗湿奴现身乌龟取长生不老药的情节，北墙刻毗湿奴与妖魔鬼怪作战的情节，西墙则是神猴的各种助战场面。这些浮雕想象力丰富、大胆，充满浪漫色彩，人物动态和表情都很夸张。浮雕中也有许多战争的题材，表现苏耶跋摩二世国王亲自上阵，率领军民前仆后继打败入侵者的壮烈场景。这是高棉人自己的史诗。

人数不多的高棉人民在封建中世纪短短几百年的安定中创造了伟大而独特的吴哥城和吴哥窟建筑群，几乎可以说是一个奇迹。周达观

雕刻的中楣

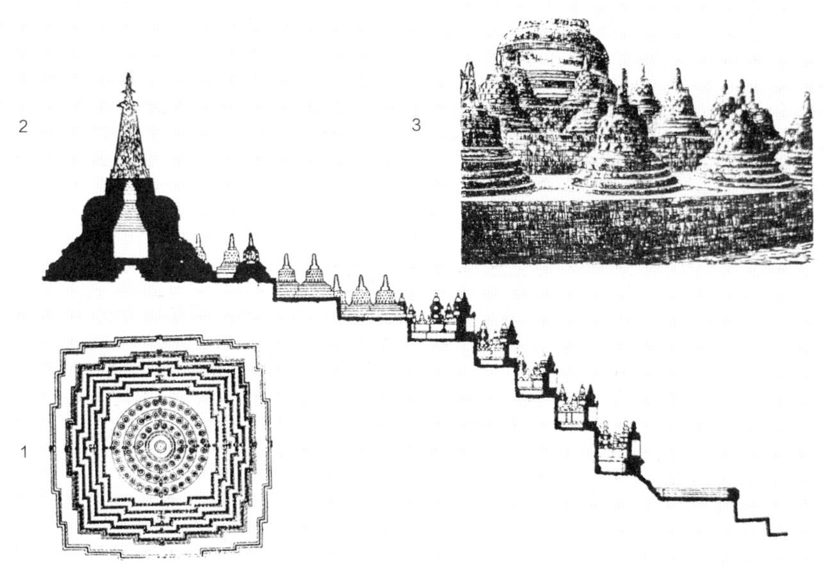

爪哇婆罗浮屠　（1）平面（2）剖面（一半）（3）局部

在《真腊风土记》里感慨道："舶商自来有'富贵真腊'之褒者，想为此也。"

公元1814年，法国生物学家发现吴哥古迹之前三十几年，人们重新发现了爪哇岛上的婆罗浮屠（Boro-Budur），也是被掩蔽在热带丛林之中，不过，它已经被遗忘了足足一千年了。

爪哇是佛教传播的东南边陲，也是伊斯兰教世界的东南边陲。早在公元1世纪，佛教便跨过马来半岛来到印度尼西亚，在一千年的时间里，是当地居民的主要信仰，修建了许多寺庙佛塔。公元10世纪之后，印度教传到印度尼西亚，佛教便退居其次了。到公元13世纪，伊斯兰教成了印度尼西亚人民的主要信仰，遍布一万三千多个岛屿的佛教建筑渐渐被人荒弃，野草蔓生。爪哇的婆罗浮屠也被火山灰掩埋，长满了浓密的树木。

公元8世纪下半叶，印度尼西亚的夏连特拉王朝提倡佛教，君王被看作菩提萨陲（Bodhisattva，即菩萨）的化身。当时政治稳定，经济繁荣，国库充盈，于是大事兴造佛教建筑，其中最庞大、也最辉煌的是中爪哇的婆罗浮屠。它造在离日惹30公里的一座火山脚下的小山丘上。婆罗浮屠的意思就是"山丘上的佛塔"。它作为全印度尼西亚的佛教中心，千千万万信徒到来举行各种礼佛活动，香火盛了几百年。

婆罗浮屠的基座是正方形的，边长大约120米，每边分五段，由角上向正中逐渐凸出。基座之上有五层，方形塔身，由下而上逐层缩小，边缘形成过道。每边中央有石级直通方形塔身顶上，那里又有三层圆形基座，层层收缩，直径分别为51米、38米和26米。它的中心矗立着主要的大窣堵波，高约7米，直径10米左右，里面坐着一尊佛像。连最底下的基座在内，总高应是42米，因为坍塌破损，只残存35米。三层圆形基座上各有一圈小窣堵波，总数72座，是空心的，壁上有方孔，可以看见里面和真人大小相近的趺坐佛像，按东、西、南、北、中几个方位做"指地""禅定""施予""无畏"和"转法轮"五种手势。因为透空，这72座小窣堵波被人叫作"爪哇佛篓"。

五层方形塔身的侧壁上，沿过道，筑着佛龛，一共432个。每个龛里都有佛像一尊，趺坐在莲花座上。在塔身侧壁和栏杆等处，还有2500幅浮雕，其中1400多幅刻佛本生故事，另有1000多幅一部分刻的是现实生活的各种场景，如捕鱼、打猎、种田、放牧、嬉戏等，还有一部分则刻些山川风光、花草虫鱼、飞禽走兽、瓜果蔬菜等。雕刻的风格有印度笈多王朝（320—600）佛教雕刻的影响。

由于长期被埋没在丛莽之中，火山灰下，婆罗浮屠的用途和意义已经模糊不清了。有人说它本是瘗埋佛舍利的塔，有人说它是夏连特拉王朝诸君主的陵墓。至于它的象征意义，有人说它是宇宙中心须弥山（即妙高山），有人说上部的圆形象征天，下部的方形象征地，天圆地方，它是宇宙的象征。有一个最动人的推测是，它阐释佛经的“三界”说：人生有三界，即欲界、色界和无色界。三界都是“迷界”，人只有经过长期苦修，才能超脱三界，达到自由自在的“涅槃”境界。用这个说法来比附婆罗浮屠，则台基是欲界，方形塔身是色界，圆形基座是无色界，而中央的大窣堵波是涅槃的最高理想。信徒们前来朝拜礼佛，沿各层过道一圈圈环绕全塔而逐层上升，一共要走4公里多，最后终于走到大窣堵波前。这个过程，就是整个修炼过程的象征：经过艰苦的轮回攀登，方得脱出“三界”的羁绊，悟到人生真谛。

总之，那么宏大庄严的建筑，那么多的佛像和佛的本生故事，无疑会引发虔诚的朝圣者关于宗教的种种联想，那便是婆罗浮屠的作用和意义所在。凡宗教总有抽象的哲理和玄思，当企求用建筑把这些哲理和玄思具象化来影响信众的时候，便不得不用象征的手法，因为建筑是不可能真正把哲理具象化的。

婆罗浮屠所用的石块，如果按每块一吨重折算，要用200万块，体积5.5万立方米，是几万农民和奴隶劳作了15年才造成的。

第十九讲　敬慎者的家园

中世纪，在伊斯兰世界里，又耸起了一座文明的高峰，对全世界文明的发展都做出了重大的贡献。伊斯兰文明的高峰，像一切文明一样，主要的物质表征是建筑。伊斯兰文明有强烈的独特性，它的建筑也在世界上独树一帜，自成体系。

阿拉伯人是伊斯兰世界的奠基者，公元7世纪，他们走出干旱贫瘠的阿拉伯半岛，一手仗剑，一手持《古兰经》，大肆征略。阿拉伯人以信仰划分彼此，不重民族的区别，因此，在他们征服的地方，居民们大多改宗伊斯兰教，形成了伊斯兰教徒的民族大融合。这一股信仰伊斯兰教的多民族力量，先后占领了伊拉克、叙利亚、巴勒斯坦、埃及、北非，向东则占领了波斯、中亚、阿塞拜疆。到了8世纪，又渡过直布罗陀海峡占领了比利牛斯半岛的大部分。

这个伊斯兰国家从9世纪起逐渐解体，波斯、中亚和阿塞拜疆先后脱离它而独立，又成立了许多小国家。后来土耳其人从11世纪起统一了小亚细亚、西亚和波斯。13世纪之后，蒙古人横刀跃马，在中亚、西亚和波斯建立了伊利汗国和帖木儿帝国。15世纪，土耳其人又重新统一了小亚细亚和西亚，占领了巴尔干和北非。土耳其人和蒙古人都归宗伊斯兰教。16世纪之后，阿塞拜疆人推翻了蒙古人在波斯的统治。在比利牛斯，信仰天主教的西班牙人从10世纪起一步一步从北向南驱赶伊斯兰教徒，终于在15世纪末统一了西班牙。

在东方，早在11世纪末，从波斯、土耳其和阿富汗来的伊斯兰教徒在印度西北部建立了几个王国。到16世纪中叶，帖木儿的后裔建立的莫卧儿王朝统一了大部分印度领土。稍后，南洋诸岛也有了伊斯兰教信徒。作为一种宗教，伊斯兰教流传于中国的西部，影响及于更广大的地区。

从比利牛斯直到印度，这个辽阔的土地上，曾经有过多种高度发达的文化。有希腊、罗马的古典文化和融合了这二者的拜占庭文化，有古埃及和古两河文化，有波斯文化，在东方则有印度文化。阿拉伯人在走出阿拉伯半岛之前，虽然早已和这些文化有接触，但文明程度还很低，他们每征服一地，便大量吸收当地的文化，包括典章制度、学术、哲理等等，甚至连《古兰经》都糅杂了许多基督教《圣经》里的内容。所以，在这个广阔的伊斯兰世界里，一方面各地的文化保持着许多自己传统的特色，一方面又有不少鲜明的统一的特色。伊斯兰文化是一种既有强烈的共同点而又闪耀着杂色异彩的文化。伊斯兰世界的建筑也是这样，西班牙的清真寺和印度的王家陵墓相差很大，但都有很容易识别的伊斯兰建筑的一般性格。

维持着伊斯兰世界文化的共同性的力量，一个是繁荣的手工业、商业和相应的很发达的长途交通贸易。一个是不论大国小国，都崇奉伊斯兰教为国教，而伊斯兰教的教律很严格，并且涉及世俗生活的一切方面。第三则是11世纪之后伊斯兰世界统一使用阿拉伯语言文字，尤其在官方文书和学术著作中。

伊斯兰教对伊斯兰世界的社会生活起着重大的作用，也强烈地影响到文化和建筑。每一个伊斯兰教徒都念同一句“证言”：“万物非主，惟安拉是真主，穆罕默德是安拉的使者。”伊斯兰教的“教训”最主要的是信仰安拉，《古兰经》里说，“安拉是创造天地万物者”，“安拉是你们的主，你们祖先的主”。其次是行“善功”，它们主要是：一、礼拜，这是一种庄严的宗教仪式，表示对安拉的尊敬。二、天保。富人应该出钱

伊旺礼拜五清真寺

周济贫困，举办公益。三、斋戒。四、朝天房，每个人一生至少要到穆罕默德的诞生地麦加朝拜一次“天房”。“天房”是一座不大的灰色立方体寺宇，东南角上嵌着一块黑色的陨石，被认为是天使遗下的圣石。此外，《古兰经》还有许多关于伦理方面的教训，要求实践高尚的美德。阿拉伯人在大征伐之中把被征服者当作奴隶，奴隶主蓄奴的数量不受限制，在家里用女奴隶来享乐。伊斯兰教则教导人们善待奴隶，认为释放他们是一种善功，可以赎罪。

伊斯兰世界的建筑活动和建筑的共同性，首先当然是普遍建造清真寺。伊斯兰教规定的第一善功是礼拜，除了每天必行的五次准时礼拜和信徒们各自根据情况另有的礼拜之外，每星期五中午，全体信徒都要到清真寺做礼拜，叫作“聚礼”。所以清真寺，也就是礼拜寺，要遍布在居民区里，不但数量多，规模也必须足够容下大量的信徒。在一些重要的城市，还有伊斯兰经学院，和大清真寺一起形成城市最辉煌的建筑中心。其次，由于境内手工业和商业繁荣，又有发达的长途交通贸易，所以市场（巴扎）、商业街道、浴场、商馆和驿站很多。各地涌往麦加朝圣的大量人流，也促进了这类建筑的普及。浴场的普及又和宗教有关，伊斯兰教规定教徒在许多情况下必须“大净”和“小净”，也就是全身沐浴或盥手。第三是许多种建筑都有相似的形制，例如清真寺、经学院、驿站、商业街道、园林甚至住宅。这种相似性有的是宗教的要求，有的是因为伊斯兰世界大致处于相似的自然条件下，干旱和炎热。还有则是由于共同的伊斯兰文化的形成。第四是，伊斯兰世界的建筑，尤其是宗教建筑、公共建筑和纪念性建筑，普遍以拱券作为主要的结构手段。阿拉伯人接触拱券结构比较早，有一则记载说，一位东罗马（拜占庭）人给一位阿拉伯国王造了一座宫殿，他对国王说，“这座宫殿的顶上有一块石头，如果移动了它，整个宫殿便会坍塌。”国王问：“除你之外，有没有别人知道这块石头的位置？”答道没有。国王说：“那就不碍事了，别人不会知道。”但是这位阴险的国王惧怕建筑师陷害他，“便暗中命人将他由屋顶推下，粉身碎骨而死”。移动一块石头便会损伤整个结构，这结构很可能是发券。后来，阿拉伯入侵占了拜占庭的大片领地，便把拜占庭卓越的拱券技术继承了下来，加以改造，推广到整个伊斯兰世界。即使用木构架作屋盖，也要用发券来支承屋盖的木构架。伊斯兰世界的拱券有独特的轮廓，形式多种多样，如双圆心和四圆心的尖券、高券、马蹄形券和极富装饰性的花瓣形券、绦带形券等等，这些花色的券是伊斯兰建筑的重要特征之一。第五，除了早期的建筑之外，伊斯兰建筑爱用装饰图案覆满整个建筑表面，图案有一定的风格，叫作阿拉伯式图案（Arabesque），它们有的用灰塑，有的用马赛克，有的用石膏，有的用琉璃，有的画在抹灰层上，刻在石头上。这些表面装饰处理的流行，是因为伊斯兰世界的核心地区，伊拉克、波斯、中亚等地自古以来都用土坯建造房屋，为了保护它们，需要贴面，于是就把当地古代的传统继承下来了。后来在埃及和印度，用石材建造房屋，贴面已经没有必要，却仍然作为一种传统的惰性，在石材上满覆浮雕图案。因为伊斯兰教反对甚至禁止描画动植物形象，所以这些图案大多是几何形的，有的非常复杂。不过植物形象始终没有禁绝。最有特色的是把阿拉伯文字当作装饰题材，内容则多是《古兰经》的教训。

阿拉伯人来到西亚之后不久，以叙利亚的大马士革（Damascus）为首都建立了第一个倭马亚王朝（Umayyad Dynasty，661—749）。叙利亚本来是东罗马帝国的属地，罗马文化占主导地位，信奉基督教，有许多早期基督教的巴西利卡式教堂。阿拉伯人本来是游牧民族，没有自己的建筑传统，因此，他们就把当地巴西利卡式的基督教堂改做最初的清真寺。

按照从西罗马形成的传统，基督教堂的圣坛设在东端，为的是做礼拜的时候信徒们都面向东方，也就是向着耶稣圣墓所在耶路撒冷（Jerusalem）。穆罕默德采用了基督教堂的这个设计思想，亲自规定要信徒们在礼拜的时候面向圣地麦加的“天房”，而麦加在叙利亚的南方。所以，伊斯兰教徒就把改为清真寺的基督教堂横向使用。长期沿袭，成了定式，以至于后来新建的清真寺大殿都采用横向的巴西利卡的形制，面阔大而进深小，柱子间横向用券或梁连接，双坡木屋架也横向排列，而神龛米拉勃（Mirab）则在南边墙的正中央。这样的大殿形制，虽然在埃及和北非都曾经流行，但内部空间走向和礼拜仪式很不协调，于是便企图改变。最初是在神龛前辟一个南北向的廊道，像巴西利卡式基督教堂的横翼（袖廊）。使这部分的建筑空间和礼拜仪式一致起来。这种大殿，内部空间没有明确的朝向。后来，渐渐扭转了整个大殿的空间布局，使新有的廊道都走南北方向。受到古代波斯方形柱厅的影响，在波斯和中亚，流行一种方厅式清真寺，大殿和厢房里，柱林密布，左右前后一律等距，屋架直接立在柱头上。这种大殿，内部空间没有明确的朝向。后来，采用拜占庭式帆拱上架穹顶的结构，在每一间上覆盖一个小穹顶。这做法也传布到土耳其等地。

稍晚一点，首都设在巴格达的阿拔斯朝（Abbasid）时，所有的清真寺都有了两个必不可少的部分，一个是“光塔”，阿訇每天五次准时在塔上召唤信徒们做礼拜，所以也叫它“授时塔”“宣礼塔”。塔成了清真寺外部构图的重要因素，它的形式很受重视。有柱形的，有楼阁形的，在两河流域还有继承古代山岳台传统而造成螺旋形的，如撒马拉大清真寺的塔。塔的高度一般在30米上下，撒马拉大清真寺的达到55米。另一个是濯足亭和浴室。清真寺里要求洁净，进大殿要跣足，所以在院落里设濯足亭，常在中央。又因为教规做了许多必须“大净”“小净”的规定，清真寺里便附设了公共浴室。

早期影响最大的清真寺是大马士革的大清真寺（The Great Mosque of Damascus，706—715），它曾是伊斯兰世界的经典性建筑之一，成了许多清真寺的范本。它位于古罗马的朱庇特庙（Temple of Jupiter，公元1世纪）和早期基督教的圣约翰教堂（Church of St. John，公元5世纪）的旧址上。大清真寺在一个大院子的正中，还是一个院落，东西长157.5米，南北宽100米。北墙根的柱廊，按照穆罕默德在麦地那（Medina）所造的第一座清真寺的规矩，是给无家可归的信徒们栖身的。大殿靠南墙，面积为136米×37米。横向两排柱子把进深划分为三间。但在神龛前柱间距加大，形成顺向的空间，11世纪时，参照琐罗亚斯德拜火寺院的先例，在这里加了一个石砌的穹顶。这个空间是整个大殿的礼仪中心，也是艺术中心。大殿的墙面下部可能是贴大理石板的，它上面则是华丽的摩赛克装饰，原来是一幅画，描绘《古兰经》里的“天园”，因为伊斯兰教的教律禁止描绘任何实物，后来被《古兰经》里描述“天园”的文字代替了。这一大幅（据估算面积超过4000平方米）的马赛克，当初精美曾驰名于整个伊斯兰世界。

大马士革大清真寺前院中心亭

这座大清真寺并不使用半圆拱，而混杂使用尖拱、高脚拱和马蹄形拱。

伊斯兰世界里最神圣的建筑是耶路撒冷的圣石庙（Dome of the Rock，692完工）。采用的是拜占庭帝国的小亚细亚和巴勒斯坦一带纪念性建筑常见的形制。它是集中式的，八边形，每边长20米，墙高约9米，分两层。中心四个墩子，每两个墩子之间又有三棵小柱子。柱顶上支承着发券，它们再一起支承起一个木构的微呈尖矢形的穹顶。外圈八个墩子，墩子之间也有两棵小柱子，它们和外墙之间的一圈围廊却用木构的单坡顶。围墙的外表面，窗台以下贴着大理石板，窗台以上是16世纪中叶改贴的面砖，过去曾经镶嵌着琉璃马赛克。马赛克画的题材是“天园”景象，有树木花草和宫殿，大约也是因为伊斯兰教律的缘故，

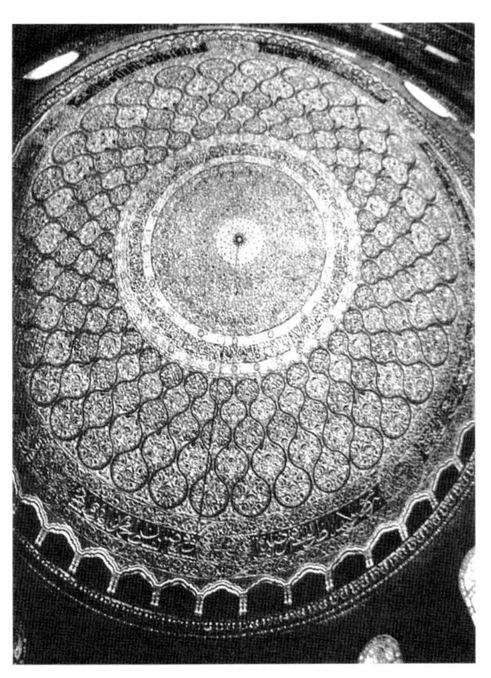

圣石庙内穹顶

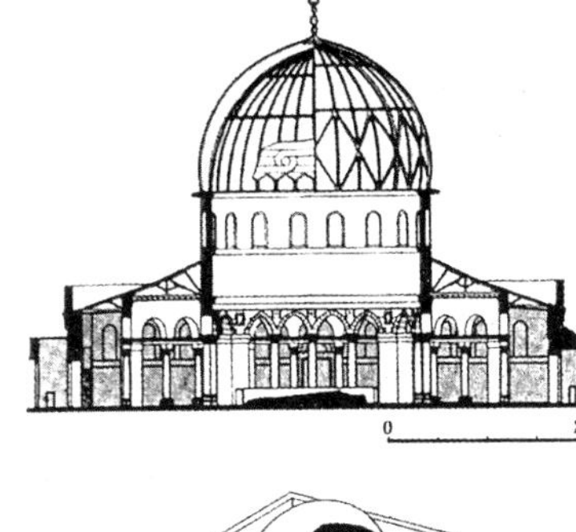

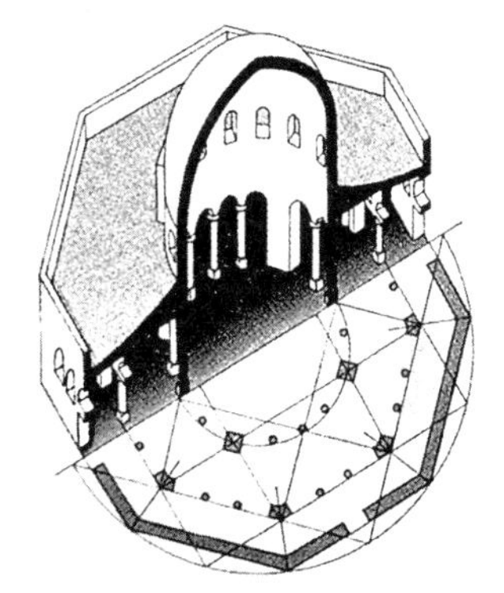

耶路撒冷的圣石庙剖面和轴侧

后来被除去而改成了面砖。鼓座的内外表面都有马赛克，以植物为题材，形成卷草图案，几何性很强。木构假穹顶的内表面用粉画的图案装饰，强调出穹顶的圆形的整体感。外表面满贴金箔，灿烂夺目。这座清真寺因此也称为“金顶寺”。穹顶之下，地面上卧着黝黑的“圣石”。《古兰经》传说，公元621年7月，穆罕默德创立伊斯兰教不久，在家里睡觉的时候，被天使吉卜利勒（Gabriel）叫醒，乘马到了耶路撒冷，脚踹在这块大石块上，升空登霄，飞入七重天，畅游天堂，受到了天启。黎明时候回到麦加。于是他便加紧申布教义。这块17.7米×13.5米大的石头便和麦加的黑色陨石一样具有宗教的神圣性。石上有相传阿拉伯人的祖先以实玛利（Ismail）的脚印和穆罕默德升天时所乘天马的蹄印。圣石之下有一个洞穴，它可能说明圣石上方曾是犹太教庙宇的祭坛。圣石又被认作穆里阿山（Mount Moriah）的顶峰，就是《圣经》中亚伯拉罕（即阿拉伯的易卜拉欣，Ibrahim）接受考验要杀儿子以撒（Isaac）燔祭耶和华的地方（《旧约·创世记》），而阿拉伯人自认为是他的后裔。这块黑石头与三个重要的宗教都发生关系，但是，庙内发券上方镌刻着大约240米长的《古兰经》引文，教导犹太教徒和基督教徒，只有伊斯兰教才是真实的信仰，穆罕默德和耶稣都是先知，但耶稣没有神性。

这座圣石庙在艺术上很成功，它集中式的体形，单纯、庄重，非常大气。下面衬托着不高的平台，纪念性强而又不失亲切之感，没有神秘性。

中亚、波斯和阿塞拜疆的伊斯兰建筑在中世纪独树一帜，成就很高。中亚和波斯有几条沟通亚洲和欧洲的商道，从中国来的丝绸之路就通过这里。队商贸易带动了手工业，9世纪便有了一些工商业城市。在这个地区，先后崛起的塞尔柱土耳其帝国，花剌子模帝国、伊利汗国、帖木儿帝国和萨非王朝（Safavid）的波斯，都是中央集权制的世界强国。所以，这个地区建筑活动的重要特点，第一是为工商业和队商贸易服务的城市公共建筑物的类型比较多，质量也相当高。其次是为封建帝国创造纪念性形象的建筑也比较多，包括宫殿、清真寺和陵墓之类。再次当然宗教建筑仍然占着重要的地位。这三种建筑物往往和城市的整体性建设有联系，注意在城市里的布局。它们之间常常组成完整的建筑群。

帖木儿帝国时期（14世纪下半叶—16世纪初）这个地区建筑达到最辉煌的高潮，中心在撒马尔罕（Samarkand，在乌兹别克斯坦）和布哈拉（Bukhara，在乌兹别克斯坦）。16世纪末和17世纪初，又以波斯的伊斯法罕（Isfahan）为中心形成了新的高潮。

中亚和波斯的伊斯兰建筑与西亚和北非的区别之一，是它更彻底地采用拱券结构，尤其是采用穹顶覆盖之下的集中式形制。这种形制和拜占庭建筑有密切的渊源关系。波斯和中亚的拱券砌筑水平很高。例如大不里士（Tabriz，在波斯）的阿里沙清真寺（The Great Mosque of Ali Shah，1310—1320）神龛前大厅的拱顶，跨度30.15米，拱脚高25米，超过了古罗马的。苏丹尼厄（Sultaniyeh，在波斯）的完者都陵（Mauso-

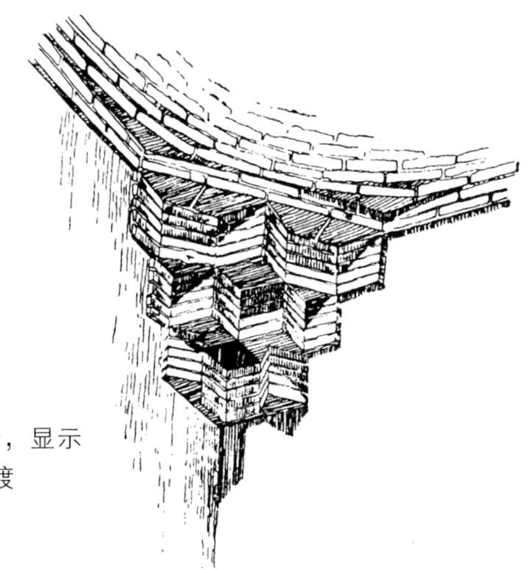

乌兹别克斯坦德迦隆清真寺，显示简单的“蜂窝”由方向圆过渡

leum of Oljeitu，1309—1313）穹顶的直径达到26米。

成熟了的拜占庭建筑是用帆拱从方形平面过渡到穹顶的。在这之前，小亚细亚、叙利亚和巴勒斯坦等地有多种多样的过渡方法。波斯和中亚则一直用“蜂窝”（或称“钟乳”）来过渡。这其实是一种化整为零的叠涩，每层都呈锯齿形，上下层犬牙交错，很有装饰性。16世纪之后，出现了两种巧妙的结构方法来解决从方到圆的过渡：一种是在穹顶上使用肋架券，一种是用8个抹角券交叉，在它们的八个交点上坐落穹顶。它们的艺术效果都很好。

平衡中央大穹顶的侧推力的方法，多数是在方形平面的四面各砌一个筒形拱，以轴线朝向穹顶的中心，于是在建筑内部形成了十字形平面的空间，仍然保持了整体的向心集中性。十字形空间后来便是这地区的集中式形制的重要特点。

集中式的纪念性建筑物有一个中央的垂直轴线，这个轴线由穹顶来完成，也由穹顶来表现。穹顶在纪念物的外形上占着最重要的地位。波斯和中亚的建筑，汲取了拜占庭建筑的经验，像俄罗斯建筑一样，从两个方面来对穹顶进行艺术加工。一方面用高高的鼓座托起穹顶，使它统率整体的构图，另一方面是改进穹顶外形，使它越来越饱满，直至采用四圆心的轮廓。并且穹顶的最大直径大过于鼓座的直径，以至穹顶充满了张力，富有生气。也像俄罗斯的正教堂那样，它们叫作“战盔顶”。

有一些穹顶在表面上做瓜棱，光影变化很丰富。

波斯和中亚的建筑，也喜欢用装饰覆盖整个外表面。起先是用土坯以不同的花式砌筑造成大面积图案，后来砌出有宗教意义的铭文。再后来，则用两河下游古时已经发明的琉璃贴面，一来保护土坯，二来有美丽的色泽。琉璃以蓝绿两色为主，用黄色做装饰图案，有卷草，有花朵，非常华丽。

集中式纪念性建筑物的最杰出作品之一是撒马尔罕的帖木儿家族墓——古尔・艾米尔（Gur Amir）陵墓。1402年，帖木儿的孙子在对土耳其的战争中重伤而死，身在前线的帖木儿决定建造古尔・艾米尔作为他的陵墓，同时建造一座清真寺和一座经学院。两年后，帖木儿班师撒马尔罕，觉得陵墓太矮，下令改造。当年10月，在经学院设盛宴庆祝工程落成。次年1月，帖木儿去世，也被安葬在古尔・艾米尔里，他后裔中的男子大多数葬在这里，古尔・艾米尔成了帖木儿家族的陵墓。

陵墓由下而上分三部分。底层是个10米见方的大厅，为了平衡大厅穹顶的推力，四边凸出一个筒形拱覆盖的小厅，形成十字形空间。它外面包一个边长为7.8米的八角形柱体。柱体之上圆柱形的鼓座托起又一个饱满的穹顶。穹顶是四圆心的，表面做瓜棱，最大外径大于鼓座，二者的交接处有两层钟乳体承托，明确区分。穹顶的尖端高约33米，鼓座的下端，在内部还砌了一层穹顶，尖端高23米左右。外层的穹顶是塑造陵墓外部整体形象的，内层的穹顶是塑造陵墓内部空间的。内外各用一个穹顶，这种做法在西欧的古典主义建筑中也有采用。外层穹顶很薄，为了它的稳定，从内层穹顶上搭了木头支架来加固它。

整个陵墓表面都覆满了蓝绿两色的琉璃。琉璃上装饰黄色的几何图案，有阿拉伯铭文，也有花草形象。

波斯和中亚的清真寺有两种主要形制，都是四合院式的。四合院的正房是大殿，其他三面也有不小的进深，倒座正中是大门。两种清真寺的不同在结构方法和相应的内部空间。一种是由相当大的十字形平面的集中式结构组合而成的，墙垣等十分厚重，每个穹顶下的空间虽然独

撒马尔罕的帖木儿家族墓

立，但互相连接。另一种形制取古波斯的方形大柱厅式，大殿、两厢和倒座里，纵横等距的柱网把空间分为许多正方形的间，每个间上盖一个小小的穹顶。只在大殿正中的神龛前面，和两翼的正中，各做一个十字形平面的集中式结构，上覆穹顶，作为仪典和艺术的中心。

清真寺的大门、大殿的正门和两厢中央的门，从11世纪起，都采用一种叫"伊旺"（Iwan）的做法，"伊旺"是一个又高又大又深的凹陷空间，顶上覆四圆心拱，镶在一堵竖长方形的墙的正中，墙的左右边缘各有一个瘦高的塔。"伊旺"的深处开门洞，不大，但也有在这位置上再做一个小"伊旺"的。这种"伊旺"便成了波斯和中亚伊斯兰建筑的特征性部分，普遍应用在各类建筑的大门上，从坟墓、寺院、经学院直到宫殿，古尔-艾米尔门前就有。后来，"伊旺"也流传到印度。清真寺大殿的立面都很长，在"伊旺"左右再伸展开一长段墙垣，在尽端又有一个塔。这样的体形，有虚有实，有横有竖，有曲有直，有明有暗，组合得十分完整统一又充满了鲜明的对比，生动丰富。外墙面上满覆琉璃砖，色泽绚烂异常。

以十字形平面集中式空间组合而成的清真寺，突出的代表是土耳其斯坦的艾哈迈德·亚萨维纪念建筑（Ahmad Yasavi，Turkestan，1389—1405）。它正面的大“伊旺”宽18米，深12.3米，中央的穹顶直径大约有14.4米。在它的前后左右还有一些小一点的十字形大厅，共同组合成一个近于正方形的平面外廓。

把大殿和两厢用小柱网划分为许多小小的正方形的间，逐间覆以穹顶的清真寺，可以撒马尔罕的比比·哈努姆清真寺（Bibi Khanum，1399—1404）为代表。帖木儿从阿塞拜疆和印度等地掳来两百多名石匠造这座清真寺。它一共有480棵3.2米高的大理石或花岗石柱子，墙垣也用石砌。大门、正殿门和两厢的门都是“伊旺”式的，它们把院子的纵横轴线标志得很强有力。院子60米宽，90米深，四面望去，景观十分壮丽。

穹顶覆盖下十字形空间集中式清真寺也传到埃及。埃及的清真寺常常是苏丹和王公贵族们的陵墓。在首都开罗的开特–贝清真寺（Cait-Bei，1483）是一个典型例子。这种清真寺规模不大而十分紧凑，穹顶高耸，成为构图中心，旁边立着光塔。塔分几节，装饰繁复，一般都很高，有的达60米上下。因为埃及的清真寺都用石头建造，穹顶和墙壁表面的装饰虽然也是几何图案、阿拉伯字的《古兰经》铭文和少量植物形象组成的，但是在石头上浮雕出来的，风格和波斯、中亚等地的琉璃饰面便大不相同了。

伊斯坦布尔（Istanbul）的索菲亚大教堂四角上各有一座高而瘦的塔，顶子是圆锥形的，它们使大教堂的外形完整了，也减轻了它的臃肿笨拙。这四座塔是土耳其人把大教堂改作清真寺之后添建的。土耳其人就这样很简单地继承了拜占庭的建筑遗产。

索菲亚大教堂（杜非 摄）

1453年，奥斯曼土耳其人（Osman Turkey）攻灭了拜占庭帝国，不久之后把君士坦丁堡当作首都，改名伊斯坦布尔。到15世纪，建成了一个包括北非、巴尔干、中欧一部分、高加索、西亚、阿拉伯北部和西部等地的大帝国。

土耳其人长期以小亚细亚为根据地。小亚细亚一向是多种文化的交汇之地，那里的建筑传统也比较杂乱。11—13世纪，叙利亚和高加索的伊斯兰建筑对小亚细亚的建筑影响很大，后来又加强了波斯的影响，但更强大的影响则来自拜占庭深厚的建筑传统。早期，土耳其的清真寺是古波斯方厅式的，大殿被柱网划分为正方形的小间，逐间用穹顶覆盖。14世纪中叶，发展了波斯和中亚的十字形空间集中式清真寺，用穹顶覆盖。不过，后面的一间拱顶大厅逐渐变宽变大，直到和中央方形大厅完全一样，合成一个矩形大厅，而且后面的方厅也覆盖穹顶，于是矩形大厅中两个穹顶前后而立。建立了奥斯曼王朝之后，由于中央集权大帝国的政治需要，在政教合一体制下，清真寺需要更多纪念性，更宏伟、更

苏里迈耶清真寺

庄严，于是，早期传统被抛弃了，更多地继承拜占庭的大帝国建筑传统。宫廷大清真寺大多为纪念君王的伟大成就而建造，而形制、结构则几乎完全模仿索菲亚大教堂，汲取了索菲亚大教堂的经验，内部空间和外部体形收拾得更简洁一些，更舒展一些，由于在四角造了高塔，也更丰富一些，灵通一些。

奥斯曼土耳其建筑的巅峰在16世纪中叶，1521—1566的苏莱曼二世（Suleyman II）在位时期，代表性作品有伊斯坦布尔的赛沙德清真寺（Sehzade Mosque，1543—1548），苏里迈耶清真寺（Suleimaiye Mosque，1550—1556）和稍晚一点的艾哈迈德苏丹清真寺（Sultan Ahmed Mosque，1609—1616），它们都仿索菲亚大教堂，雄伟壮丽，但创造性不大，不过赛沙德清真寺和艾哈迈德苏丹清真寺的结构体系和形式之间的关系更清晰。一层层的券、拱和穹顶在不同位置展现出半圆弧很华丽又很优美的组合，变化重重。艾哈迈德苏丹清真寺的穹顶直径22米，顶点高43米，规模不小。外面有6个高塔，参参差差很活泼。它们和清真寺主体庞大的体量对比，减轻了它封闭的沉重感。

这类清真寺中最杰出的是埃迪尔内的塞利米耶清真寺（Selimiye Mosque，Edirne，1569—1574）。它位于高坡上，四座光塔高度超过70米，穹顶的直径为31.5米，逼近了索菲亚大教堂。它的内部空间也很完整、敞亮。这座清真寺是苏丹谢里姆二世下令用征服塞浦路斯（Cyprus）的战利品造的。

土耳其的世俗建筑很发达，水平很高。其中最精致的是伊斯坦布尔的托普卡珀宫（Topkapi Palace，16世纪）。这是一个大建筑群，先后造成，布局比较凌乱，但工艺极其精致，尤其是1578年重建的穆拉德三世（Murad III）的豪华卧室和后宫的一些房子，满墙螺钿、宝石的镶嵌和硬木雕刻。不过稍嫌烦琐，而且柔弱纤细，散发出穷奢极欲的土耳其宫廷生活中慵懒无聊的迷惘气息。

印度和伊斯兰教徒的贸易交往早就有了，11世纪，土耳其人、波斯人和阿富汗人渡过印度河，在印度北部悄悄定居。1192年，一位土耳其-阿富汗国王进入印度，向东征服了恒河流域，留下他的一个释放奴隶顾特卜（Qutb-ud-din Aybak）将军在1206年建立了印度第一个正式的伊斯兰国家。它统治了印度北部的大部分，以德里（Delhi）为首都，历时三百年。15世纪初，又有几个不大的伊斯兰国家成立。这个德里的伊斯兰国家并不强迫印度教徒改宗，但内部扰攘不宁，争夺纷起，人民起义时有发生。1398年，帖木儿毁灭了德里。这时，在印度南部和德干高原（Deccan Plateau）还有一个强大的印度教国家，1336至1565年间大造规模恢宏的庙宇。

1526年，成吉思汗和帖木儿的后裔巴布尔（Babur，1483—1530），在征服了中亚许多地方之后，又占领了几乎整个印度北部。他的儿子胡马雍（Humayun，1530—1556在位）于1530年继位，正式建立了伊斯兰教的莫卧儿帝国（Mughal），先后以德里和阿格拉（Agra）为首都。胡马雍的儿子阿克巴（Akbar，1556—1605在位）偃武修文，经济、文化蒸蒸日上，他提倡印度教和伊斯兰教的共存和融合。17世纪上半叶，阿克巴的继任人贾汗季（Jahangir，1605—1627在位）和沙·贾汗（Shah Jahan，1628—1657在位）统治下是莫卧儿帝国的黄金时期，国泰民安，四边安靖，文化也在这时候达到一个辉煌的高峰。18世纪，英国人开始在印度实行殖民统治。

顾特卜的奴隶王朝从波斯和中亚引进了伊斯兰建筑，包括清真寺和它的传统形制。拱券结构和由这结构所产生的形式：马蹄券、高券、四圆心尖券、花瓣券、“伊旺”、穹顶覆盖的集中式纪念物形制，还有满铺满盖的墙面装饰。不过，因为印度北部多雨潮湿，不宜使用土坯建造房屋而多用石材，所以墙面装饰多是在石材上制作，有浮雕的图案，有不同颜色石材的镶嵌等等。顾特卜王朝和一些小伊斯兰国家采取宗教宽容态度，它们的伊斯兰建筑也汲取了许多印度教建筑的特点，例如穹顶尖上的刹，柱子的式样和浮雕的题材、手法和风格。初时还并没有真正学会拱券技术，用的是叠涩假拱券。

顾特卜在1193年动手在德里建造一座大清真寺，叫库瓦特·伊斯兰（Quwwat al-Islam），所用的材料是拆掉27座印度教寺庙得来的。因为印度在麦加的东面，所以米拉勃在西墙上。它采用波斯和中亚式的形制和结构，两厢和倒座划分为小小的正方格子，个个用小小的穹顶覆盖，大殿则用五间大得多的穹顶横排成一列。在这座清真寺的东南角上，1199年起，建造一座尖塔，足足有72.6米高，底径14米，收分明显，用四个环形阳台划分为五段。阳台的出挑由波斯和中亚特有的钟乳体承托。塔身密布垂直的瓜棱，使它更显得挺拔。塔身收分大，分节越往上越短，加上瓜棱，这塔向上升腾的动势很强。它没有基座或台基，拔地而出，破空而去，十分雄浑壮观。差不多同时，中亚有一些纪念性的塔，叫纪功塔。这座顾特卜塔也叫纪功塔，是炫耀顾特卜统一北方的功绩的，它当时又是伊斯兰世界的极东界碑。塔上有一段铭文，刻着："此塔乃为投神之影于东西双方而造。"顾特卜王朝兴盛发达，宏图伟业，气魄很大，这座塔能够相称。只造了三层，顾特卜便去世了，后人陆续完成了第四层和第五层。

印度伊斯兰教建筑的巅峰作品是泰姬·玛哈陵。这是世界建筑史上最伟大的作品之一。

泰姬·玛哈陵在阿格拉宫堡之旁2公里，相隔一条朱木拿河（Jumna）。它是沙·贾汗妻子的墓。妻子赐号"宫中之光"（Mumtaz Mahal），泰姬·玛哈则是"宫中冠冕"的意思。

1628年，沙·贾汗登基称帝，他是一位多才多艺的人，曾经在巴布尔的陵园中主持几座建筑物的建造，也曾经为他父亲贾汗季的陵墓设计花园和建筑。即位之后三年，1631年，他结婚18年的妻子，在生第十四个孩子的时候难产死去了。妻子不但是绝代佳丽，而且聪明贤惠，沙·贾汗悲伤之极，决心让他热爱的妻子长眠在永恒的美中。1632年，他亲自主持陵墓工程。除了调集全印度最好的工匠之外，还聘请了土耳其、波斯、中亚（撒马尔罕和布哈拉）、阿富汗和巴格达等地的建筑师和工匠。主要的建筑师是小亚细亚的乌斯达德·穆罕默德·拉合里

泰姬·玛哈陵及水池

（Ustad Ahmad Lahori）。这座陵墓可以说是整个伊斯兰世界建筑经验的结晶。

伊斯兰教的天国是一座美丽的花园，《古兰经》说："许给众敬慎者的天园情形是：诸河流于其中，果实常时不断。"《古兰经》又说，幸福的天园里有四条河，便是水河、乳河、蜜河和酒河。泰姬·玛哈陵园正中展开一片烂漫的花草地，点缀着如盖的绿荫。有十字形的水渠在花草地中央纵横，它的四条臂代表着水、乳、蜜、酒四条河。多情的丈夫，为他生死不渝地爱恋着的妻子营造陵墓，以天园为蓝本，寄托着多么浓重的柔情蜜意。

泰姬·玛哈陵是一组大建筑群，外围墙宽293米，长576米。前门不大，第一进院左右各划出两个小院子后，中央的宽161米，深123米。第二道门高大而壮丽，四面都有"伊旺"，用红砂石砌筑。进了第二道

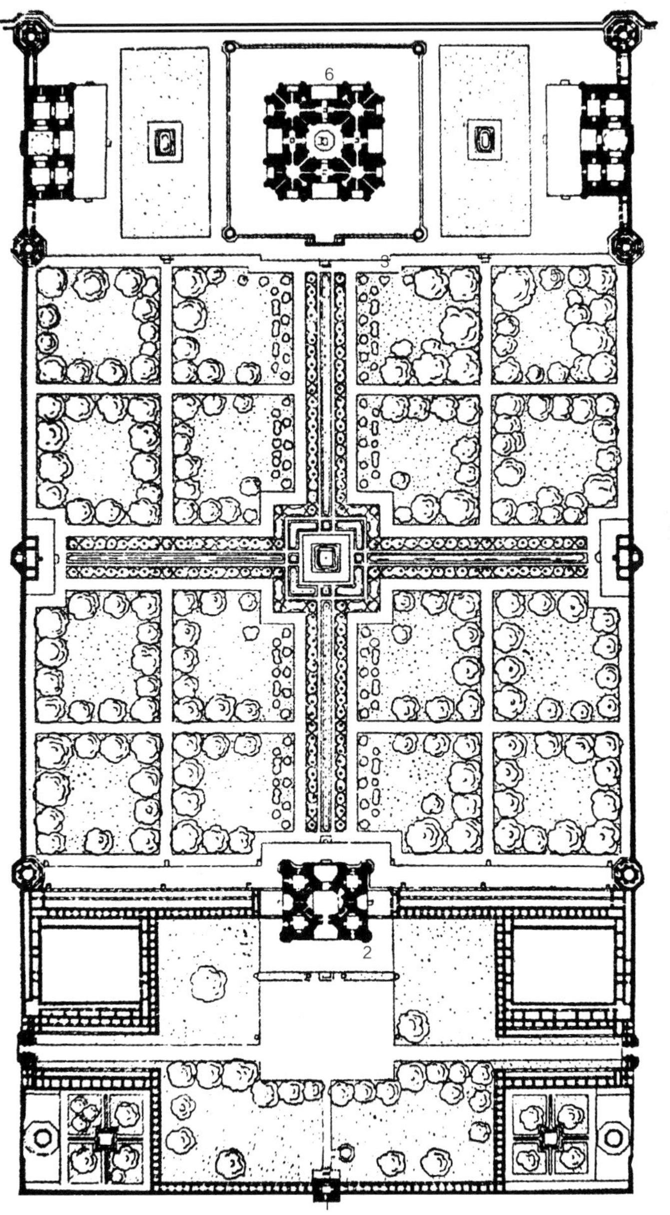

印度泰姬·玛哈陵总平面
（1）前门（2）二道门（3）陵本体
（4）清真寺（5）招待所（6）朱木拿河

门，眼前一片293米宽，297米深的大花草地展现它无穷的魅力。循中央的水渠望去，尽头屹立起雪白晶亮的大理石陵墓。它两侧各有一幢红砂石的建筑，东边一幢是清真寺，另一幢是它的配称，有时用作招待所。这两幢赭红色的建筑把陵墓衬托得更加冰清玉洁，宛如琼瑶。

陵墓托在高5.5米的白色大理石台基上，台基96米见方，四角耸立起40.6米高的圆塔。陵墓是一个56.7米的正方形，抹去四角。它四面一样，当中略高一点，嵌着“伊旺”。抹角斜面上，开着上下两层小凹廊，它们反衬出“伊旺”的高大。同样，它四角顶上的小亭子反衬出中央穹顶的高大，它内径17.7米，顶点高于台基面大约64米。

泰姬·玛哈的形象明朗而又舒展。主体是端重肃穆的，但轮廓参差错落，活泼跳动，四座高高的圆塔又使整体构图更加空灵轻盈，充满了活力。它的比例和谐，主要部分之间有大体相近的几何关系，例如，塔高（连台基）接近两塔间距离的一半，主体的“伊旺”外框墙高又近于立面总宽度的一半，立面两侧的墙高又近于立面不计抹角部分宽度的一半。都是1∶2左右。其余部分的大小、高低、粗细也各得其宜。泰姬·玛哈陵的形体充满了对比变化，但又完整统一。它的穹顶是饱满的球体，鼓座是粗短的圆柱体，塔是细高而收分的圆柱体，主体的下部是平面直线组成的八边形棱柱体，但都因互有相似、呼应和包容而被穹顶统率成一个有秩序的整体。穹顶是厚实的，四个小亭子是空透的，“伊旺”和凹廊是前后两层的，有深深的阴影，也都在有重量感的穹顶统率之下成为一体。穹顶的尺度最大，“伊旺”的其次，凹廊又其次，四个小亭子更小，圆塔的尺度最小，尺度的对比充分突出了穹顶的统率作用。平展而连续的台基进一步加强了陵墓的完整性。这个陵墓明显有撒马尔罕的古尔-艾米尔陵墓和胡马雍陵墓的影子，显然改进了许多。泰姬·玛哈陵的细节精致，外墙面上镶嵌的大量宝石，来自也门、俄罗斯、中亚和中国。

泰姬·玛哈陵的总体布局极其单纯、完美。陵墓是唯一的构图中心，花园衬托着它，碧绿的树木香草，赭红的清真寺，映照着它。澄澈的水渠中倒影明亮，当喷泉飞溅，细雾迷蒙时，它闪烁颤动，飘洒出千种风流，万种柔情，仿佛妻子还在向沙・贾汗娇笑轻嗔。陵墓上刻着一首沙・贾汗亲自写的诗：

像天园一样光明灿烂，
芬芳馥郁，
仿佛龙涎香在天园弥漫，
这香气来自我心爱的人儿
胸前的花环。

沙・贾汗本来要在朱木拿河岸用黑色大理石为自己造一座陵墓，在河上架一座桥。但是，1653年泰姬・玛哈陵完工之后再过5年，1658年，沙・贾汗的第三个儿子奥朗则布（Aurangzeb，1658—1707在位）篡夺了帝座，迁都到德里，把沙・贾汗软禁在阿格拉堡。直到1666年去世，他再也没有被允许到泰姬・玛哈陵去过，每天只能在阳台上苦苦遥望爱妻的陵墓，让静静流淌的朱木拿河把他的无限思念带到神圣的恒河里去。幸好死后被允许长眠在妻子的身边。

泰姬・玛哈是一曲爱情的歌。有许多诗人为它拨动琴弦。泰戈尔（R. Tagore）写道：泰姬・玛哈陵是“挂在时光脸颊上的一颗泪珠”。

第二十讲　敢于输入也勇于创造

日本建筑早在公元1世纪便形成了它基本的特点，这便是使用木构架，通透轻盈。这些特点可能是在中国南方和南洋各地的影响下形成的，也是因为日本岛屿上盛产木材的缘故。

后来，中国的影响显著地占了主导地位，木构架采用了中国式的梁柱结构，甚至也有斗栱。它们平行排架，因此空间布局便也以“间”为基本单元，几个间并肩联排，构成横向的长方形。它们具备了中国建筑的一切特点，包括曲面屋顶、飞檐翼角和各种细节，如鸱吻、槅扇等等。于是，大致可以说日本古代建筑隶属于中国建筑体系。

但是，日本建筑仍然具有鲜明的民族特色，很有创造性，尤其是它们的美学特征。除早期的神社外，日本古代的都城格局、大型的庙宇和宫殿等等，比较恪守中国形制，而住宅到后来则几乎完全摆脱了中国影响而自成一格，结构方法、空间布局、装饰、艺术风格等等都与中国住宅大异其趣。茶室、数寄屋之类，可以说完全是日本建筑的独创了。它们的美学特征是非常平易亲切，富有人情味。尺度小，设计得细致而朴素，精巧而素雅。日本建筑重视也擅长于呈现材料、构造和功能性因素的天然丽质。草、木、竹、石，甚至麻布、纸张，都被利用得恰到好处。

不过，有些时期，在有些方面，日本建筑却是很夸张的。例如伸展得很远的飘檐，硕大的斗栱，过于华丽的装饰，园林中的枯山水等，甚

唐招提寺金堂，奈良时代（杜非 摄）

东求堂内同仁斋，室町朝代

至对自然形态的木石的爱好，也会偏执得落于矫揉造作。

在将近两千年的发展过程中，日本建筑一直保持着和中国建筑的联系，不断响应着中国建筑的变化。因为它所联系的，在后期主要是中国南方的民间建筑，所以它能保持自由活泼、生活气息浓郁的性格。

日本建筑中最有特色的是神社，遍布全国，约有十余万所，建造年代从古迄今未尝中辍。早期神社，模仿当时比较讲究的居住建筑，因为在观念上，神社是神灵的住宅，而人们只能按照自己的生活去揣摩神灵的生活，而且，建筑学当时也远远没有达到专为神灵别创一种神社形制的水平。因此，这些早期神社贴近朴实的人民生活，它们的建筑风格，可以代表日本建筑的基本气质。

神社是日本固有的神道教的崇祀建筑，始于古史时期。神道教崇拜自然神，崇拜祖先，分为神社神道、教派神道、民俗神道三系，以神社神道为主流，存在至今。神社神道尊天照大神即太阳女神为主神。奉行政教合一，神化天皇世系，以8世纪成书的《古事记》和《日本世纪》为经典。主要内容是说从第一代神武天皇起历代天皇们是天照大神的后裔，他们统一了日本诸岛，有天然的不可争辩的统治权。

神道教认为，人性神圣，人的人格和生活应该受到尊重。人对社会负责，有承先启后的天职。提倡以“真”为人生基本态度，从“真”可以衍生出“忠、孝、仁、信”各种美德。

神道教的礼拜不固定日期，可以随时参拜神社，也可以初一、十五或祭日参拜。虔诚的人也有每天早晨参拜的。日本住宅里有天照大神和保护神的神龛，也有佛龛、祖先龛。主要的节日有春、秋两祭和例祭。春祭为祈年祭，秋祭为新尝祭。例祭也叫年祭，举行神幸式，信徒们肩抬神舆游行。

神社纵深布局，富有层次，入口处有一座牌坊，一根大木横架在一对柱子上，两端左右伸出，有些在稍低一点的位置再横架一根木枋子，这牌坊叫作“鸟居”。进了牌坊，沿正道往前走，到达“净盆”，参拜者洗手漱口再走向本殿。本殿里供奉神的象征物，一般是神镜、木偶像、“丛云剑”等。它们代表神体，叫作“御灵代”，被精心包裹着，参拜者看不到。只有大祀官可以走到本殿的最里面。

日本最神圣的神社是伊势神宫，位于三重市的海滨密林里，那里本是一块圣地。它分为内外两宫，内宫称“皇大神宫”，祭祀天照大神，大约建于公元纪元前不久。外宫大约晚于内宫五百年，称“丰受大神宫”，丰受大神专司保护天照大神的食物。内外宫形式大体相同，公元7世纪的天武天皇（673—685在位）确立制度，每隔20年依原式重建一次，所以现在的建筑并非早期原物，不过基本保存了原样而已。为了避免重建时无处奉祀、参拜，内外宫都有并肩两个场地，轮流建神社、拆神社。

内外宫相距不远，都是以“本宫”为中心的小建筑群，地段为长方形，外面围一圈栅栏。本宫面阔三间，进深二间，式样为“神明造”。下面有高高的木架形成平台，叫“高床”，周围设高栏。除中央间的门户外，墙壁全用厚木板水平叠成，两坡顶，覆茅草，厚约30厘米，松软而富弹性。屋脊是一块通长的木料，架在山墙外侧正中的柱子上。屋脊上钉“甲板”，在两面山墙挑出很多。脊上有10根前后水平出挑的“坚鱼木”，博风板在脊下交叉而向上高高斜出成“千木”。每块博风上端各平出细木条四根，叫“鞭挂”。甲板、坚鱼木、千木和鞭挂，都是从结构构件演化而来的，加以夸张，变成很有艺术表现力的装饰性构件。

它们和高床、高栏一起，使本宫充满了虚实、光影和形体的对比，显得极其空灵轻巧。它们朝不同的方向伸出，小小的本宫呈现出一种外向放射的性格。

神宫的细节处理非常精致。坚鱼木呈梭形、柱身顶端卷杀，鞭挂截面原是方的，却在前端渐变为圆的。它们使简洁方正的神宫柔和丰润起来，更有生气，更有人性。坚鱼木两端、千木上、门扉上甚至地板上，恰当地装饰了一些镂花的金叶子，给温雅的素色白木和茅草点染上高贵的光泽。黄金和素木茅草相辉映，既朴实又华丽，足见审美力的敏锐和思想的通脱。场地上浮铺一层卵石，松散的，它们把建筑物衬托得更精美。

中门与五重塔　法隆寺，飞鸟时代

金堂重檐细部　法隆寺，飞鸟时代

飞鸟时代（552—645），日本社会由奴隶制向封建制过渡，为巩固封建制度和统一的专制国家，日本大量吸收中国封建朝廷的典章制度和文化。佛教便从中国经朝鲜传入日本，起初受到神道教传统的抵制，587年，在皇位继承斗争中获胜的苏我氏支持佛教。604年，圣德太子正式信奉佛教，30年内建成了46座佛寺。中国佛教建筑也从朝鲜传入日本。

公元588年，朝鲜的百济国王送了几个寺工、瓦工、露盘工到日本，带来了佛殿模型，帮助建造佛寺。7世纪初，继续有百济工匠来到日本，稍后便有了直接来自中国的工匠。百济和中国工匠奠定了日本佛教建筑的基本特点，也就是当时中国佛教建筑的基本特点。主要的是：第一，使用了平行梁架的木结构系统，包括斗栱；第二，以“间”为空间单元并以间的并联组成建筑的内部空间；第三是引进了内向的院落式布局和对称轴线；第四是建筑的形式、风格；第五，则是佛寺的布局方式和建筑类型，如塔。前面四个特点，不仅仅限于佛寺建筑，而是对日本的各种建筑都有根本的意义，日本建筑中国化了。

圣德太子于公元607年在奈良附近兴建了第一座大型寺院法隆寺。670年失火，以后又重建。739年建了东院。法隆寺的主体是一个“凸”字形的院子，四周环以廊庑。前有天王殿，后有大讲堂，讲堂两侧分立经楼和钟楼，都和廊庑相接。大讲堂之前，院落中央，分列于轴线左右两侧的是金堂和五重塔。这种布局后来叫“唐式”，可能是中国南北朝时期或者北魏末年的式样。金堂两层，底层面阔五间，进深四间（18.36米×15.18米），二层各减一间。歇山顶，有斗栱，形式还不十分严格，用云栱和云斗。柱子卷杀而成梭柱，但不用虹梁。下层柱只高4.5米，而出檐竟达5.6米，十分夸张。二层檐柱落在底层的金柱之上，收缩很大，更显得出檐飘洒深远。五重塔建于672—685年间，自底层至四层，都是三间见方，第五层为两间。底层面阔10.84米，柱高3米多，二层柱高只有1.4米。但出檐很大，达4.2米之多。所以它仿佛就是五层层顶的重叠，非常俊逸。塔也用斗栱，和金堂的相似，有云栱和云斗，这是中国南北朝时期的做法。用单栱而不用重栱，用偷心造而不用计心造，这些都成了以后日本斗栱的重要特点。塔内有中心柱，由地平直贯宝顶。塔总高32.5米，其中相轮高9米。

东院里有一座八角形的梦殿和一座传法殿，都是初建时候的原物。那时候日本已经有了第一个固定的国都，奈良。

以奈良为国都的时代（710—784）叫奈良时代，当时正值中国的盛唐，日本大规模地全面地引进中国文化。

采用汉字，学习书法和绘画，编史书，写中国式的格律诗。按照唐朝的律法制定法典，正式使用“天皇”命号。中央政府在这时完全形成，仿唐制设各部机构。疆域扩大到九州南部和本州北部，修建四通八达的道路网。短短的奈良时代是日本文化昌盛繁荣的时期。

奈良古都叫平城京，完全模仿唐长安城的规划布局。因为立佛教为国教，在奈良建造了一批很重要的庙宇，其中最有意义的一座是中国东渡高僧鉴真和尚主持建造的唐招提寺（759建造）。鉴真和尚在日本弘扬律宗，唐招提寺是日本律宗的总院。造寺的工匠有一些是鉴真和尚从中国带去的。唐招提寺只剩金堂、讲堂和东塔是初建时的原物。金堂面阔七间，约28.18米长，进深四间，约16.81米。开间尺寸由明间向两侧递减，中央五开间设槅扇门，尽间只设槅扇窗。柱头有斗栱，补间只有斗子蜀柱。柱头斗栱为六铺作，双抄单下昂，单栱，偷心造。梁、枋、斗栱都有彩画，柱子漆红色。栱眼壁和垫板全部粉白，把承重构件鲜明地衬托出来，显得结构条理清晰，逻辑性很强。屋顶是四注式，经过改造，坡度比原来的陡一些。内部中央供奉卢舍那佛，两侧是药师佛和千手观音，靠山墙则有四天王。御影堂里供奉鉴真坐像，是日本最杰出的干漆木雕像之一。这座金堂可以作为中国唐代纪念性建筑的代表，风格雍容大方，端庄平和。

公元784年，为了避免奈良日益强大的佛教势力对政事的干涉，桓武天皇决定迁都，793年，着手建设平安京，这就是后来的京都。794—1185年是日本历史上的平安时代。像奈良的平城京一样，平安京的格局也模仿唐长安，规模与平城京相近而略大一点。

9世纪之后，由于封建关系进一步发展，地方的割据势力跋扈，庄园扩大而侵占了公田。天皇的权力衰落，中国式的中央集权政体逐渐瓦解，政权落在大贵族手里，终于导致1086年白河天皇退位，实行“院政”。

随着地方割据势力崛起，佛教不再是国教，古代的神道教重新恢复了影响，并且渗透到佛教里去，佛教世俗化了，僧侣可以娶妻生子，可以饮酒吃肉，因此佛教更加普及了。

由于封建经济的发展，11世纪，贵族社会到了全盛时期，王公贵族、豪门强宗的生活更加糜烂，纵欲无度。他们大量兴建邸宅、别业等等，并在邸宅和别业里建造佛寺，或者如中国的习惯，舍宅为寺。

在这种情况下，日本文化强化了本民族的特色，大约在10世纪下半叶开始，日本的建筑也本土化了，而且趋向奢华。不过，并没有摆脱中国建筑的影响，相反，还在不断地吸收中国建筑的成就，并且响应着中

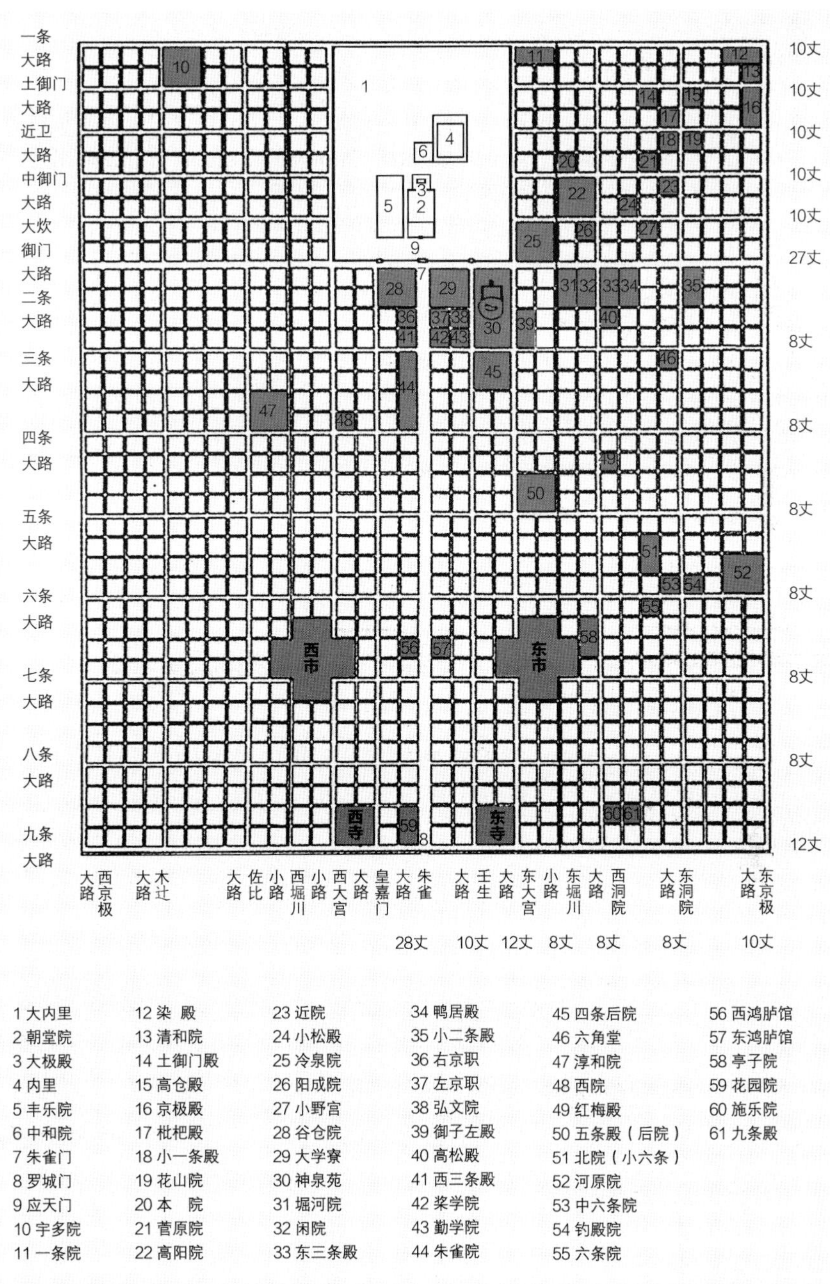
一条大路
土御门大路
近卫大路
中御门大路
大炊御门大路
二条大路
三条大路
四条大路
五条大路
六条大路
七条大路
八条大路
九条大路
10丈
10丈
10丈
10丈
10丈
27丈
8丈
8丈
8丈
8丈
8丈
8丈
12丈
西市
东市
西寺
东寺
西京极大路
木辻大路
佐比大路
西堀川小路
西大宫大路
皇嘉门大路
朱雀大路
壬生大路
东大宫大路
东堀川小路
西洞院大路
东洞院大路
东京极大路
28丈
10丈
12丈
8丈
8丈
8丈
10丈
1 大内里
2 朝堂院
3 大极殿
4 内里
5 丰乐院
6 中和院
7 朱雀门
8 罗城门
9 应天门
10 宇多院
11 一条院
12 染 殿
13 清和院
14 土御门殿
15 高仓殿
16 京极殿
17 枇杷殿
18 小一条殿
19 花山院
20 本 院
21 菅原院
22 高阳院
23 近院
24 小松殿
25 冷泉院
26 阳成院
27 小野宫
28 谷仓院
29 大学寮
30 神泉苑
31 堀河院
32 闲院
33 东三条殿
34 鸭居殿
35 小二条殿
36 右京职
37 左京职
38 弘文院
39 御子左殿
40 高松殿
41 西三条殿
42 奖学院
43 勤学院
44 朱雀院
45 四条后院
46 六角堂
47 淳和院
48 西院
49 红梅殿
50 五条殿（后院）
51 北院（小六条）
52 河原院
53 中六条院
54 钓殿院
55 六条院
56 西鸿胪馆
57 东鸿胪馆
58 亭子院
59 花园院
60 施乐院
61 九条殿

平安京平面图

平等院　凤凰堂，平安时代

国建筑的变化。

这时候，邸宅建筑产生了一种新形制，便是一正两厢，用廊子连接，前面往往有个水池，称为“寝殿造”。佛寺也采用了这种形制，寝殿造佛寺最重要的代表是平等院凤凰堂，在宇治市。平等院本是当时掌握朝政大权的太政大臣藤原道长的别业，1052年改造为佛寺，寺的主要建筑是凤凰堂。恣肆放纵的贵族不敢忘记他们的归宿，但他们用他们的世界观来了解归宿。在他们中间兴起了“净土”信仰，认为只要聚众念经，就可以超脱现世的“秽土”，到达西方极乐世界。这种信仰便是佛教的净土宗，主祀阿弥陀佛。邸宅和别业里纷纷建造阿弥陀堂，召集和尚们敲响钟磬木鱼，诵读经文。他们用贵重材料，甚至珠宝，装饰阿弥陀堂，板障上和门扇上画着极乐世界的旖旎风光。这些阿弥陀堂是当时日本建筑和工艺的最高成就。但它们往往过于花巧繁缛，洋溢着贵族趣味，同崇尚质朴自然的民间建筑传统尖锐地对立起来。凤凰堂就是这样一座阿弥陀堂。

凤凰堂朝东，三面环水。正殿面阔三间（10.3米），进深两间半

（7.9米），四周加一圈檐廊，重檐歇山顶。柱头斗栱六铺作，单栱，偷心造。补间只有斗子蜀柱。两翼伸出四间重檐的廊子，向前再折出两间，形成厢房。在折角处加一个攒尖顶，有平座。正殿后身向西有七间廊子。整个平面像一只展翅的鸟，高贵的凤凰。正殿正脊两端各立一只铜铸鎏金的凤凰。凤凰堂的体形错错杂杂，跌宕起伏，对各个不同的观赏角度呈现出不同的变化，千姿百态，而层次不乱。它的构架空灵，飞檐宽展，具有日本建筑特有的轻快风格。

正脊上的凤凰

凤凰堂的内部尤其富丽堂皇。正殿里供阿弥陀佛像，阿弥陀佛身后的板障上画着西天极乐净土图，辉煌的楼阁之中端坐着佛和菩萨。墙面和门扇上也画着净土景象的图画。梁、枋、斗栱等木构件上满是宝相花、卷草、连珠、绦环等等，斗彩叠晕，艳丽浑厚。姿态优雅的佛和菩萨徜徉在繁花密叶之中。阿弥陀佛头上方形的藻井四周悬挂着透雕的木板，花纹饱满而流动，遍贴金箔，形成华盖。藻井正中，由透雕花叶组成一朵大团花，也贴金箔，接引着阿弥陀佛飞腾的背光。藻井的底子漆深褐色，把金色华盖和团花衬托得格外耀眼。木构件的节点上装饰着鎏金的铜件或螺钿，闪闪发亮。世俗化的富丽堂皇，这是骄奢淫逸的贵族们想象中的西方极乐世界，但凤凰堂是日本建筑中的极品之一。

12世纪，王公贵族和大封建贵族渐渐没落，净土信仰随着消退，阿弥陀堂的建设也就停止了。

日本佛教建筑的本土化，如凤凰堂的“寝殿造”所呈现的，主要在它们布局形制的独创性，至于建筑本身，平行梁架的结构和以“间”

的并列为基本模式的空间组合，依然是中国式的。而且，在本土化的过程中，日本佛教建筑还不断地响应着中国佛教和中国建筑的演进。9世纪，正当佛教失去了国教地位的时候，日本的遣唐使们从中国传回去了佛教的天台宗和真言宗这两个密宗教派。和尚们几乎成了方外术士，以祈福禳灾为能事。他们避世修行，把庙宇造在深山里。山区地形复杂，庙宇不遵定式，布局自由，甚至有一些殿堂采用吊脚楼的做法。代表作为两派的开山祖庙，比睿山的延历寺和高野山的金刚峰寺。它们做法简单，没有什么装饰。

从12世纪之末起，武士们掌握了各级政府，1192—1867年，将军们实行“幕府”制，操纵天皇，独揽大权。幕府制又引发了军阀割据，“地头”们分别统治各大地区和领地。他们互相斗争，甚至导致15世纪中叶—16世纪中叶长达百年的“战国时代”。和这个历史情况相应，在佛教建筑中也不再有占主导地位的风格，兴起了地方风格。13至14世纪，地方风格冲破了陈陈相因的沉闷传统，使佛教建筑一度出现生气勃勃的景象。这时佛教建筑中的主要流派有“和式”（或称“日本式”）、“唐式”（或称“禅宗式”）、“天竺式”（或称“大佛式”）和“折中式”。但其实这些建筑流派都来自中国。和式，主要继承飞鸟时代和奈良时代的中国唐代建筑样式，加入一些早期神社建筑的因素。代表作是奈良的唐招提寺鼓楼（1240）和京都的莲花王院本堂（1266）。唐式是新从中国南方江苏、浙江一带传来的宋代建筑样式。首先是整体布局，依对称轴线顺次排列山门、佛殿、法堂等，左右有钟楼、经藏、禅堂、方丈等。其次是斗栱有下昂，用重栱，大多为计心造。补间铺作很整齐。用料小了一些。第三是常用花头窗、花头门和槅扇。第四是翼角起翘比较大，角椽作扇形排列，不像早期那样平行排列而把后尾架在角梁上。典型的例子有神奈川县的圆觉寺舍利殿（1285）。天竺式是中国浙江南部和福建的地方风格，特点主要是构架近似川斗式，斗栱多为丁头栱（又叫插栱），全部偷心，重叠可多达6层。没有飞檐椽，内部采用彻上露明造。代表作品是奈良市东大寺的南大门，它的檐柱高达19米

东大寺　南大门，镰仓时代

京都万福寺大雄宝殿，宽文八年（1668）

左右，檐口出挑6米，极其雄伟壮观。因为唐式用材比较省，流行广一点，天竺式虽然构架的整体性强，但需要大量大木料，所以不能广泛流行。

13至14世纪，正是第一个幕府时代，叫镰仓时代（1192—1333），后来紧接的是室町时代（1338—1573）。这两个时代里，佛教盛行从中国传去的禅宗，讲究空灵颖悟、通脱不拘，所以这些流派的建筑也都简约素朴，不事浮华，和平安时代的阿弥陀堂大异其趣。

16世纪中叶，战国时代结束，国家重新统一，到16世纪末，开始了一个短暂的桃山时代（1573—1614）。桃山时代和后来的江户时代（1615—1867），日本的政治稳定，市场经济大发展，城市繁荣。这期间佛教建筑又有一个高潮，建造了一些大型的庙宇，如重建的奈良东大寺的大佛殿（金堂）（1696—1708），面阔七间（56.81米），高44.24米。但这时候，世俗文化已经取代佛教成为主要的文化潮流，世俗建筑的重要性也取代了佛教建筑，因此，佛教建筑失去了作为建筑文化代表者的地位。寺院本身的形制和风格也进一步世俗化了。17世纪中叶，又从中国南方传来了佛教的黄檗宗，跟着就传来了中国南方的建筑样式。翼角起翘很大，屋脊正中饰火焰宝珠，两端饰鸱吻，稍间前檐常用圆洞窗等。典型的例子是京都的万福寺和长崎的崇福寺。

尽管经历了本土化，日本的佛教建筑基本上是中国式的，但日本的世俗建筑却逐渐产生了自己的形制，而与中国的大不相同。世俗建筑，主要是住宅，服务于日常生活，和日常生活的关系十分密切。它们既要在可能条件下满足生活的需要，一般说来，又不能不考虑节俭。因此，和宗教建筑相比较，它们不大墨守成规，而能适时变化，越变越便于实用，越富有平素家居的温馨气息。

古代和中世纪的日本府邸主要有四类。一类是8—11世纪上层贵族府邸的“寝殿造”。一类是16—17世纪武士豪绅府邸的“书院造”。这两类之间有一个过渡形制，叫“主殿造”，17世纪之后，又产生了一种“数寄屋风”的书院造。再以后便是现代的和风住宅了。

寝殿造如同平等院凤凰堂，中国建筑的影响很明显。它们的独特之处在于总体布局不取内院式。中央有一幢正屋叫寝殿，两侧各有厢房叫东对、西对，其间连接的游廊叫渡殿。更复杂一点的，在厢房前再伸出叫中廊的游廊，连接池沼岸边的亭阁，或是钓殿，或是泉殿。中廊的中段有四脚门，叫东中门和西中门，是主要的门户。寝殿造有对称轴线而不严谨，左边或者右边可以多一些建筑或者少一些。

寝殿本身也有一定的形制。因为日本风习是席地而坐，所以地板架空以避潮、避寒，大约高出地面0.7—1.0米，通常还在外檐下展出一个宽阔的平座，护以木栏杆。沿外圈柱子（檐柱）和内圈柱子（金柱）都有装修，里面的空间是主要的，叫“母屋”，檐柱和金柱之间的空间是辅助的，叫“庇”。南面的装修是活动的，用帘子或者推拉槅扇，叫“障子”。其余三面大多是板壁。后来，寝殿复杂了一点，把北庇封闭，成为一大间，叫“北又庇”，并且分隔为小间，供生活起居用，而母屋和东、南、西三面的庇则是礼仪场所。寝殿造当时流行于皇宫和大贵族府邸中，平安京的京都御所紫宸殿、神泉院和东三条殿都是寝殿造的，各自有点不同。

11世纪，上层贵族因皇权式微而财用拮据，府邸采用简化了的寝殿造，非对称的格式渐渐占了上风。下层贵族的府邸离程式更远一些，通常只有一个厢房，另一个以廊子代替，或者造一个实用的小寝殿。12世纪之末，建立了幕府制，武士阶层当权。他们不像皇室贵族那样保守，囿于礼仪，生活内容也比大贵族更多样化，于是，他们府邸的形制发生了更大的变化。第一个主要变化是放弃了寝殿造的总格局，经常没有厢房，在寝殿的西南角直接向前伸出西中廊，前端设西中门。由这个变化引出了第二个变化，那便是寝殿本身扩大了，复杂化了。进深增加，不再用母屋和庇的程式，而用薄而轻的障壁或推拉槅扇把寝殿划分为大小不等的卧室、起居室、会客室、书房、餐厅、储藏间、佛堂等等。没有内走廊，各房间互相穿通。各房间不一定都有侧窗直接照明，卧室、储藏间和佛堂经常在寝殿的中央。推拉槅扇和一部分障子从上到下都糊薄

桂离宫新御殿东侧的入侧缘

纸，柔和的光线映得内室朦朦胧胧。日本妇女讲究举止优雅，轻声细语，温婉而恬静，内室的气氛充满了女性的亲切。寝殿的外形也不必是简单的矩形，并不一定对称，庇没有了，或者只保留一部分，对外敞开，成为内阳台，叫“广缘”。在广缘的一端设门厅，叫“玄关”。地板仍然架空成高床。因为没有了游廊和厢房，只有寝殿，这种府邸叫“主殿造”。它们主要是武士阶层上层的府邸，所以也叫“武家造”。它比寝殿造紧凑得多，更合于实用。大型的府邸，由几幢这样的房屋组成。各自在功能上有所侧重。典型的例子是京都的北山殿（14世纪）和东山殿（15世纪），都是幕府将军的府邸。它们都有广阔的园林，点缀着一些建筑物，最著名的是北山殿的舍利殿（1397左右，今鹿苑寺金阁）和东山殿的观音殿（1489，今慈照寺银阁），都是宴乐的场所。

16世纪，主殿造发展成了书院造。书院造和主殿造的主要差别是有一间特别的房间，叫“上段”或“一之间”。它的地板略高于其他房间，正面墙壁隔为两个凹间，左面的宽一点，叫“床”或“押板”，右面的安一副博古架，叫“棚”或“违棚”。左侧墙上，紧靠着床，又

雁行的书院群，依次为古书院、中书院、新御殿、桂离宫

有一个向外凸出的凹间，叫“副书院”。右侧墙上是卧室的门，分四大扇，中央两扇可以推拉，两侧的固定。这四扇门叫“帐台构”。床、棚、副书院和卧室的门都比这间上段高一点，顶棚则大大降低。这一套做法很程式化。

称为床的凹间，正面墙上挂着中国式的卷轴画或书法，原先地上陈设着香炉、一对烛台和一对花瓶，后来只陈设一只花瓶。副书院本来是读书的地方，后来缩小，只陈设着文房用具，变成装饰性的了。有些次要房间也可以设床。在没有卧室的房子里，帐台构是叫作“纳产”的储藏室的门。大型府邸由几幢房子组成，每幢都有一间上段，但不一定都组合得合乎程式。

上段以及它的床、棚、副书院和帐台构的组合，首先在禅宗书院里形成。讲究的是雅素，有点颖巧的小情趣。日本人席地而坐，室内极少家具，这一套组合很有装饰效果。16世纪下半叶移植到邸宅里后，这种邸宅就叫书院造。17世纪初，日本经历了长年的封建分裂而重新统一，德川幕府创立了空前强大的中央政权，手工业和商业蓬勃发展，城市经济繁荣。于是，市民文化发荣滋长起来，它乐生，它也拜金，以至桃山时代在贵族武士们的建筑中生成了追求豪华壮丽的潮流。在上层的书院造府邸里，上段之内，顶棚上绘彩画，障屏上，床、棚的壁上和帐台构，画着色彩浓艳的山水、海洋之类的大风景和树木、花草、翎毛等等，称为“金碧障壁画”。帐台构的把手挂着长及地面的金红流苏，槅扇上镶嵌着华丽的透雕金叶，螺钿闪闪发光，绚烂辉煌。书院造完全改变了情趣。

书院造府邸的代表作是京都的二条城二之丸殿（1603），名古屋的本丸御殿（1615）和京都御所的常御殿等。

就在书院造流行的时候，同样在禅宗佛教影响之下，日本兴起了茶道，以品茶斗茶为题制定了一套烦琐的礼仪规则。为这个目的而造的建筑物就叫茶室。

茶道由禅僧倡导起来，武士豪绅附庸风雅，竞相仿效，他们起初依照书院造府邸内上段的样式，建造独立的小小的茶室。因为禅僧们在茶道里深深注入了寂灭无为的生活哲理和不分贵胄黎庶一律平等的思想，茶室就以萧索淡雅相标榜，追求自然天成。所以上段式的茶室没有流行，广泛流行起来的是草庵风的茶室，成为日本最有特色的建筑类型之一。

草庵风茶室一般很小，以当时刚刚流行的榻榻米地席来说（每“京间席”6.30尺长、3.15尺宽），大多是四席半，最小的只有两席。它们小而求变，内外都避免对称，也有床和棚。常用木柱、草顶、泥壁和纸槅扇。为了渲染天趣，常用不加斧凿的毛石做踏步或架茶炉，用圆竹做窗棂或搁板，用粗糙的苇席做障屏。柱、梁、檩、椽之类的木材，往往是带皮的树干，不求修直。连虫眼和节疤都保留着作为点缀。床和棚之间立一根柱子，叫“床柱”或者“中柱”，是茶室最讲究的一个构件。要有刚柔兼具的弯曲，要有苍劲缠绕的纹理，以古拙夭矫为上品，往往多方购求，不惜重金，偶得一本，当作商鼎周彝一样珍惜。全部构件都不上色上漆，叫作“素面造”。

与茶室相伴的是野趣庭园，叫“茶庭”。在园的一角，茶室流露着沉潜隐默的情趣。茶庭一般很小巧，用写意手法布置。地面略作起伏，铺上草皮，零星点缀几块精选的山石，几座精致的石灯，茶室门前摆一个由大块蛮石凿成的水钵，供茶客洗手。水钵左右有供放置水勺、水桶和供茶客落脚的几块蛮石。它们和水钵构成很富画意的一组，名为“蹲踞”。

茶室把日本建筑的典型性格发挥到极致，有一些杰出的作品。但是，走到极端，就会向反面转化，有一些茶室，手法过于刻露、做作，从追求自然变得很不自然。

茶室和金碧障壁同时产生和流行，是一种很特殊的现象，反映出这时日本文化的多元。既有早就表现在古史时代早期神社建筑上的对简约朴素的爱好，对天然木石材质之美的敏感，又免不了市民文化的奢华艳丽，铺张浮夸。但是，二者之间也并非毫无渗透。一方面，金碧障壁

修学院离宫中御茶屋客殿外

的绘画多以自然景观，尤其是雪山和海洋为题材，表现出对自然的亲密感；而另一方面茶室也不免矫情，为了一棵畸形的中柱，不惜一掷千金，并以此炫耀，则在“自然”之中漾出了拜金心态。

在草庵风茶室的影响之下，出现了一种田舍风的住宅，称为数寄屋。作为住宅，它比茶室多讲究一些实用，少一些造作，比较整齐，因此反而更显得自然平易。在室町时代已经传到日本的宋代的水墨画，这时候成了障壁画的主流，木材也常常漆成黝黑色，这是数寄屋的一个特点，完全和桃山时代武士邸宅的金碧障壁异趣。

数寄屋之风也吹到了大型的书院造府邸里，最出色的实例是17世纪上半叶京都府的桂离宫书院和修学院离宫书院。桂离宫是一所山庄园林，中央有一片湖水。湖的西岸，三栋书院造的房子曲折连缀在一起，依次是古书院、中书院和新御殿。在中书院和新御殿之间还有不大的一

姬路城天守阁，庆长十四年（1609），兵库

栋乐器间。所有的木构件，从结构的到装修的，都很细巧。地板架空比较高。外檐装饰用白纸糊的推拉槅扇，衬托出深色的木构架，更加洗练明快。屋面是草葺的，散水、柱础、小径都用天然毛石。古书院和乐器间的广缘，铺着长条木板，纹理如画，像轻舒曼卷的炉烟，像春风吹皱了的池水，精心觅得的美似乎在不经意中。

数寄屋是后来和风住宅的前身。和风住宅吸纳了西洋式住宅的许多特点和做法，是日本式的现代建筑了。

随着16世纪西洋文化的输入，日本建筑发生了新的变化，除了和风住宅之外，重要的还有城楼，叫“天守阁”。

16世纪末和17世纪初，是日本城郭建设的高潮时期，各领主国纷纷建造天守阁，竟至于有一年造了25座之多。这些天守阁已经不像封建内战时期那样兼作藩主的府邸，而是纯粹的军事壁垒了。阁里有武器库、水井、厨房和粮仓。还有投石洞、射箭孔和铁炮孔等作战设施。

这批天守阁中，最著名的是姬路城的和名古屋的，都高五层。姬路城的高33米，底层东西长22—23米，南北宽17米。它的守备设计很严密，一座大天守阁之外，还有三座小天守阁监护着它的门，互成掎角之势，防御侧面来的攻击。大小天守阁之间设武器库，可以方便地供应守卫者。天守阁前的路径十分曲折，进城门之后，必须走过长长的、迂回又迂回的上坡路才能到达天守阁脚下，路两侧夹着石墙，设一道一道的关卡。在这段路上，进攻者完全暴露在守卫者的火力之下，要进攻天守阁是难上加难。

天守阁仍然都是木结构的，木材粗壮。由于这时已经在战争中使用火器，姬路城的和其他有些城的天守阁加上了砖石的外围护墙。下部用大块蛮石砌筑，收分很大，上部抹白灰。细腻明亮的白灰和粗犷的蛮石对比很强烈，产生了力的冲突。为了扩大防卫者的视野，便于射击，姬路城的天守阁在墙上设了几个凸碉，它们被造得像歇山式的山花，叫“唐破风”。凸碉经常成对，形成“比翼山花”。它们和腰檐相互穿插，重重叠叠，错错落落，景观非常丰富多变化。这种做法叫“轩甍交错”。后来，世事长期平和，武备松弛，山花成了单纯的装饰品，于是，便使用一种装饰性很强的弓形山花，叫“千鸟破风”。弧线与直线相配合，加上长长的悬鱼和华板之类的雕饰，天守阁变得非常华丽。它们成了城市的标志，领主们以它们互相争胜。

城堡和天守阁有不少西方防御性建筑的做法，但它们却是真正日本式的。敢于汲取，又勇于创新，和风住宅和天守阁是日本建筑比较顺利地走向现代化的象征。

后记

写这本《外国古建筑二十讲》的时候，我已经放下外国古代建筑史的教学和研究整整十年了，过去收集的资料不断散失零落，新书又很少阅读，而且年过古稀，记忆力衰退，脑子不大灵活，加上久矣乎心意阑珊，实在不大适合写这样一本书。但是，考虑到这些年建筑界大家都很忙，而我还能挤出点时间来，于是，我抖擞精神，答应了下来。

真的动手写的时候，我又一次觉得我不大适合写这本书，因为怕达不到理想的水平。我对学术怀有敬畏之情，有一次，我问一位研究生，如果一个人决心从事学术工作，应该有什么样的精神境界和思想状态，他不大说得清楚，我心里想，应该是“战战兢兢，如履薄冰”。写这本书要有学问，而我呢，不久前刚刚对几位年轻朋友提起过，我这一代，其实是最没有学问的一代。高小和中学时期，正逢抗日战争，在小山沟里逃亡流离，生活极其艰苦，读书不能不受到影响。日寇投降之后，回到杭州，我作为一个高三学生，连电话都不会打。进了清华大学，国内战争打得正火，参加一场接一场的学生运动，罢课，游行。毕业前夕，便是抗美援朝。参军参干，到工厂农村去宣传，忙得不亦乐乎。当了教师，劈面而来的是没完没了的政治运动和大跃进、炼钢铁、赶麻雀之类的半政治运动，最后是无法无天的十年“动乱”。而且那三十年里，除了几套“选集”和“全集”之类的“主义书”，也没有什么别的书可看。待我们喘息初定，市场化的大潮触天而来，淹没一切，做学问依然困难重重。挣扎几年，便到了退休年龄，“老骥”连槽头都没有了，哪里还做得起“千里”之梦。满打满算，我这一代人有多少时间学习，多少时间研究？学问从何而来？

不过，既然做了过河卒子，再说这些已经晚了，只得拼命向前。

说到我自己的外国建筑史工作，更加可怜可笑也复可悲。考虑到这本《外国古建筑二十讲》大概是我关于外国建筑的最后一部著作了，所以不妨也写上几句。

抗美援朝战争爆发的那个冬天，我们几十个同学被调到鞍山钢铁厂去测绘厂房的钢结构。我们学习志愿军的榜样，昂扬风发，不怕苦，不怕累，也不怕可能发生的美军飞机的轰炸。在冰雪蔽野的大孤山矿井，把根本咬不动的冻成了冰坨子的馒头搁在一边，空着肚子爬上钢架。在第二制钢厂，一直爬到三十多米高的天窗上去，握着工字钢，白线手套都会被粘住，倒手的时候吱吱发响，在钢上留下一层棉花毛。春节过后，回到北京，过不了几天，又调去为北大、清华和燕京三校调整做基本建设工作。我在燕园工地里当过工会秘书和技术员，跟工人同吃同住同劳动，学会了垒砖和炒混凝土。干到1952年初秋，忽然系里派人来找我，叫我立刻到系里报到，去见苏联专家阿谢普可夫。我那时穿一条短裤，是用长裤改的，剪下来的裤腿补在屁股上了。脚上穿的鞋子是在工地门口地摊上买的。附近的贫穷妇女捡了工人丢掉的烂布鞋去，洗一洗，把张开大嘴的鞋脸和鞋底平对着缝上，再拿到门口来卖，我就买了这样一双穿上。来通知我的人，看我这一身打扮，留下一句话，叫收拾整洁一点再去。我再也没有别的裤子和鞋子，只好向工地工会主席，一位姓张的瓦工借了裤子和鞋子。阿谢普可夫是建筑史教授，调我去见他，推测起来，大概有两条缘由，一条是我自学过一点俄文，可以给他的翻译打下手帮忙，另一条是我进建筑系之前在社会学系读过两年，跟建筑史生拉活扯可以沾上一点边。我就这样从大学毕了业，而且当上了建筑史教师。

先教了三年“苏维埃建筑史”，就是十月革命后的苏联建筑史。阿谢普可夫留下的讲义，和我们类似的讲义一样，全是歌颂。我找了一些资料来看，发现三十年来，苏联建筑走过的道路充满了波折，简单地说就是传统和革新的斗争。而且，第二次世界大战之前，联共中央的文件和一些著名的领袖们的讲话，都尖锐批评过建筑师们食古不化，片面夸大建筑的艺术性，忽视建筑的经济和功能。大战之后，苏联的民族主义情绪高涨，建筑中大刮俄罗斯古典主义之风，以民族形式之名，垄断了建筑界。然而找不到文件证明苏共中央或者重要领导人支持过这股复古风。只有日丹诺夫的讲话里批判过“世界主义”，不过他同时也批判了狭隘的民族主义。因此，我在讲课中按苏联的发展阶段适当补充了大战之前几次对建筑中形式主义的批评。不料，这一来可惹了大祸，在一浪高过一浪的政治运动中，大字报糊满了走廊，一直糊得我打不开房门。罪名是贬低苏联建筑伟大光辉的成就，恶毒攻击老大哥。当时“反苏就是反共”，这罪名可太重了。可是我“死不悔改”，因为我觉得我讲的是联共中央和它的领导人的一贯主张，是历史事实。于是，反反复复，在危险的边缘折腾了几年。谁也没有料到，忽然间，传来消息，赫鲁晓夫猛烈地批判了苏联建筑的铺张浪费和复古主义。几个月之后，我们这里也如法炮制了一场批判运动。一些人很觉得尴尬，便快刀斩乱麻，干脆撤销了“苏维埃建筑史”这门课，不讲了！后来回想，幸亏有赫鲁晓夫那档子事，否则，我就难逃1957年那一劫。

于是，就叫我专教外国古代建筑史。那时候，教外国建筑史，根本没有可能到外国去看一看实物，只有看书，而由于20世纪30年代以来连年祸乱，各个图书馆里，外国建筑史的书籍都是抗日战争以前出版的，数量少，质量差，杂乱而不成系列。为了尽可能利用每一本可以得到的书，我不得不多学几门外语，这才勉强能开出课来。不久之后，苏联出了几套水平比较高的大部头书，我的课才准备得有点儿样子。不过，包括苏联书在内，都不能使我很满意，因为基本上都是就建筑讲建筑，而我一开始就设想应该把建筑的发展放在历史、文化、社会的大框架里讲。倒是有两本美国人派夫斯纳和海姆林写的书，有这个意思，可惜失于空疏简略。于是我就找外国的历史、文学、艺术、哲学等方面的书来看，当时也只能以苏联人写的为主，数量不多，只好慢慢构建我的框架。

不过，在20世纪五六十年代，这样来讲外国建筑史是要冒很大风险的。人文社会学科，在一波未平、一波又起的政治运动中，屡屡惨遭杀伐，真是伤亡狼藉。我偏偏在这种情况下自投罗网。于是，我就被继续留在黑名单里，运动一来，被抛出去吸引炮火，以掩护别人过关。我成为收获大字报最多的“老运动员”。贴大字报号称“群众运动”，其实是背后有人，“指向哪里就打向哪里”，它的特点一是断章取义，甚至凭空捏造，二是血口喷人，无限上纲。总之是硬向每次运动的主题里套，罗织构陷，不惜置人于死地。不过，学生的大字报虽然措辞激烈，但“水平不高”，给我列举的罪名，归纳起来，主要有两个方面，一个是讲宫殿、教堂、陵墓、府邸，让帝王将相占领历史舞台，美化了剥削阶级；另一个是“口沫飞溅”地大讲建筑艺术，恶毒对抗党的建筑方针政策。总的是：妄图腐蚀、毒害青年，与无产阶级争夺年轻一代，动摇红色江山。

有几位教师贴了另一种很职业化味道的大字报。他们从“理论联系实际”悟出了“建筑史要为建筑设计服务”这么一个“思想”。说我讲的课都是空话，耽误学生青春，应该讲历史上各种建筑的样式、手法，以便学生在设计中采用。也有一位，对我历经各次政治运动而坚持不改变建筑史讲课内容和观点大表愤怒，贴大字报建议把我“清除出教师队伍”。

我也不知道为什么没有把我清除出教师队伍，大约是留下这么一个“反面教员”，有利于把每次政治运动搞得轰轰烈烈吧。至于我，虽然采取低姿态，苟且地活着，做些“革命者”不屑于做的又脏又苦的杂役，但学术思想上“屡教不改”，反而在《外国建筑史》教材里增加了一些反驳主要批判热点的话，这些话有一部分至今还保留在改写过的教材里，用一种论辩的口气。

教材得以出版，是因为三年困难时期，大家吃不饱饭，主事者不得不大大放松了政治空气的缘故。想不到这本教材可害苦了我。它出版不久，阶级斗争又要年年讲、月月讲、天天讲了。这一来，就有一些咽不下这口气的“革命者”，打算在它身上寻找可乘之隙，施放见血封喉的毒箭。终于，由于《燕山夜话》和“三家村”被“揪出来”，他们学会了“揪影射”。“揪影射”乃是清代初年大兴文字狱时最恐怖的招数。“说你是你就是”，没有辩白的余地。在外国古代建筑史教材里揪影射，那还不是一揪一大把！随着阴云密布，形势越来越险恶，某些人按照历来使用得得心应手的丢卒保车、丢车保帅的策略，又拟好了黑名单，其中当然有我。几位老于摆弄政治运动的人发现，我在教材里写古埃及金字塔那一段，引用了古籍的两条记载，说的是造金字塔的人们所受的苦难，而当时从事造塔苦役的，是氏族公社的农民。他们立即抓住，这岂不是影射大跃进和人民公社！怎样证明这是影射？方法是借鉴阮铭揪周扬的一篇妙文。修订新版《鲁迅全集》的时候，周扬把原有关于“四条汉子”的两条注释删去了一条。阮铭写道：你心中无鬼删掉干什么？这样就确证了周扬心中有鬼。恰好，我刚刚完成的教材修改稿里，把引用的那两条记载删掉一条。原因是根据兄弟学校的建议，要把教材从五十多万字压缩到三十多万字。没想到，正被“捕蛇者”候个正着：你心中无鬼删掉干什么？“恶毒攻击三面红旗”就这样证明了，“是可忍孰不可忍”。我这个“老运动员”居然在政治上还那么麻木，修改稿是在山雨压城的时候交给有关的人准备审定后送出版社的。真正是活该！

“文化大革命”搞了两年，等到“工宣队”一进学校，我就戴上牛鬼蛇神的帽子，被横扫进牛棚。受尽折磨，受尽侮辱，整整八年。到现在我还会时不时幻听到样板戏《智取威虎山》里小常宝的那一句台词：“八——年——啦——”

八年里，不知道挨过多少次批斗。起初，坐在大教室中央的高凳子上，听前后左右“革命群众”声色俱厉地揭发和批判，心里很紧张，努力想听清楚他们给我上的是什么纲，是“打翻在地再踏上千万只脚的敌我矛盾”呢，还是“彻底投降可以挽救的人民内部矛盾”？因为我知道，批斗会是经过排练的，编剧兼导演是工宣队员，而他们掌握着给牛鬼蛇神“定性”的大权。后来，批斗会开多了，发现那些揭发批判，虽然嗓门大、调子高，却很愚蠢，就默默坐在高凳上在心里反驳。比如说，看到关于古埃及人民为造金字塔而苦难深重的记载就联想到大跃进和人民公社，那是他们自己心中有鬼。有一次，一位教师拍着桌子大叫：“你给学生讲古代的事，这就是罪，就是挖无产阶级政权的墙脚！”那当然就根本不值一驳，于是我常常在批斗声中走神。最滑稽的，是工农兵学员入学之后，我去给他们当反面教员兼冲洗厕所。第一次见面仪式是开批斗会，一位教师气呼呼地向工农兵学员历数我的罪状，说：“他竟然给学生讲公元前的事，多么恶毒！”后来这些学员就叫我“公元前”而不叫名字。我在掏化粪池、起猪圈的间隙里，常常想，这些大学教师，高级知识分子，是懵懵懂懂不学无术，无知到了这步田地呢，还是想踩着无辜者的血迹向上爬，心眼儿坏到了这步田地？但是，无知也罢，坏也罢，到十年浩劫一过去，这些人依然是“一贯紧跟党走”的正面人物，占尽一切便宜。

曾经被指定要永远占领学校的工宣队撤出的时候，一位“师傅”忽然拍了我一下肩膀，说：“整了你这么多年，你没有写过一次揭发、告密的条子，好样的！”经历过的人都知道，十年里，“高潮”一个接着一个，每一个“高潮”来到，都号召人人告密揭发，“有罪的抵罪，没罪的立功”，而写条子不妨捕风捉影，材料唾手可得。这位“师傅”大约还有点儿良心，识得是非善恶。

拨乱反正之后，我才有机会去亲眼看一看我讲过多少遍、写过多少遍的外国建筑，我曾经几乎为它们付出生命的代价。当我第一次登上雅典卫城的时候，泪流满面，咬紧嘴唇才没有哭出声来。连续在卫城上待了整整四天，恍恍惚惚，好像什么都看到了，又好像什么都没有看到。我在卫城所体验的，哪里只是一座天上宫阙般的建筑群，更是雅典公民

从雅典卫城上向东眺望（杜非 摄）

为独立、自由、民主而进行的艰苦卓绝的放射着英雄主义灿烂光芒的斗争。正是他们舍生忘死的斗争，开启了西方辉煌的文明。

改革开放了，进口的书多了，不但有建筑的，也有人文社会学科的。但是，出去看了实物，又读了些书之后，我并没有产生完全推翻过去对外国建筑史的认识、重新建构这门学术的想法。不久退休，自己搞起了乡土建筑研究，便把外国建筑史这一摊子丢下了。这次写《外国古建筑二十讲》，本来觉得学界新词儿挺多，新说法不少，也想出点儿新意，便花时间把抛荒十年来半新的和新的有关书籍找来“恶补”了一番，仍然并没有发现要改弦更辙的必要和可能。

因此，虽然《外国古建筑二十讲》的写法不同于《外国建筑史》教材，但写作的基本思路还是那样。我所写的，是我几十年来的所知所思，至今仍为我所信。这是因为，过去我也并不是跟别人的指挥棒写的。我写下外国建筑的历史，用意之一就是为了向读者们交代这一点。

图书在版编目（CIP）数据

外国古建筑二十讲 / 陈志华著．—北京：商务印书馆，2021

（陈志华文集）

ISBN 978-7-100-19860-8

Ⅰ.①外… Ⅱ.①陈… Ⅲ.①古建筑—建筑艺术—国外—文集 Ⅳ.①TU-091

中国版本图书馆 CIP 数据核字（2021）第 073702 号

陈志华文集

外国古建筑二十讲

陈志华 著

商 务 印 书 馆 出 版

（北京王府井大街36号 邮政编码100710）

商 务 印 书 馆 发 行

北京中科印刷有限公司印刷

ISBN 978-7-100-19860-8

2021年10月第1版　　开本 720×1000 1/16

2021年10月北京第1次印刷　　印张 21¼

定价：99.00元

(一)

"建筑是石头的史书"，"建筑是艺术的最高峰"。十九世纪，这两句话在欧洲很流行，已经很难确凿地说是哪位聪明人先想出来的了，总之，十九世纪，欧洲人已经认识了建筑在人类文化中的地位了。

建筑在文化中的地位，决定了它的性质、作用和它达到的高度，技术的和艺术的高度，它都是"石头的史诗"，它是Monument，这就是它的性质。

从黄土地上的窑洞，到小女孩温馨的闺房，到豪华的宫殿，到金字塔、圣母教堂、万神庙，到万里长城，建筑性质的多样和变化的跨度之大，包容了整个的人类文化。人类没有第二种作品，有建筑这样的完整、丰富、豪华、精致，有性格、有感情。

建筑是人类历史的文化档案。它记录着人类为创造生活而付出的一切，真实、生动、准确地记录着人类文明的发展和成就

IRLANDE

St Patrice, a été esclave en Irlande pendant six ans.
Il a fait ses études à Marmoutiers et à Lérins.
Accompagne St Germain d'Auxerre en Angleterre.
Pape St Célestin lui fait évêque d'Eire. 33 ans là

Ste Brigitte.

St Colomban 515-615 Entre l'abbaye de Bangor.
Il se trouve à Annegray, Faucogney (Hte Saône)
Puis, il se fixe à Luxeuil, qui est aux confins de Bourg.
et de l'Austrasie.
Encore, il fonda Fontaines, et 210 autres.

Sa contemporaine, la reine Brunehaut fonda
St Martin d'Autun, qui fut rasée en 1750 par les moines eux
Elle a expulsé St Colomban de Luxeuil après 20 ans.
Il a allé à Tours, Nantes, Soissons, ...
et commence sa vie de missionnaire. De Mainz, il suit
le Rhin, jusqu'à Zurich et se fixe à Bregentz, sur lac Co
Son disciple est St Gall.

Brunehaut est maintenant la maîtresse de Constanz.
Le St passe en Lombardie. Il fonda Bobbio, entre Gênes et
Milan, où Annibal a eu une victoire.
Il meurt dans une chappelle solitaire de l'autre côté de la Trebb

Pierre LUXEUIL: 2e abbé St Eustaise. Il a toute coopération
du roi Clotaire, seul maître des 3 royaumes francs.
Il est aussi la plus illustre école de ce temps. Evêques et
Saints sont tous sortés de cela.

3e Abbé Walbert, ancien guerrier